浙江省普通高校"十三五"新形态教材

智能制造专业群系列教材

产品造型技术项目实践

主　编　张学良　谢茂青　李雅娴

副主编　罗颖渊　汪祺烨　蒋彩亚

　　　　肖方敏　郭天中　程磊焱

参　编　黄　岗　朱麒安

主　审　陆军华

科学出版社

北　京

内 容 简 介

本书以企业真实项目案例为载体，按照"数据采集—数据处理—模型重构"的实施流程设计学习任务，遵循基于工作过程的项目化教材开发理念，力求建立以项目为载体、以任务为核心、以工作过程为导向的教学模式。

本书包括课程准备和 4 个项目，课程准备部分介绍产品逆向造型技术的基本知识；4 个项目为由浅入深的工程案例，介绍使用手持激光扫描仪进行数据采集与处理，以及利用 Geomagic Design X 软件进行逆向造型设计等知识。

本书可作为职业院校汽车、模具、工业设计、增材制造等相关专业学生的学习用书，也可作为产品逆向造型技术人员的参考用书。

图书在版编目（CIP）数据

产品造型技术项目实践/张学良，谢茂青，李雅娴主编. —北京：科学出版社，2023.6
浙江省普通高校"十三五"新形态教材
ISBN 978-7-03-075925-2

Ⅰ.①产… Ⅱ.①张… ②谢… ③李… Ⅲ.①工业产品-造型设计-高等学校-教材 Ⅳ.①TB472

中国国家版本馆 CIP 数据核字（2023）第 112327 号

责任编辑：张振华 刘建山 / 责任校对：马英菊
责任印制：吕春珉 / 封面设计：东方人华平面设计部

*科 学 出 版 社*出版
北京东黄城根北街 16 号
邮政编码：100717
http://www.sciencep.com

北京中科印刷有限公司 印刷
科学出版社发行 各地新华书店经销

*

2023 年 6 月第 一 版 开本：787×1092 1/16
2024 年 3 月第二次印刷 印张：12 3/4
字数：280 000
定价：69.00 元
（如有印装质量问题，我社负责调换〈中科〉）
销售部电话 010-62136230 编辑部电话 010-62135120-2005

前　　言

在《"十四五"智能制造发展规划》的指导下，数字化技术在智能制造领域得到了广泛的应用，特别是数字化测量技术实现了迅猛发展，同时基于 3D 测量数据的产品逆向造型技术成为产品造型技术人员关注的主要对象。在实践中，可先通过数字化测量设备（如激光测量设备、三坐标测量设备、蓝光测量设备等）获取产品表面的空间数据，采用 3D 逆向造型技术获得产品的数字模型，再采用 3D 打印技术、快速成型技术等加工工艺完成产品的制造。产品逆向造型技术是将产品样件转化为 3D 模型的数字化技术和几何模型重建技术，广泛应用于汽车工业、航空航天、机械、消费性电子产品等领域，可用于产品复制、修复、改进及创新设计。

本书贯彻落实党的二十大报告精神和《职业院校教材管理办法》《高等学校课程思政建设指导纲要》《"十四五"职业教育规划教材建设实施方案》等相关文件精神，对接产品逆向造型技术岗位，依据学习者的认知学习规律，参照全国职业院校技能大赛和金砖国家职业技能大赛"工业设计技术"赛项，以及世界职业院校技能大赛和全国行业职业技能竞赛"增材制造"赛项中有关产品逆向造型技术的相关内容与要求，以实际工作项目为引领，以企业真实项目案例为载体，按照"数据采集—数据处理—模型重构"的实施流程设计学习任务，遵循基于工作过程的项目化教材开发理念，由浅入深地讲解产品逆向造型技术。

本书由杭州科技职业技术学院和杭州中测科技有限公司共同开发，参与编写的高校教师和企业工程师均具有十年以上的产品逆向造型技术经验，能够准确把握学习过程中的关键点、难点和痛点。本书强化校企双元联动，通过企业案例引入、校内案例企业化、企业案例课堂化、大赛案例项目化，实现项目化案例的选取和转化，所选案例覆盖回转件、块体件、复杂曲面件等不同的建模特征，既能体现企业的真实项目需求，又能满足学习者自主学习和教师课堂教学的需要。本书案例层层递进、逐层深入、主线清晰、条理清楚，符合由新手到能手的职业能力认知过程，使学习者可以根据自己的能力选择对应的案例，将之作为检验自身产品逆向造型能力的依据。

本书由杭州科技职业技术学院张学良、谢茂青、李雅娴担任主编，杭州科技职业技术学院罗颖渊、汪祺烨、蒋彩亚、杭州中测科技有限公司肖方敏、包头职业技术学院郭天中、平湖技师学院程磊焱担任副主编，杭州科技职业技术学院黄岗、杭州中测科技有限公司朱麒安参与编写。全书由杭州中测科技有限公司陆军华审定。

在编写本书的过程中，浙江机电职业技术学院吕永锋、杭州职业技术学院徐振宇、宁波职业技术学院程文、杭州浙大旭日科技开发有限公司潘常春提供了大量的参考资料并提出了许多宝贵的建议，在此一并表示衷心的感谢！

由于编者水平有限，书中难免存在不足之处，敬请广大读者提出宝贵意见，以便进一步修改完善。

目　　录

课 程 准 备

走进产品逆向造型技术

0.1 什么是产品逆向造型技术

产品逆向造型技术的概念是从国外引进的，它的英语原名是"reverse engineering"。什么是产品逆向造型技术？"逆向"与"正向"相反，不是按照"起因→发展→结果"的事物发展的自然过程来完成产品的制造，而是根据事物的结果反推出它的起因和发展过程，也就是按照"结果→起因"的顺序完成产品的设计。

通常，人们认为产品开发过程是从设计开始，到实物（产品）结束的。这个过程被称为产品设计的正向造型过程。然而在许多情况下，产品的实际开发过程恰恰是相反的，即以现有的实物为参考来完成产品设计，这就是产品设计的逆向造型技术。产品逆向造型技术的含义如图 0-1 所示。

产品逆向造型技术是许多重要产品（如汽车、摩托车）原创设计过程中的必备技术。例如，汽车、摩托车等产品通常由复杂的自由曲面拼接而成，在此情况下，设计者通常先

图 0-1　产品逆向造型技术的含义

设计出概念图，再以油泥、黏土模型代替三维 CAD（computer aided design，计算机辅助设计），并用测量设备测量外形，构建 CAD 模型，在此基础上进行结构设计，最终制造出产品。产品原创设计流程图如图 0-2 所示。

可见，产品逆向造型技术是对产品设计过程的一种描述，其功能是在不能轻易获得必要的生产信息的情况下，直接从成品分析推导出产品的设计原理。当前，产品逆向造型技术已广泛应用于新产品开发和产品改型设计、产品局部修复、质量分析检测等领域。

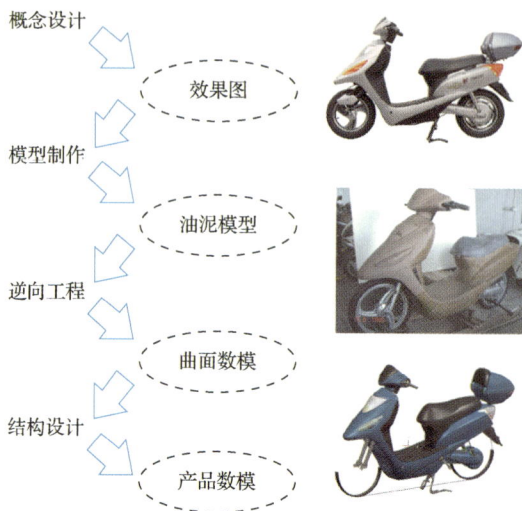

图 0-2　产品原创设计流程图

0.2　产品逆向造型技术的应用

产品逆向造型技术在航天、汽车、工业制造、文物保护、医疗等领域得到了较快的发展和应用，主要体现在以下几个方面。

1. 新产品的研发

企业为了适应竞争需要不断完善自己的产品，并将人机工程、工业美学设计逐渐纳入创新设计的范畴，使产品朝着舒适化、美观化的方向发展。在汽车、摩托车、鼠标、剃须刀等产品的外形设计中，工业设计师使用油泥、木模等制作产品的比例模型，从舒适、美观的角度评价并确定产品的外形，然后通过产品逆向造型技术将其转化为 CAD 模型，如图 0-3 所示。如果直接在计算机上完成这些产品的设计，则无法保证其操作的舒适性。

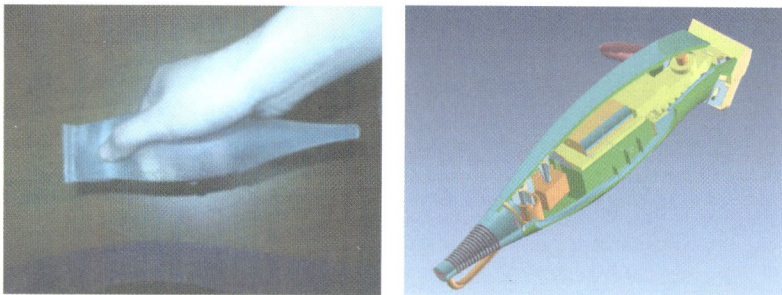

图 0-3　产品逆向造型技术在原创设计中的应用——由模型到设计

2. 产品的仿制和改型设计

利用产品逆向造型技术进行数据测量和数据处理，重建与实物相符合的 CAD 模型，并在此基础上进行模型修改、零件设计、有限元分析等后续操作，最终实现产品的仿制和改进。这是常见的产品设计方法，也是消化、吸收国内外先进的设计方法和理念，从而提升自身设计水平的一种手段。该方法广泛应用于摩托车、家用电器、玩具等产品外形的修复、改造和创新设计。

3. 产品局部区域的还原修复

利用产品逆向造型技术可以从破损的零部件中提取出相应的特征或特征参数，进行自主设计开发，或从表面数据中获取特征信息对其进行面貌恢复及结构的推算，或对产品的局部区域进行还原修复。

4. 文物的保护和监测

大型的户外文物常年遭受风吹日晒，容易发生风化而遭受破坏。利用产品逆向造型技术定期对其进行测量扫描，把表面数据输入计算机进行模型重构。通过前后两次模型的比较可以找出风化破坏点，从而制定相应的保护措施，或者进行相应的修复，使其保持原样。

《文昭皇后礼佛图》和《北魏孝文帝礼佛图》共同组成《帝后礼佛图》，它们是龙门石窟宾阳中洞的两幅浮雕作品，于 20 世纪 30 年代遭到破坏，并流落海外。2022 年，西安交通大学人文学院艺术系三维造型艺术现代数字技术应用研究中心与龙门石窟研究院、芝加哥大学东亚艺术研究中心、纳尔逊·阿特金斯艺术博物馆四方合作，充分运用数字扫描、数控加工、逆向造型等技术，成功对《文昭皇后礼佛图》进行复原。他们夜以继日地奋战在数字化文物保护与传播的第一线，为流落在世界各地的中华瑰宝以全新的姿态再现"原境"而不懈努力。

5. 医学领域的应用

结合 CT（computed tomography，计算机断层扫描）、MRI（magnetic resonance imaging，磁共振成像）等先进的医学技术，逆向设计可以根据人体骨骼和关节的形状进行假体的设计与制造。其中，口腔医学的产品逆向造型技术应用较成熟，一般结合快速成型技术为口腔医学服务。主要技术步骤是采集患者 CT 三维数据，进行计算机三维重建，经数据处理后转换为快速成型设备可接受的数据，然后加工出假体。

北京大学口腔医学院孙玉春团队利用产品逆向造型技术，将医学院积累的 1000 多副假牙模型扫描进计算机，再进行产品逆向造型。利用这 1000 多副模型，该团队提出了 10 余个关键变量的权重指标体系，利用该体系几秒钟就能在数据库中找到最适合患者的标准义齿模板。这一技术使我国在口腔数字化修复领域部分达到国际领先水平，实现了中国自主高端口腔医疗技术装备在全球牙科市场"零"的突破。

0.3 产品逆向造型技术的实施流程

基于产品逆向造型技术的产品设计开发流程就是针对已有的产品模型，利用三维数字化测量设备，快速地测量出产品表面的三维数据，然后根据测量数据利用三维几何建模方法重建产品 CAD 模型。产品逆向造型技术的实施流程如图 0-4 所示，可以分为以下几个阶段。

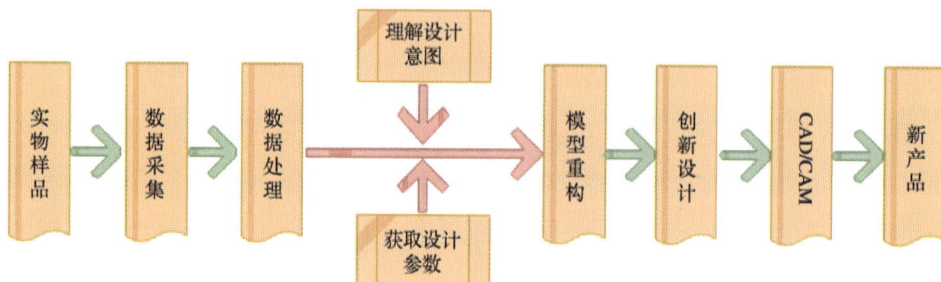

图 0-4　产品逆向造型技术的实施流程

（1）数据采集：利用三坐标测量机或激光扫描仪等测量设备对实物样品或油泥模型等进行测量，得到其轮廓的三维数据。

（2）数据处理：在软件中对得到的三维数据进行优化，包括对数据的合并、采样、平滑、分割和三角面片化等处理。

（3）模型重构：在优化测量数据的基础上，理解模型的原始设计意图，获得原始设计的相关参数，对形状规则的特征拟合出相应特征，对曲面特征进行曲面拟合，最终重构获得产品完整的 CAD 模型。

（4）创新设计：对重构的 CAD 模型进行评价分析，并在其基础上做创新设计。

（5）CAD/CAM（computer aided manufacturing，计算机辅助制造）：对改进的产品进行计算机辅助分析和制造，若创新结构符合产品要求，则可投入生产使用。

0.4 产品逆向造型技术的关键技术

产品逆向造型技术的关键技术主要包括数据采集技术、数据处理技术和模型重构技术，如图 0-5 所示。

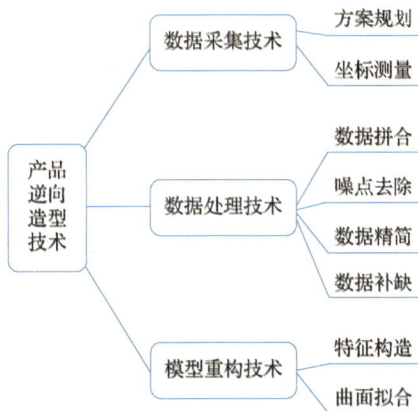

图 0-5　产品逆向造型技术的关键技术

1. 数据采集技术

数据采集是指通过坐标测量机或激光扫描仪等测量装置获取实物表面特征点三维坐标值的过程。数据采集是逆向工程的首要环节，也是非常重要的一个环节，数据采集的质量和效率直接影响后期的模型重建的进程，关系着整个逆向工程的成败。

采集前要对整个采集过程进行规划，选取合理的测点和方位是得到完整的采集数据并顺利进行模型重建的基础与保证。通过采集获得的数据一定要包括足够多的能够完整描述物体几何形状的点，从而为建立满足精度的三维模型提供足够的信息。为了获得完整的物体数据，有时要对测量表面进行分区。分区测量时边界的划分既取决于物体自身的几何形态，也取决于造型软件所提供的造型功能。分区过大，会造成无法精确表示曲面的各部分；分区过小，会造成较多的数据拼接，从而影响最终模型的整体效果。

根据测量探头是否与样件表面接触，三维坐标测量可分为接触式和非接触式。常用的接触式测量设备有三坐标测量机、手持式关节臂，常用的非接触式测量设备有桌面式扫描仪 EinScan-S、工业级扫描仪 OptimScan-5M、手持激光扫描仪 BYSCAN510 等。

2. 数据处理技术

利用三坐标测量机或激光扫描仪等测量设备测量物体表面的三维坐标信息，得到的数据是离散点的集合，称为点云。

在测量过程中，通常不能一次测量实体模型的全部数据信息，需要从不同角度对同一模型进行多次测量，然后对测得的数据点进行拼接，需要用到**多视拼合技术**，以得到实体表面的完整数据点云。由于受操作人员经验不足等人为因素或环境变化等随机因素的影响，因此测量结果往往存在误差，也有可能会出现坐标异常点，需要采用**噪点去除技术**在模型重构前剔除这些点。随着测量精度的提高，得到的点云数据可能会很大。例如，使用光学扫描设备常常采集到几十万、几百万甚至更多的数据点，存在大量的冗余数据，严重影响后续模型重构的效率，此时对数据进行压缩就势在必行，这就需要用到**数据精简技术**。被测物体形状过于复杂或者受到其他物体的阻挡时，会因部分表面无法被测量而导致测量数据缺损，此时需要利用**数据补缺技术**对缺损数据进行修补。

3. 模型重构技术

　　模型重构的目标就是对点云进行处理，最终生成三维模型。在工程应用中，产品模型的几何外形通常分为两大类：规则曲面和自由曲面。对于具有规则曲面的产品，如机械类零件等产品，常采用**基于实体特征的逆向建模方法**，通过提取模型的原设计参数加以修改后创建参数化特征模型，最终得到产品的实体模型。对于创建的特征可以通过控制参数来重复使用、重新定义、修改及转换。该方法能够比较方便地对提取的特征进行参数化修改，在一定程度上可以提高重建模型的效率。对于具有自由曲面的产品，如汽车车体、艺术品等，常采用**基于曲面特征的逆向建模方法**，利用多种工具从 3D 扫描数据的形状中快速、高效地提取精确的自由曲面，对有复杂曲面的模型进行编辑修改，最终得到产品的曲面。这两种重构方法是逆向建模技术中的主要方法。**混合逆向建模**是指在逆向建模过程中使用多种建模方法来完成模型的重构，是目前产品逆向造型技术中应用最为广泛的一种建模方法。

0.5 如何学好产品逆向造型技术

1. 产品逆向造型技术岗位的能力要求

（1）具备良好的职业素养。

（2）掌握一定的数学知识、机械知识和材料知识。

（3）具备一定的产品开发经验，熟悉产品制造工艺、设计方法、设计标准与规范。

（4）能够熟练使用三维造型软件。

（5）具备一定的逆向设计技能，能够进行模型数据测量、点云数据处理和三维模型重构。

2. 产品逆向造型技术的学习重点

　　在学习的过程中，始终要注意领会产品逆向造型技术的技术特点，即目标的唯一性和方法的多样性。目标的唯一性是指逆向工程必须体现（还原）样件（产品）的设计意图，不能随意更改和发挥。方法的多样性是指实现目标的途径、方法和技巧多种多样，在学习本书所讲授的方法和技巧时，要注意举一反三，不可拘泥于一种。

　　在产品逆向造型技术的学习过程中，不仅要注重造型思路与技能的训练，还要注重职业素养的培养，如独立分析和解决问题的能力、良好的质量意识、严谨勤奋的工作作风。

3. 关于学习产品逆向造型技术的几点建议

　　（1）要有充分的思想准备，学习产品逆向造型技术需要有"三力"。①**心力**：要有坚定的信心和坚持到底的恒心。产品逆向造型技术的学习过程非常辛苦，常常出现一张曲面、一个结构要反复制作几遍甚至十几遍才能达到要求的情况。因此，没有强大的心力是难以坚持下来的。②**智力**：要勤于思考，善于思考。产品逆向造型技术是非常复杂的技术，并且没有既定的流程可以照搬，即使是经验丰富的逆向造型师，也经常遇到新的技术难题。因此，产品逆向造型技术的学习重点是培养独立分析和解决问题的能力。③**体力**：要有强健的体魄和充沛的体力。在进行产品逆向造型技术的学习时，有时需要长时间的训练，甚至要通宵达旦，因此需要有良好的身体素质。

（2）应尽可能多地参加实际项目，在实践中积累经验。**所谓实际项目，是指当前从客户那里承接的，需要在规定期限内交付，并将用于实际生产的设计项目。**采用已经完成的项目进行案例训练，虽然也有一定的效果，但仍无法完全取代实践环节。

工艺品逆向造型

项目描述

彼得兔（图 1-1）是广为人知的漫画卡通形象，本项目对手握铲子的彼得兔工艺品进行产品逆向造型，以便工艺品损坏时能够及时修复。此工艺品外观主要由自由曲面组成，带有色彩喷漆。造型过程如下：先使用彩色激光扫描仪获取产品外观数据（数据采集），再利用扫描软件进行数据平滑光顺（数据处理），最后通过封装技术将点云数据重构为彼得兔实体模型（模型重构）。

图 1-1　彼得兔

学习目标

通过本项目的学习，达成如下学习目标。

知识目标	能力目标	思政要素和职业素养目标
① 熟悉 iReal 2E 彩色激光扫描仪的特点和扫描基本流程； ② 掌握工艺品数据采集和数据处理的基本方法； ③ 掌握正确判断数据处理过程中的体外孤点与非连接项的方法	① 能正确选用激光扫描仪，并设定激光扫描参数对样品进行数据采集； ② 能够利用 Geomagic Wrap 软件对扫描数据进行除杂、降噪、平滑、填补等操作； ③ 能够将扫描数据封装为实体模型	① 树立正确的学习观、价值观，自觉践行行业道德规范； ② 培养认真、严谨的工作态度，保证扫描数据细节特征的完整性； ③ 爱护设备，养成良好的设备操作习惯，及时对设备进行维护与保养
对接 1+X 增材制造模型设计（中级）要求		

任务 1.1　工艺品数据采集与处理

☞ **核心概念**

三维激光扫描技术：通过激光测距的原理，把激光先投射到被测物体表面，继而反射回扫描仪内的传感器中；扫描仪据此计算其与物体的距离，确定物体在空间中的位置，得到三维点云数据。

🖥 **任务实施**

1. 获取信息

（1）彼得兔工艺品外观由自由曲面构成，且带有色彩喷漆。
（2）了解常用的彩色扫描设备及其特点。
（3）了解 Geomagic Wrap 软件中常用的数据处理命令。

2. 制订计划

本项目中的数据测量硬件采用 iReal 2E 彩色激光扫描仪，配合 Geomagic Wrap 软件进行数据采集。iReal 2E 是一款高性价比手持式彩色激光扫描仪，可不贴点进行扫描，同时可获取高清细腻的色彩纹理。

对于因操作人员经验不足等人为因素或环境变化等随机因素而产生的异常点，须通过噪点去除技术剔除。对于部分细小位置的数据缺失，可用 Geomagic Wrap 软件根据未扫描部分周围的特征进行拟合计算，将其补全。

3. 做出决策

彼得兔模型尺寸并不大，为了减少扫描累积误差，将扫描顺序定为：从胸口开始，向四肢及头部扩散，形成一个小的闭环。扫描采用的光源为红外光快速扫描。模型色彩为彩色纹理。拼接为特征。分辨率为 0.7。

扫描结束后，使用 Geomagic Wrap 软件中的"体外孤点""非连接项"等命令对体外孤点进行处理。使用 Geomagic Wrap 软件中的"补洞"命令将扫描结果中的细小数据缺失部分进行补全。使用"封装"命令将点云数据封装生成三角网格面，对三角网格进行编辑、删减处理。根据扫描物体效果需求选择网格数据平滑等级，微调扫描物体的色调、饱和度、亮度等参数。

4. 实施计划

Step1 设备连接

设备连接包括将电源连接到扫描仪和将扫描仪连接到计算机两步操作。连接线包括电源适配器连接线及电源数据线缆。电源适配器可为扫描仪提供电源。电源数据线缆共有TypeA、TypeB、电源接口、电源适配器端口四个接口，分别连接计算机、电源适配器和扫描仪端。设备连接如图1-2所示。

01 将电源数据线缆的TypeA接口连接到计算机的USB接口。

02 将电源数据线缆的电源接口及TypeB接口分别接入设备对应的接口（连接时应注意使线缆接口处箭头指示方向保持一致，否则可能损坏接口）。

03 将电源适配器端口接入电源数据线缆的DC（direct current，直流电）接口。

04 以上步骤正确完成后，将电源适配器插头连接到电源接口。

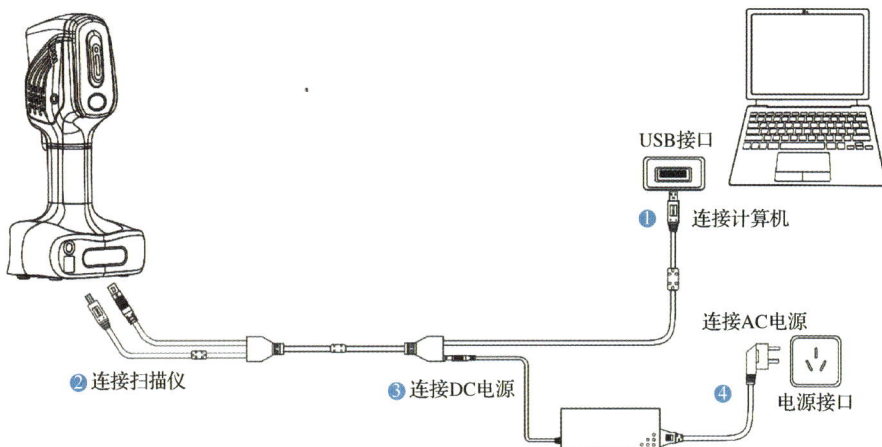

图1-2　设备连接

注：AC指交流电（alternating current）。

Step2 设备标定

初次使用扫描仪时，须先对设备进行标定后再进行扫描，目的是对照相机的参数进行校准。出现以下情况须对设备进行标定：①初次使用设备；②长时间未使用设备；③设备经过晃动或运输；④单帧扫描数据量较少；⑤数据拼接不上。设备标定的步骤如下。

视频：设备标定

01 单击主页面上的"标定"按钮，观看标定操作演示视频，学习结束后单击"开始标定"按钮，控制扫描仪角度，调整扫描仪与标定板的距离，保证标定板上的灰色阴影部分与红色阴影部分基本重合；按照标定界面提示移动扫描仪，使得灰色及蓝色模型扫描仪基本重合，完成标定，如图1-3所示。

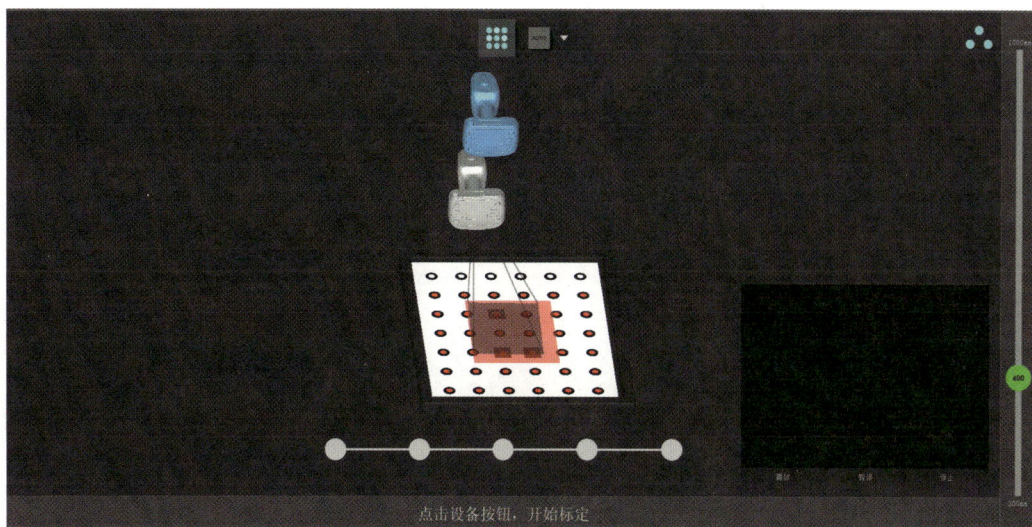

图 1-3　标定界面

02 按照标定软件提示要求，将位置一至位置五的五个标定步骤逐步完成。标定结果如图 1-4 所示。

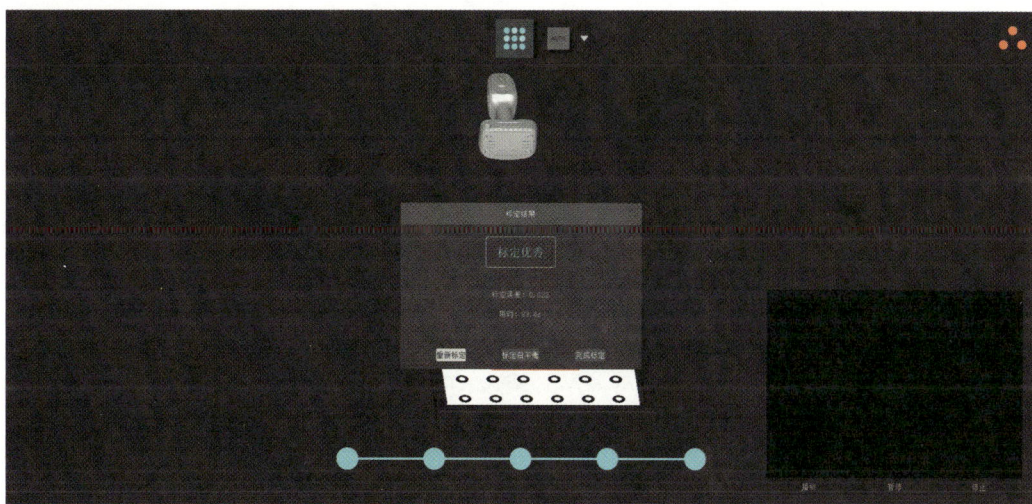

图 1-4　标定结果

Step3 扫描

初次使用的设备标定结束后，可进行物体扫描工作，下面讲述扫描的基本流程。

01 单击主页面上的"彩色物品"→"下一步"按钮，打开彩色物品扫描界面，单击"👁"按钮进行预览扫描。通过开关选择黑白或彩色照相机视野，滑动进度条调整照相机的亮度，单击"Ⅱ"按钮或按扫描仪上的相应按键可暂停预览扫描，如图 1-5 所示。

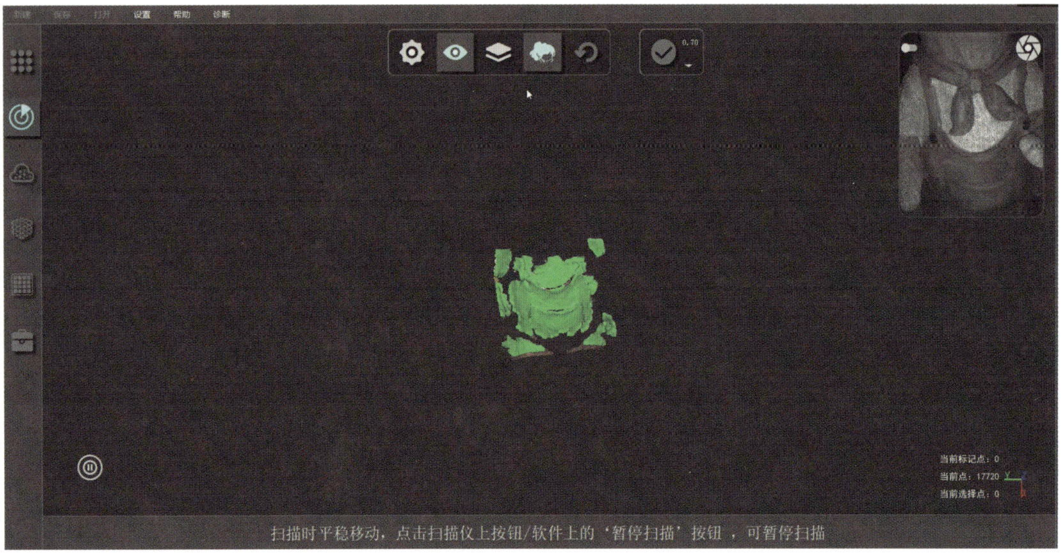

图 1-5　预览扫描

02　在扫描过程中，如需查看扫描效果，则可单击"⏸"→"📷"按钮，查看点云预处理结果。如果效果不太好，则可以单击"▶"按钮继续进行被测物体的扫描工作。

03　扫描完成后，单击"✅"按钮结束扫描，扫描效果如图 1-6 所示。

图 1-6　扫描效果

Step4　噪点处理

01　单击体外孤点按钮"🔘"，对多余的点云进行处理。删除体外孤点如图 1-7 所示。

02　单击"非连接项"按钮，将距点组较远的点云查找出来并删除，如图 1-8 所示。如果因单帧数据太少而导致数据拼接错误，则可以单击删除叠层按钮"🔘"进行删除。

图 1-7　删除体外孤点

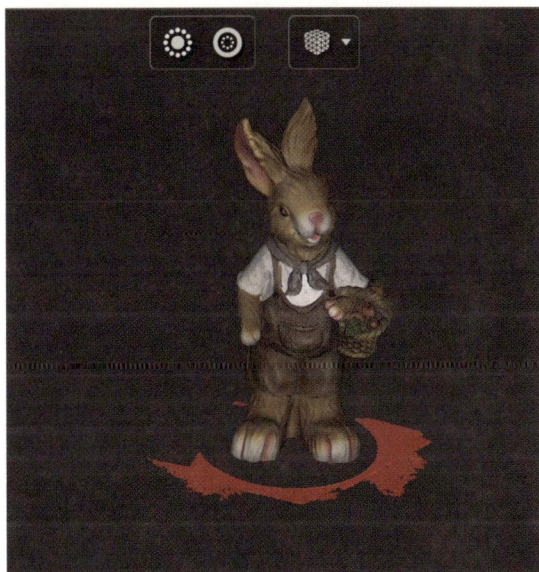

图 1-8　删除距点组较远的点云

Step5　数据补缺

使用"填充单个孔"命令可填补缺失的部分。选择"多边形"→"填充单个孔"命令，若孔周围的数据较好，则可直接选择"曲面"→"内部孔"命令来进行填充，根据周围的数据按照"曲率"来进行拟合运算，填充"整个孔"。补孔后观察，如果效果不好，则可将"曲面"更改为"切线"来进行补孔，按照周围数据"曲率"（具有大于"曲面"命令的效果）来进行拟合运算，填充"整个孔"。补孔洞模式如图1-9所示。

图 1-9　补孔洞模式

填补孔会使补孔位置的贴图不合，因此建议扫描时将扫描数据完整扫描出来。

"填充单个孔"命令详解如下：选择"填充单个孔"命令后，其右侧的六个功能按钮就会亮起，可进行选择。第一行是计算方式（"曲面""切线""平面"），第二行是填补功能（"内部孔""边界孔""搭桥"）。填充单个孔如图 1-10 所示。

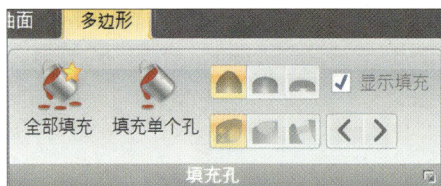

图 1-10　填充单个孔

"曲面"：匹配周围数据的曲率进行填补。

"切线"：匹配周围数据的曲率进行填补，但具有大于曲率的尖端。

"平面"：大致平坦。

"内部孔"：直接填充一个完整的孔。

"边界孔"：指定填充部分位置的孔，先选取孔边上的两点形成一条线，将孔一分为二，再决定填补"左"边还是"右"边的孔。

"搭桥"：选取两点连线将孔拆分，选取孔边上的两点，以所选点所在的三角面片的宽度、曲率来连线，形成新的面片，将孔拆分成"左"孔和"右"孔。

Step6　网格封装

01　单击"🔺"按钮，将点云数据封装生成三角网格面，对三角网格进行编辑、删减处理，并调整彩色模型贴图的亮度和对比度。一般选择"半封闭模式"命令，将扫描过程中的大孔洞进行补全，然后单击"应用"按钮。

02 使用"网格优化"命令可根据对扫描物体效果的需求，选择平滑等级（一般单击"高细节"按钮），然后单击"应用"按钮，如图 1-11 所示。

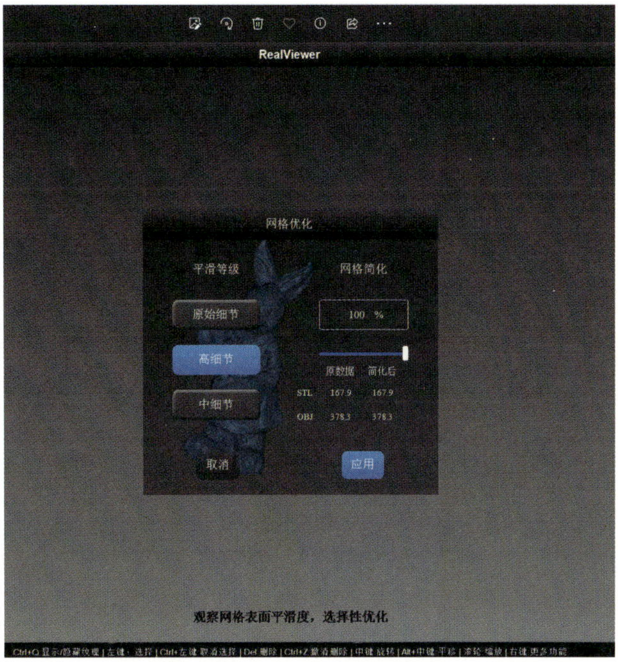

图 1-11　网格优化

Step7　色彩调节

01 数据处理完成后，用户可以根据实际使用情况微调扫描物体的色调、饱和度、亮度等参数，如图 1-12 所示。

图 1-12　微调扫描物体的参数

02 调整完各项参数，单击"🖫"按钮进行数据保存，将彩色模型文件优先保存为 obj 格式，将点云数据保存为 asc 格式。

5. 检查控制

（1）检查扫描数据是否完整。检查扫描数据是否涵盖彼得兔的所有细节特征，若有特征缺失，则须按照实施计划补充细节特征的采集。

（2）检查调节色彩是否与扫描产品一致。检验在不同灯光的照射下，扫描件的色彩与实物在色调、饱和度、亮度等方面的差异，保证色彩的较高还原度。

（3）检查保存格式。将扫描彩色模型保存为 obj 格式，将点云数据保存为 asc 格式。

6. 学习评价

工艺品数据采集与处理学习评价如表 1-1 所示。

表 1-1 工艺品数据采集与处理学习评价

序号	评价内容	评价标准	评价结果
1	理论知识	理解彩色激光扫描仪的工作原理	是 □ 否□
		能够判断数据处理过程中的体外孤点与非连接项	是 □ 否□
2	操作技能	能够使用 iReal 2E 彩色激光扫描仪完成彼得兔工艺品的扫描，获取扫描数据	是 □ 否□
		能够利用 Geomagic Wrap 软件对扫描缺失数据进行修复	是 □ 否□
3	职业素养	严格按照操作要求操作设备，无设备损伤现象，操作完成后整理设备	是 □ 否□
		工作认真、严谨，扫描数据完整	是 □ 否□

任务 1.2 工艺品模型重构

☞ **核心概念**

3D 打印模型：常用 3D 打印模型为 stl 格式，一般有以下几个要求：①必须为封闭的模型；②模型需要具有一定的厚度；③不能存在重复的面片。

💻 **任务实施**

1. 获取信息

（1）取得彼得兔的处理后数据，保存为 obj 格式。

（2）了解 Geomagic Wrap 软件中常用的模型重构命令。

2. 制订计划

由于彼得兔工艺品由自由曲面构成，没有回转、对称等特征，考虑将扫描数据封闭，变为一个封闭的实体。

3. 做出决策

用底部数据拟合一个平面，将模型数据底部裁剪平并封闭成一个实体。

4. 实施计划

Step1 拟合平面，封闭实体

3 点拟合平面。选择"特征"→"创建"→"平面"命令，如图 1-13 所示。在打开的下拉列表中，选择创建方法为"3 个点"，选中底部边缘的三个点，单击"应用"按钮，完成后单击"确定"按钮，完成拟合平面。创建平面 1 如图 1-14 所示。

视频：拟合平面，封闭实体

图 1-13　创建平面命令

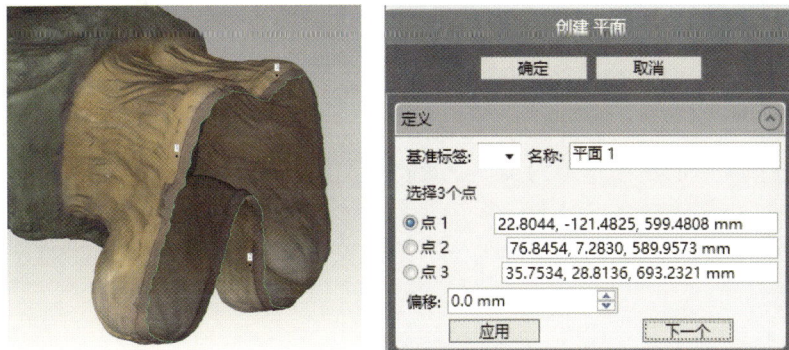

图 1-14　创建平面 1

Step2 裁剪封闭数据

选择"多边形"→"修补"→"裁剪"命令，在打开的"用平面裁剪"对话框中，在"定义"下拉列表中选择"对象特征平面"命令，并在列表中选择"平面 1"。单击"平面截面"按钮，将数据分为两个部分，单击"删除所选择的"按钮，删除底部多余的部分。然后单击"封闭相交面"按钮将数据封闭，单击"确定"按钮完成操作。裁剪封闭数据如图 1-15 所示。

图 1-15　裁剪封闭数据

Step3　保存数据

单击界面左上角的"　"图标，在打开的"保存"对话框中选择"另存为"命令。在"保存类型"下拉列表中选择"Wavefront 文件（*.obj）"格式，最后确认保存位置及文件名，单击"保存"按钮，如图 1-16 所示。

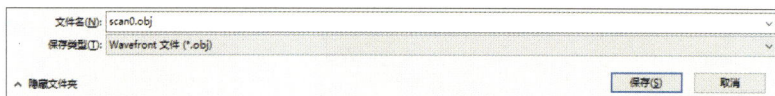

图 1-16　保存数据

5．检查控制

（1）检查重构后的模型是否为实体。重构后的模型应为实体，若为片体，则须重新封闭与裁剪。

（2）检查封闭和裁剪是否对产品的细节特征有影响，若在此过程中改变了产品细节特征，则须重新封闭。

6．学习评价

工艺品模型重构学习评价如表 1-2 所示。

表 1-2　工艺品模型重构学习评价

序号	评价内容	评价标准	评价结果
1	理论知识	理解 stl 格式与 asc 格式的区别	是 □　　否□
2	操作技能	能够将扫描数据封闭为实体模型	是 □　　否□
3	职业素养	工作认真、严谨，做事精益求精	是 □　　否□

数车轴件逆向造型

▍项目描述

数控车削的轴类零件是航空航天项目的关键零部件，是典型的回转件。本项目对某航空项目中的数车轴件（图 2-1）进行产品逆向造型，即对零件进行改型再设计，以适应航空航天项目对其性能提升的需求。此轴类产品不存在复杂曲面，由数控车床加工而成，所有特征围绕一个中心轴线。可通过回转、倒角及圆角完成造型。造型过程如下：先使用手持式激光扫描仪 BYSCAN 750LE 获取产品外观数据（数据采集），再利用数据处理软件 ScanViewer 进行数据平滑光顺（数据处理），最后通过 Geomagic Design X 软件将网格化数据重构为实体（模型重构）。

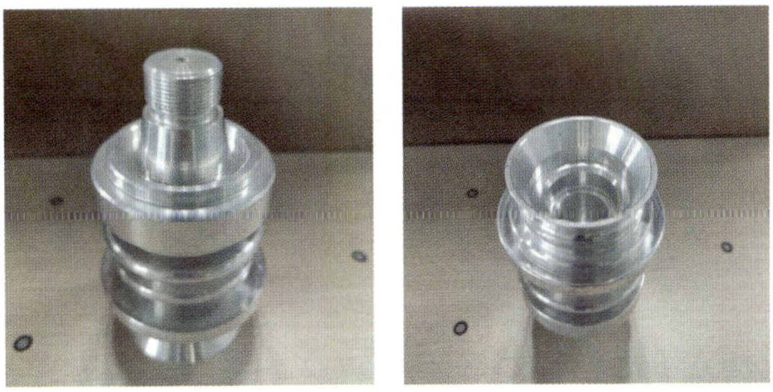

图 2-1　数车轴件

▍学习目标

通过本项目的学习，达成如下学习目标。

知识目标	能力目标	思政要素和职业素养目标
① 熟悉手持式激光扫描仪的特点和扫描基本流程； ② 熟悉手持式激光扫描仪的标定方法； ③ 掌握 Geomagic Design X 软件中的自动分割、面片草图、回转、倒角、圆角等命令的使用方法	① 能够使用手持式激光扫描仪完成数车轴件的扫描，获取扫描数据； ② 能够利用标记点拼接技术完成数据正反两次扫描数据的拼接； ③ 能够使用 Geomagic Design X 软件中的面片草图命令完成回转体截面线的绘制； ④ 能够利用 Geomagic Design X 软件完成轴类件——数车轴件的逆向造型	① 培养认真、严谨的工作态度，保证扫描数据细节特征的完整性； ② 爱护设备，养成良好的设备操作习惯，及时对设备进行维护与保养； ③ 发扬一丝不苟、精益求精的工匠精神
对接 1+X 增材制造模型设计（中级）要求		

任务 2.1 数车轴件数据采集与处理

☞ 核心概念

解析度：扫描时点云数据的距离间隔。解析度越小，扫描细节越丰富，数据量也越大。

曝光参数：感受光亮的强弱及时间的长短。物体反光度高、颜色较深时，须适度调高曝光参数。

标记点：扫描时需要从不同的角度进行多次扫描，将多次扫描得到的数据像拼图一样拼接起来，依靠标记点可以准确地完成数据的拼接，保证拼接的准确性。

📺 任务实施

1. 获取信息

（1）数车轴件具有典型的回转体特征，附加倒角和圆角特征，材质为铝合金。

（2）了解常用的手持式激光扫描设备及其特点。

（3）了解 ScanViewer 软件中常用的数据处理命令。

2. 制订计划

本项目中的数据测量硬件采用杭州中测科技有限公司生产的手持激光扫描仪 BYSCAN750LE，配合 ScanViewer 软件进行数据处理。数车轴件为铝合金材质，其反光程度不高，因此扫描之前不需要做特殊处理。

对于因操作人员经验不足等人为因素或环境变化等随机因素而产生的异常点，须通过噪点去除技术剔除。

3. 做出决策

使用手持激光扫描仪 BYSCAN750LE 扫描物体时，须使用标记点进行精确定位，使扫描更加精确。扫描前须贴标记点，扫描时先扫描标记点再扫描激光点。本项目所用数车轴件两端均有特征，须进行正反两次扫描，将获得的两组数据通过"标记点拼接"命令进行拼接。

扫描结束后，通过 Scan Viewer 软件手动框选噪点，将操作过程中产生的噪点剔除。使用"封装"命令将点云数据封装生成三角网格面，对三角网格进行编辑、删减处理。

4. 实施计划

视频: 轴类零件的
扫描前准备工作

Step1 扫描仪标定

当设备长期不用或者在长途运输中发生过抖动时，须对其进行快速标定，一般情况下进行一次快速标定后可以长期使用。标定步骤如下。

01 单击"快速标定"按钮，打开快速标定界面，如图 2-2 和图 2-3 所示。

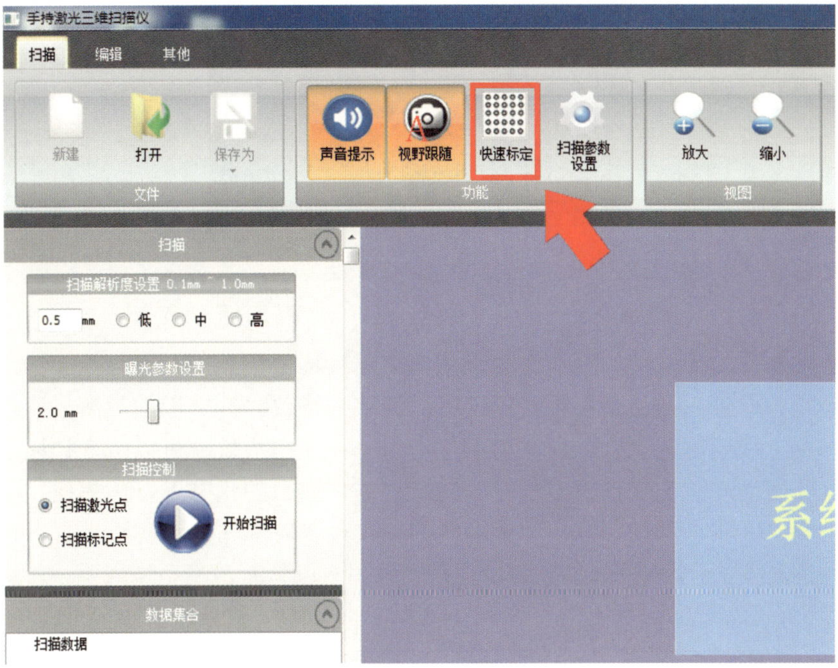

图 2-2　单击"快速标定"按钮

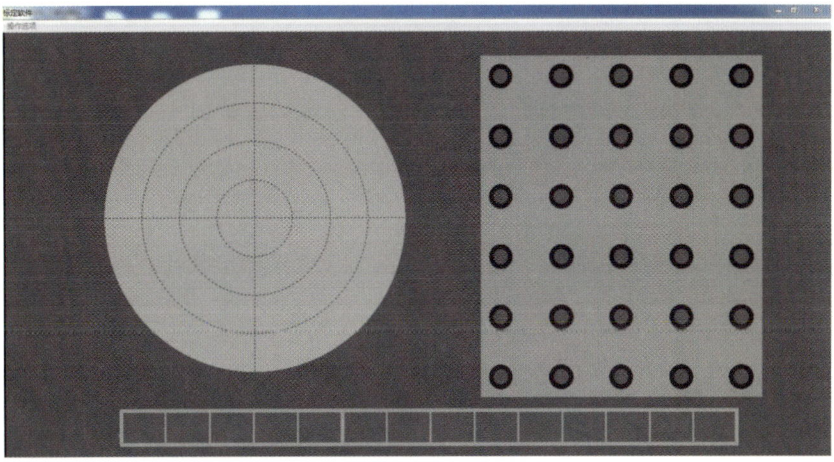

图 2-3　快速标定界面

02 将标定板放置于稳定的平面上，将扫描仪正对标定板，距离为 300mm 左右，按下扫描键，发出激光束（以三条平行激光为例）。扫描激光如图 2-4 所示。

图 2-4　扫描激光

03 扫描仪正对标定板角度标定。控制扫描仪投影轮廓与标定板阴影重合。扫描仪投影轮廓的大小与其到标定板的距离有关。扫描仪距离标定板越远，投影轮廓越大；反之，投影轮廓越小。保证扫描仪角度正对标定板，调整扫描仪与标定板的距离，使左侧扫描仪投影轮廓与标定板阴影圆重合。通过前后左右水平移动扫描仪，可以改变扫描仪相对标定板的位置。在保证左侧扫描仪投影与轮廓阴影圆基本重合的状态下，在扫描仪所处的水平面上不改变角度，水平移动扫描仪，使右侧扫描仪投影轮廓与梯形阴影重合。标定板上阴影圆的直径逐渐变大，距离标定共 10 步，完成后阴影圆位置改变，进入下一步标定。距离标定如图 2-5 所示。

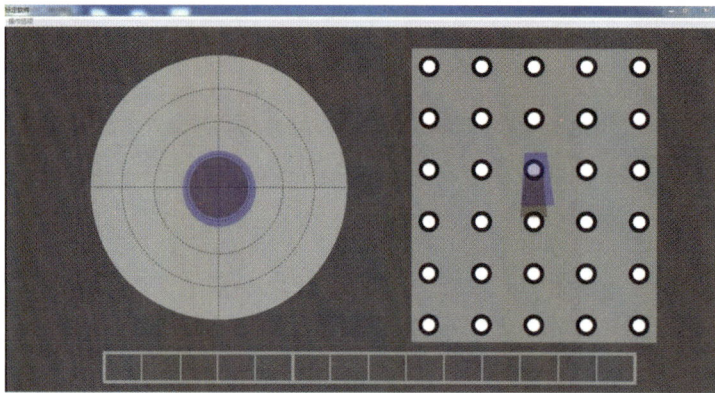

图 2-5　距离标定

04 进行右侧 45° 标定。将扫描仪向右倾斜 45°，使激光束保持在第三行与第四行标记点之间，使扫描仪投影轮廓与阴影圆重合，完成后阴影圆位置改变，进入下一步标定。右侧 45° 标定如图 2-6 所示。

图 2-6　右侧 45° 标定

05 进行左侧 45° 标定。将扫描仪向左倾斜 45°，使激光束保持在第三行与第四行标记点之间，使扫描仪投影轮廓与阴影圆重合，完成后阴影圆位置改变，进入下一步标定。左侧 45° 标定如图 2-7 所示。

图 2-7　左侧 45° 标定

06 进行上侧 45° 标定。将扫描仪向上倾斜 45°，使激光束保持在第三行与第四行标记点之间，使扫描仪投影轮廓与阴影圆重合，完成后阴影圆位置改变，进入下一步标定。上侧 45° 标定如图 2-8 所示。

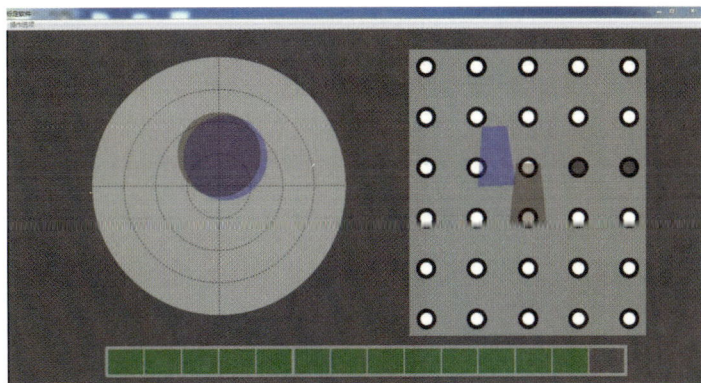

图 2-8　上侧 45° 标定

07 进行下侧45°标定。将扫描仪向下倾斜45°，使激光束保持在第三行与第四行标记点之间，使扫描仪投影轮廓与阴影圆重合。下侧45°标定如图2-9所示。

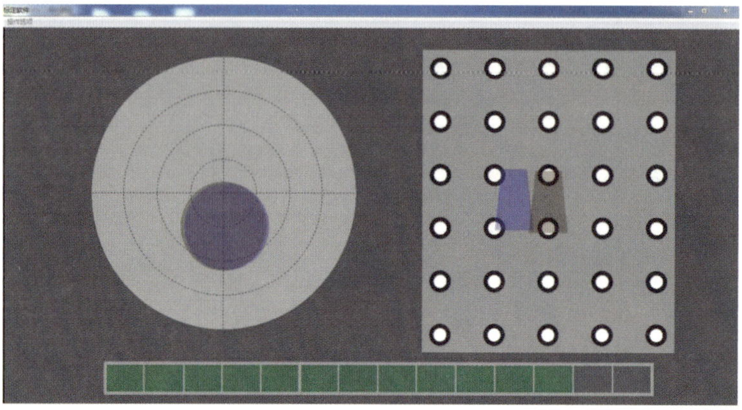

图2-9 下侧45°标定

08 完成第七步之后，标定完成提示界面如图2-10所示。单击右上角的关闭按钮，关闭标定窗口，标定完成。

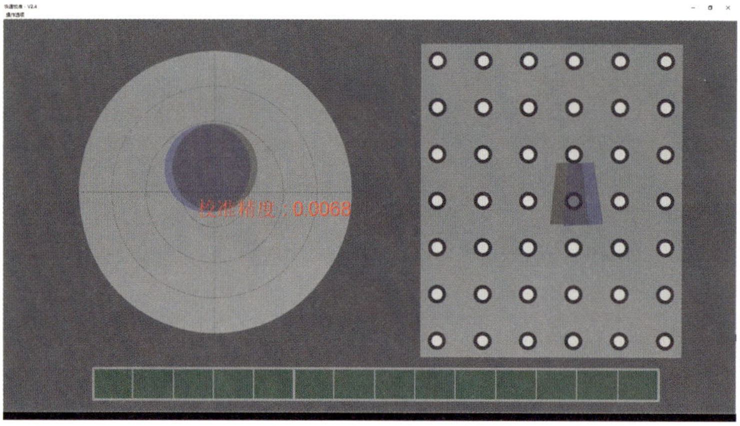

图2-10 标定完成提示界面

Step2 贴标记点

扫描之前，在工件上贴标记点。标记点必须以最小20mm的距离随机粘贴于数车轴件的表面。如果数车轴件表面曲率变化较小，则标记点间的距离可以达到100mm。这些标记点使系统可以在空间中完成自定位。粘贴标记点时，需要注意以下事项：①尽量贴在工件上平整且无细节特征的表面上；②在过渡面边缘可以适当增加标记点；③不能弄脏标记点，以免影响扫描仪识别标记点；④标记点不宜贴在工件的边缘，须离开边缘12mm以上，便于后期数据修补处理。

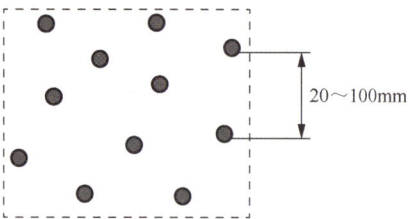

正确的标记点分布如图2-11所示。

按照标记点分布规则，对此数车轴件进行标记点粘贴，数车轴件标记点分布如图2-12所示。

图2-11 正确的标记点分布

图 2-12　数车轴件标记点分布

Step3　进行第一次扫描

01　参数设置。打开 ScanViewer 软件，在"解析度设置"对话框中进行如图 2-13（a）所示的参数设置。将解析度设置为 0.35mm，将激光曝光设置为 3.00ms，在"扫描控制"选项区域中点选"标记点"单选按钮。在"扫描设置"对话框中进行如图 2-13（b）所示的参数设置，单击"高级参数设置"折叠按钮，在"标记点设置"选项区域中，根据所粘贴的标记点型号勾选"1.43mm"复选框，选择完成后单击"应用"按钮。

视频：第一次扫描

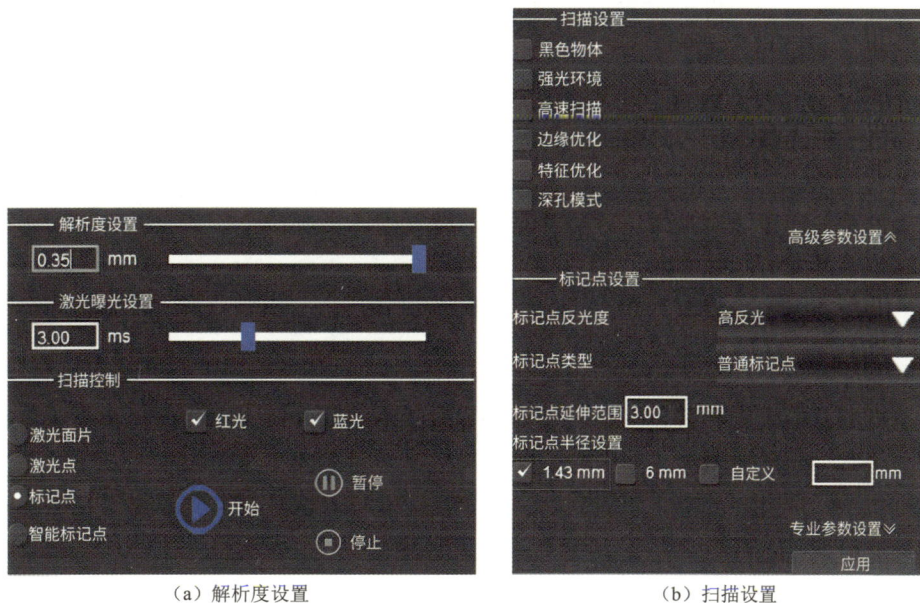

（a）解析度设置　　　　　　　　　　（b）扫描设置

图 2-13　扫描参数设置

02　扫描标记点。使用转盘可以方便在扫描过程中旋转零件。将数车轴件放置在转盘上，将扫描仪正对数车轴件，按下扫描仪上的激光开关键，开始扫描标记点。扫描标记点如图 2-14 所示。

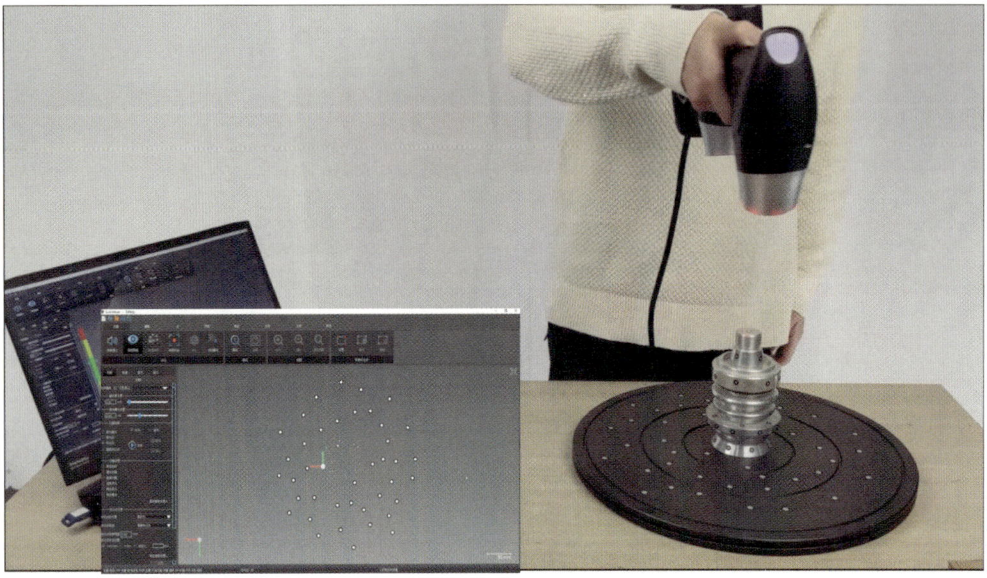

图 2-14　扫描标记点

　　标记点扫描完毕后，先按下扫描仪上的激光开关键关闭光源，再单击 ScanViewer 扫描软件中的"停止"按钮停止扫描。初次扫描标记点，可通过"优化"命令对扫描的标记点进行定位优化。转盘上的标记点起到辅助定位的作用，应将转盘所在平面设置为背景面，设置后此平面上的数据不会被扫描。框选转盘平面上的标记点，单击"背景标记点"选项卡中的"设置"按钮，设置偏移距离为 0，此平面即背景标记点所在平面，此平面及平面以下的数据不会被识别。设置背景标记点如图 2-15 所示。

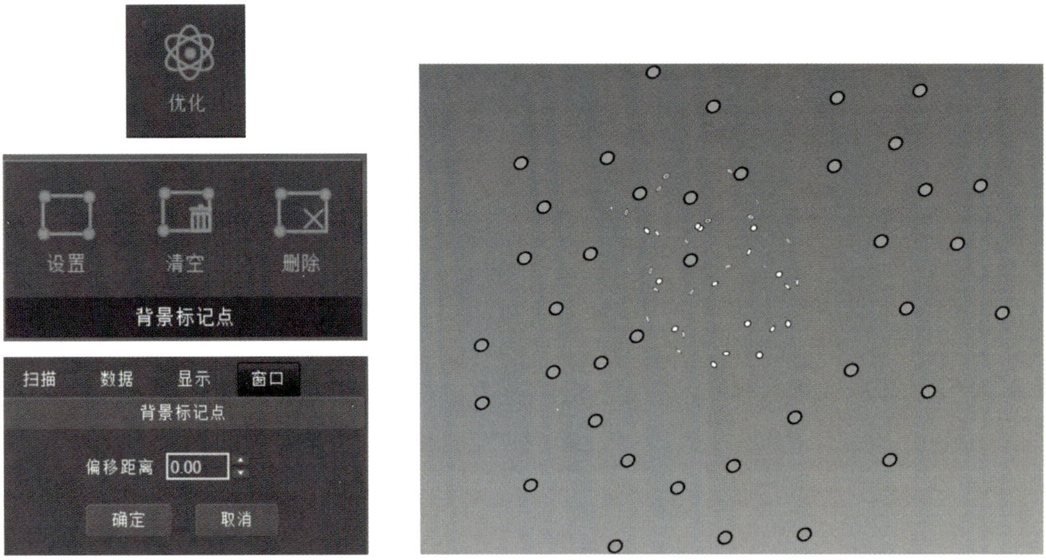

图 2-15　设置背景标记点

单击 ScanViewer 软件工程选项卡中的"保存"按钮，选择保存为"工程文件"即可。

03 扫描数车轴件激光点数据。在"扫描控制"选项区域中点选"激光面片"单选按钮，取消勾选"蓝光"复选框，然后单击"开始"按钮，切换扫描模式，如图 2-16 所示。将扫描仪正对数车轴件，距离为 300mm 左右，按下扫描仪上的扫描键，出现多条激光（红色），开始扫描，如图 2-17 所示。

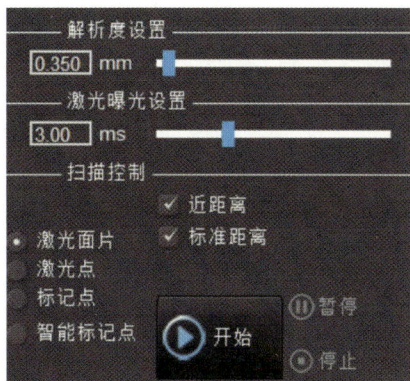

图 2-16　切换扫描模式

图 2-17　扫描数车轴件

在扫描过程中，可以按下扫描仪上的视窗放大键，这样 ScanViewer 软件中的视图会相应地放大，便于观察细节。在扫描过程中可以平缓地转动转盘，使数车轴件的不同部位面向扫描仪，以辅助扫描。当遇到深槽等不易扫描的部位时，可以双击扫描仪上的扫描键，切换到"单条激光线"模式。

Step4 进行第二次扫描

01 新增项目。单击 ScanViewer 软件工程选项卡中的"新增"按钮，新增"新项目 2"，如图 2-18 所示，此项目不会覆盖之前的扫描数据所在的项目。

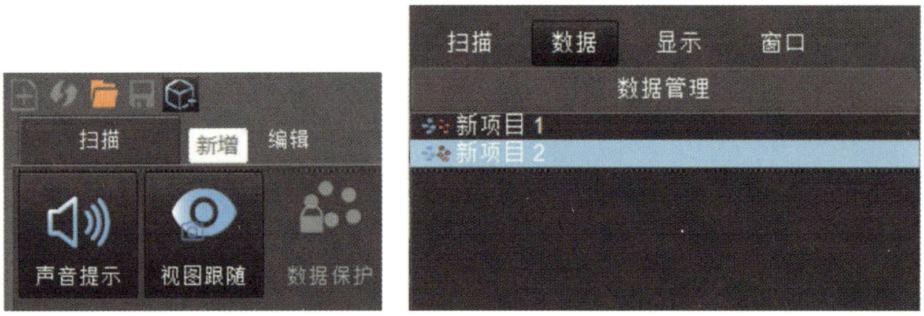

图 2-18　新增"新项目 2"

02　数车轴件翻面。将数车轴件翻面，摆放方式如图 2-19 所示。

03　完成翻面后数车轴件标记点及数据的扫描。扫描此面数据的方式同"Step3：第一次扫描"，最后得到经过处理的扫描数据，如图 2-20 所示。

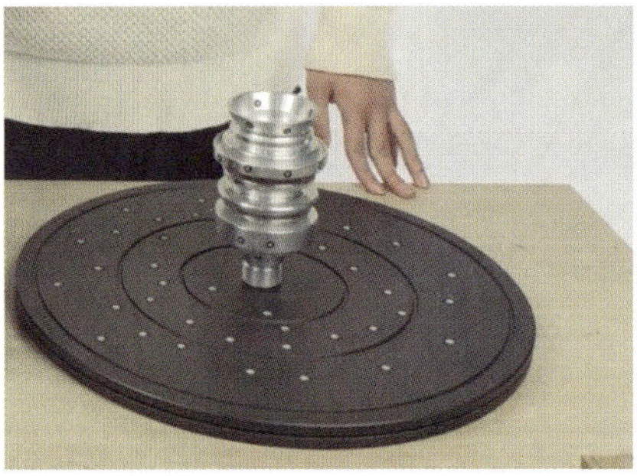

图 2-19　翻面后的数车轴件摆放方式 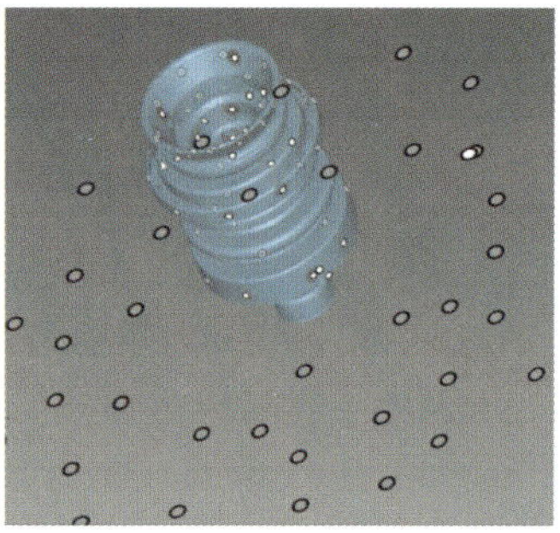　　图 2-20　经过处理的扫描数据

Step5　数据拼接

01　设置新项目属性。分别在两个项目上右击，在打开的快捷菜单中分别选择"设置 Reference"和"设置 Test"命令，如图 2-21 所示。设置完成后，单击"标记点拼接"按钮，打开标记点拼接界面，左上方为 Reference 窗口，左下方为 Test 窗口，右侧为拼接预览窗口，如图 2-22 所示。

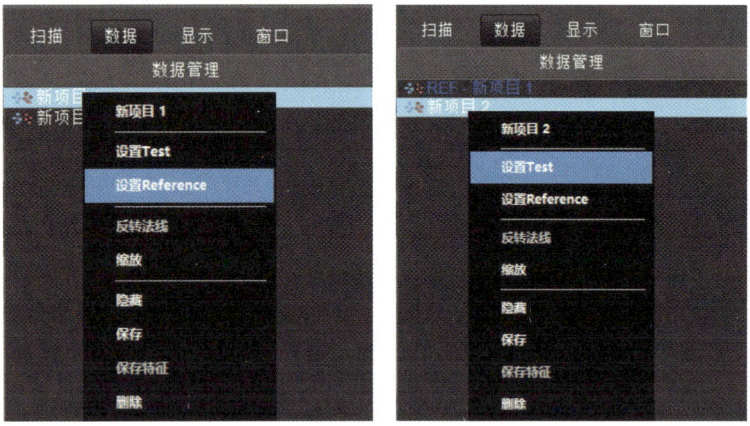

图 2-21　设置新项目属性

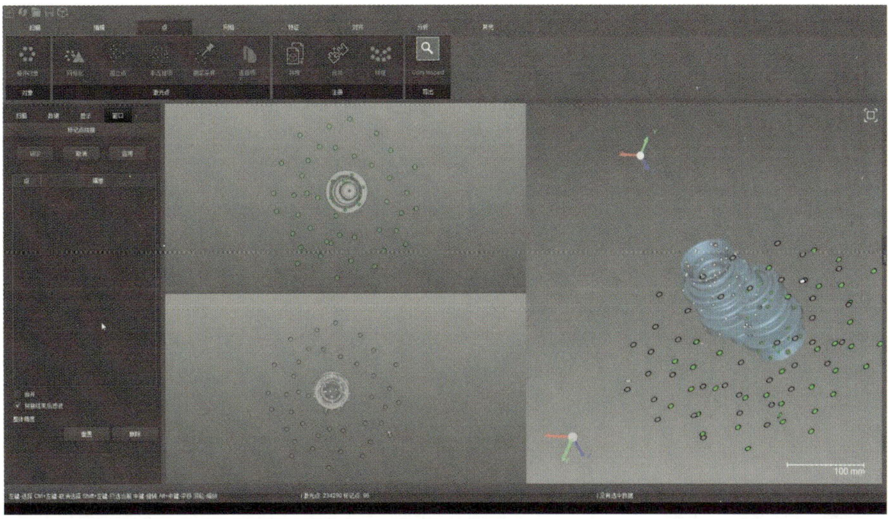

图 2-22　标记点拼接界面

02　标记点拼接。在标记点拼接界面中，勾选"合并"复选框。在 Test 窗口中，选中至少四个与 Reference 窗口共同拥有的标记点。选择完成后，单击"应用"按钮，可在预览窗口观察拼接数据。选择拼接用标记点如图 2-23 所示。

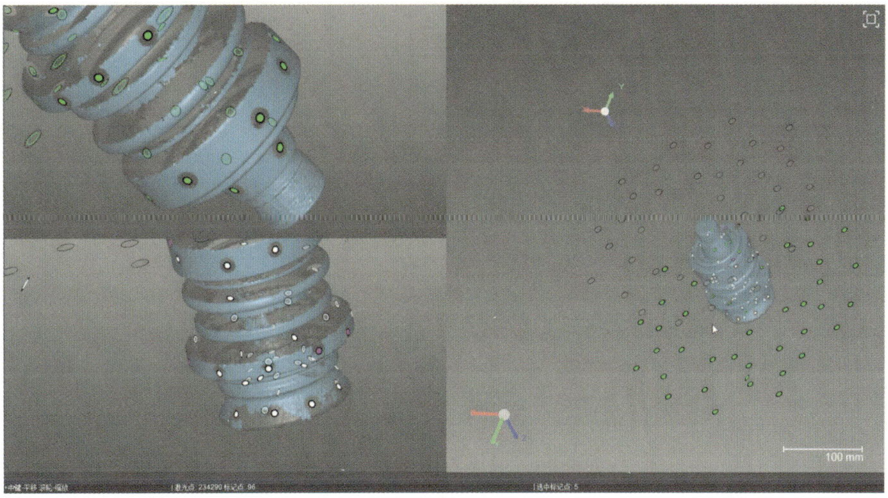

图 2-23　选择拼接用标记点

确认拼接无误后，单击"确定"按钮，此时标记点拼接完成，拼接后的数据存储在 Reference 项目中。

Step6　噪点处理

在视图窗口空白处右击，在弹出的快捷菜单中选择"激光点"命令，使用套索选择工具选中与数车轴件无关的数据，然后按 Delete 键将其删除，如图 2-24 所示。

图 2-24　噪点处理

网格封装

　　单击"网格化"按钮，取消勾选"填补标记点"复选框，单击"确定"按钮，生成三角面片网格。状态栏出现"进度"提示条，封装完成后软件视图中的进度条消失。网格化如图 2-25 所示。

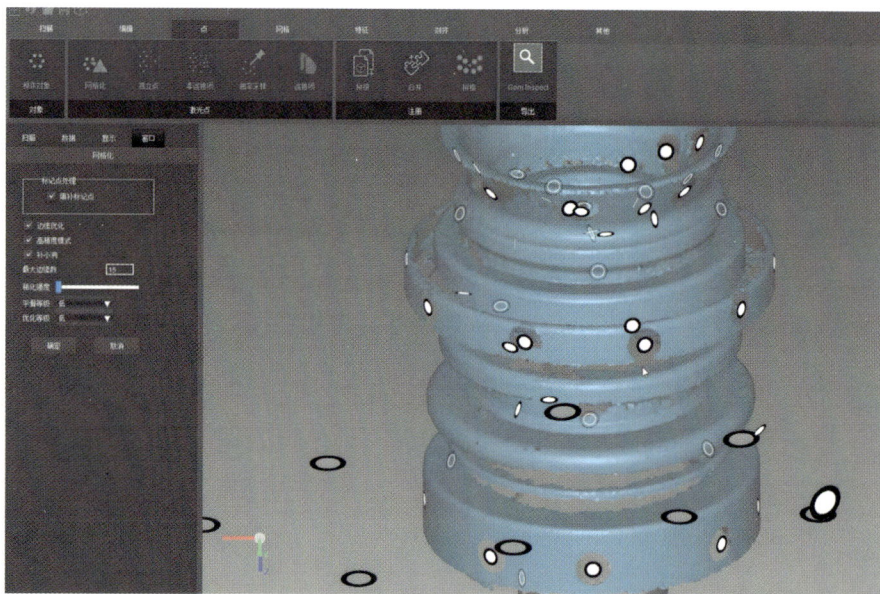

图 2-25　网格化

网格化后的数据如图 2-26 所示。选中须保存的 stl 数据项目，单击 ScanViewer 软件工程选项卡中的"保存"按钮，在打开的"保存"对话框中选择"网格文件"命令，重命名后单击"确定"按钮保存数据为 stl 格式。

图 2-26　网格化后的数据

5. 检查控制

（1）检查扫描数据是否完整。检查扫描数据是否涵盖数车轴件的所有细节特征，若有特征缺失，则须按照实施计划补充细节特征的采集。

（2）检查保存格式。将封装后的网格文件保存为 stl 格式，将点云数据保存为 asc 格式。

6. 学习评价

数车轴件数据采集与处理学习评价如表 2-1 所示。

表 2-1　数车轴件数据采集与处理学习评价

序号	评价内容	评价标准	评价结果	
1	理论知识	理解手持式激光扫描仪的工作原理	是 □	否 □
		掌握判断数据处理过程中噪点的方法	是 □	否 □
2	操作技能	能够完成手持式激光扫描仪的标定	是 □	否 □
		能够使用手持式激光扫描仪完成数车轴件的扫描，获取扫描数据	是 □	否 □
		能够利用 ScanViewer 软件对扫描噪点进行剔除	是 □	否 □
3	职业素养	具有良好的设备操作习惯，养成设备维护与保养的良好素养	是 □	否 □
		工作认真、严谨，扫描数据完整	是 □	否 □

任务 *2.2* 数车轴件模型重构

☞ **核心概念**

领域：导入曲面模型后按相似度划分成的不同区域，是曲面模型部分点云集合。

领域划分：对原有模型进行切分，将不规则曲面模型按照点云集的相似度划分成不同的点云集。曲面模型的创建是以领域划分为基础的。领域划分后可通过合并、分离、插入、扩大和缩小等操作对生成的领域特征进行领域编辑，根据相邻分割领域的特征选择不同的操作，对领域进行手动编辑，以便建模。

回转件：用圆柱体（一般车削而成）加工而成的各种形状的零件，其特点是关于圆柱体中心线对称。

逆向设计中的尺寸：逆向设计的本质是还原产品的设计意图，无论是基本体素设计还是特征设计，在逆向设计时均须按照产品的精度要求对其尺寸进行约束。

💻 **任务实施**

1. 获取信息

（1）取得数车轴件的处理后数据，保存为 stl 格式。

（2）由于此数车轴件用于航空项目，因此其逆向造型精度要求控制在 0.05mm 以内。

（3）了解 Geomagic Design X 软件中常用的自动分割、平面、线、手动对齐、面片草图、回转、倒角、圆角等命令。

2. 制订计划

本任务使用 Geomagic Design X 软件进行数车轴件逆向造型，所要重构模型的数车轴件具有典型的回转体特征，附加倒角和圆角特征。为了保证模型的整体性能，必须先选择合理的草图设计，通过旋转得出模型，再通过移动面、圆角、倒角等技术处理，最终获得数车轴件实体表面形状、尺寸精度范围内的实体模型。

3. 做出决策

1）确定坐标系

观察点云数据可知，数车轴件是一个回转体，由多个外部特征及内部特征组成，可确定所有特征的轴线均为同一轴线。确定大圆柱顶面为坐标系平面，圆柱轴线方向即 Z 轴方向，圆心点为坐标原点，X 轴、Y 轴无须特意指定。

2）构建回转内外部特征

可以先同时构建内外部特征，得出大体形状，再通过造型数据与采集数据拟合度比较，微调特征尺寸。

3）完成细节特征

完成回转主体造型后，构建倒角、圆角等细节特征，进而构建数车轴件模型。

4.　实施计划

Step1　导入数据

打开 Geomagic Design X 软件，进入软件默认界面，选择"初始"→"文件"→"导入"命令，打开"导入"对话框，文件类型选择"STL files（*.stl）"，如图 2-27 所示。文件名选择"数车轴件"，如图 2-28 所示，然后单击"仅导入"按钮。

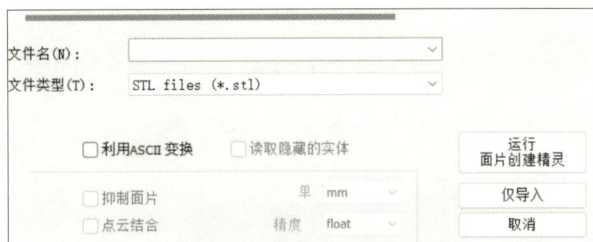

图 2-27　"导入"对话框

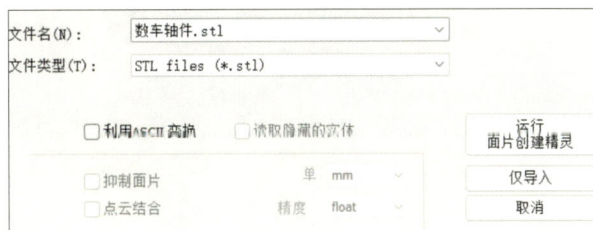

图 2-28　选择文件类型和文件名

此时，数车轴件的点云数据显示在软件界面中，如图 2-29 所示。

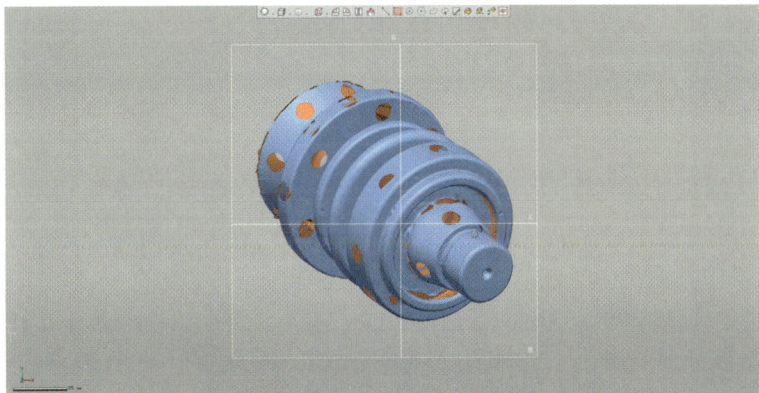

图 2-29　数车轴件的点云数据

Step2 进行坐标系对齐

01 分割 STL 领域。选择"领域"→"自动分割"命令，打开"自动分割"对话框，"对象"选择导入的 stl 类型文件，"敏感度"采用默认数值，"面片的粗糙度"选择"平滑"，如图 2-30 所示。

图 2-30　STL 领域分割

上述参数设置完成后，单击"√"按钮，使"自动分割"命令生效。自动分割完成的效果如图 2-31 所示。

图 2-31　自动分割完成的效果

02 创建坐标系元素。创建 *XY* 平面，选择"模型"→"参考几何图形"→"平面"命令，在打开的"追加平面"对话框中，"要素"选择如图 2-32 所示的领域，"方法"选择"提取"。

图 2-32　*XY* 平面创建

上述参数设置完成后，单击"√"按钮，使命令生效。XY 平面"平面 1"如图 2-33 所示。

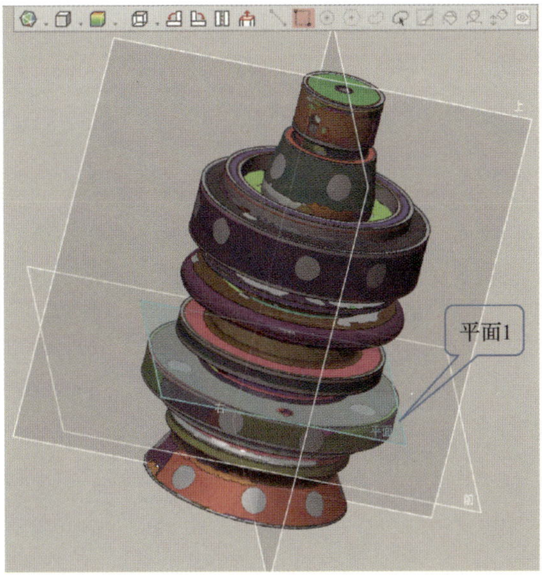

图 2-33   XY 平面"平面 1"

创建 Z 轴线，选择"模型"→"参考几何图形"→"线"命令，在打开的"添加线"对话框中，"要素"选择如图 2-34 所示的圆柱面领域，"方法"选择"检索圆锥轴"，在"约束条件选项"区域中勾选"固定轴"复选框，点选"使用指定方向"单选按钮，"方向"选择上一步创建的"平面 1"。

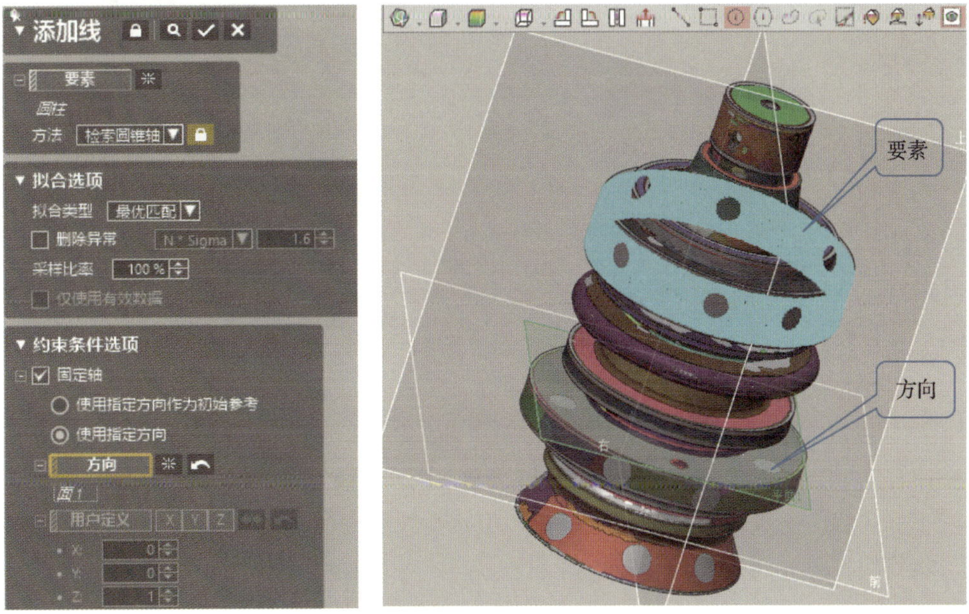

图 2-34   Z 轴线创建

上述参数设置完成后，单击"√"按钮，使命令生效，Z轴线创建完成。可使用"测量角度"命令，"方法"选择"平面-线"，选择之前创建的平面和线来检验角度，如图2-35所示。若面和线呈90°，则说明所创建的轴线与平面垂直，满足基准坐标元素要求。

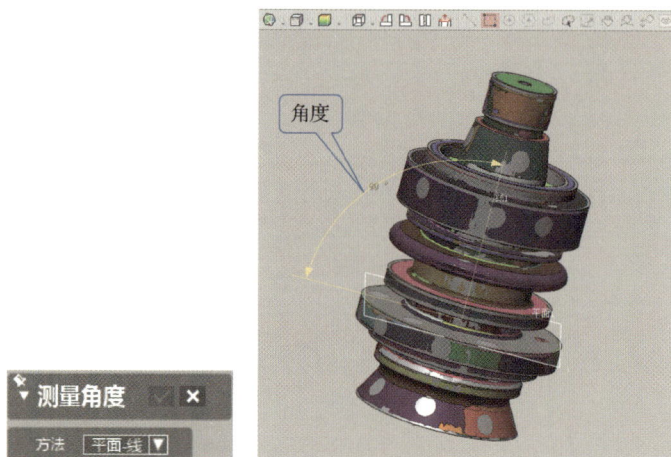

图2-35　检验角度

03 坐标系对齐。将数据坐标系对齐至世界坐标系，选择"对齐"→"手动对齐"命令，在打开的"手动对齐"对话框中单击"→"按钮进入下一阶段。"手动对齐"命令界面如图2-36所示，左侧为可移动要素窗口，右侧为转换要素预览窗口。

图2-36　"手动对齐"命令界面

在"移动"区域中点选"X-Y-Z"单选按钮，在"位置"命令下按住 Crtl 键选择之前创建的平面和线，将平面与线的交点确定为坐标系原点；在"Z 轴"命令下选择之前创建的线，将线的矢量方向确定为坐标系的 Z 轴方向。对齐要素选择如图2-37所示。

图 2-37　对齐要素选择

　　单击"√"按钮完成操作，此时坐标系对齐完成。坐标系对齐结果如图 2-38 所示。可将之前创建的平面与线删除或隐藏，后面不再使用。

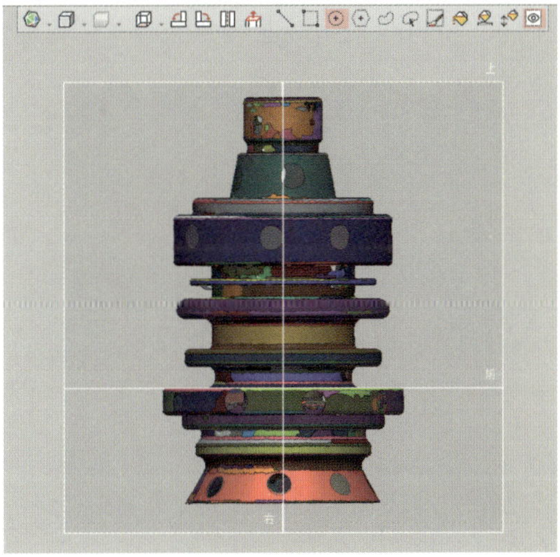

图 2-38　坐标系对齐结果

Step3　绘制面片草图

　　01　设置面片草图。通过"回转投影"功能截取草图轮廓。选择"草图"→"面片草图"命令，在打开的"面片草图的设置"对话框中点选"回转投影"单选按钮，"中心轴"选择"上"与"右"（即"上视基准面"与"右视基准面"，两基准面的交线即中心轴），"基准平面"选择"上"，在"追加断面多段线"选项区域"由基准平面偏移角度"后的数值选择框中输入"20°"，单击数值选择框前面的双箭头按钮反转偏移方向，截取较好的截面线。面片草图的设置如图 2-39 所示。

视频：面片草图绘制

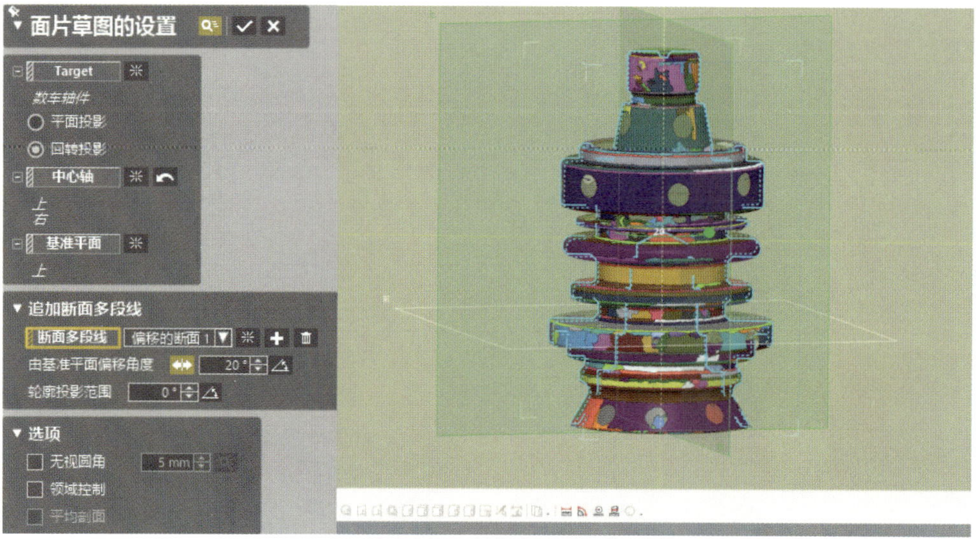

图 2-39 面片草图的设置

单击"√"按钮完成操作，此时进入面片草图界面，单击软件界面下方的" "图标隐藏 stl 数据，界面中的红粉色线条为截面线。面片草图界面如图 2-40 所示。

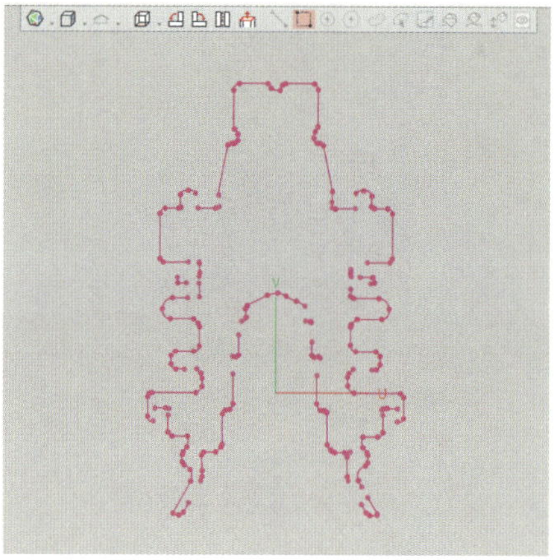

图 2-40 面片草图界面

02 绘制草图。单击"直线"按钮，从坐标系原点开始绘制旋转轴线，如图 2-41 所示。

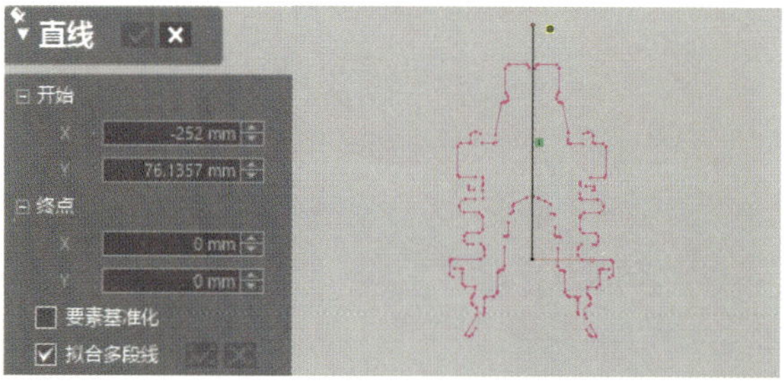

图 2-41 绘制旋转轴线

在面片草图界面中，红粉色线条为 stl 数据在此平面上的投影。这些线条起到辅助草图绘制的作用，在不选择任何草图线命令的情况下，均显示为实线，如图 2-42 所示。

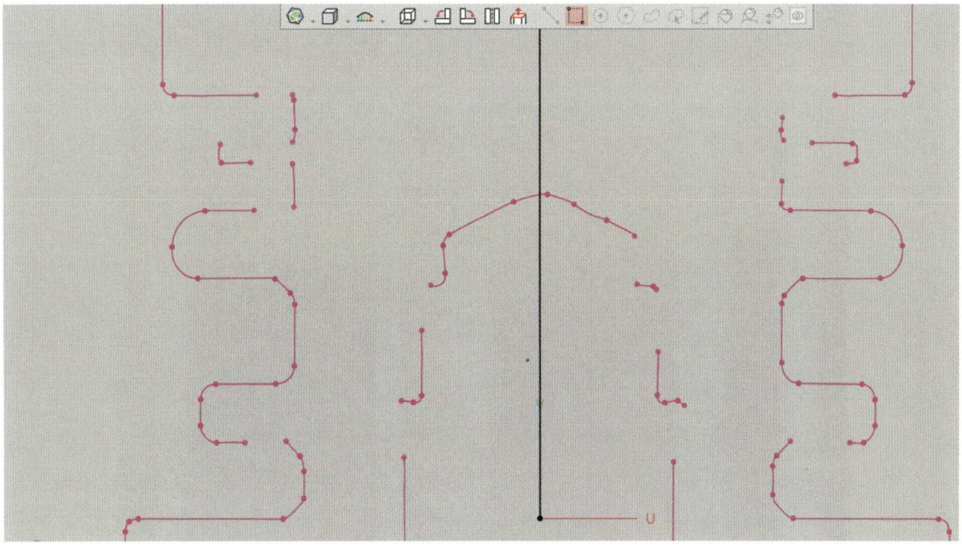

图 2-42　面片草图截面线

使用"直线""圆"等命令绘制数车轴件草图。

"直线"命令：该工具可拟合的线段由软件自动计算并以实线的方式区分，不可拟合的线段会以虚线的方式呈现，将鼠标指针放置在实线上时会高亮显示。使用"直线"命令如图 2-43 所示。

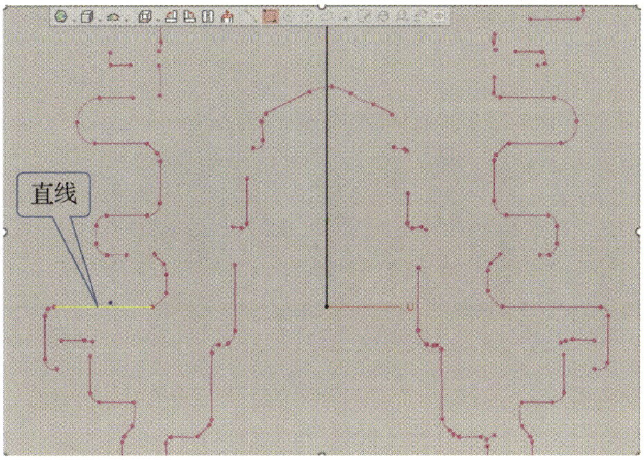

图 2-43　使用"直线"命令

"圆"命令：该工具可通过"3 点圆弧"命令拟合圆弧，可拟合为圆弧或圆的线用实线表示，其余的线用虚线表示，将鼠标指针放置在实线上时会高亮显示。使用"3 点圆弧"命令如图 2-44 所示。

拟合数车轴件回转轮廓。选择"直线"命令，打开"直线"对话框，勾选"拟合多段线"复选框，选中需要转化为可编辑线段的实线，选中后双击确认创建线段，如图 2-45 所示。线段创建完成后，双击刚创建好的直线，根据线段的状态，"约束条件"选择"垂直"，如图 2-46 所示。

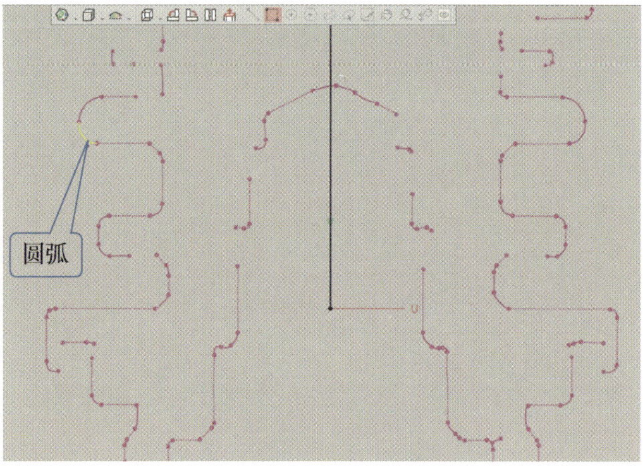

图 2-44 使用"3 点圆弧"命令

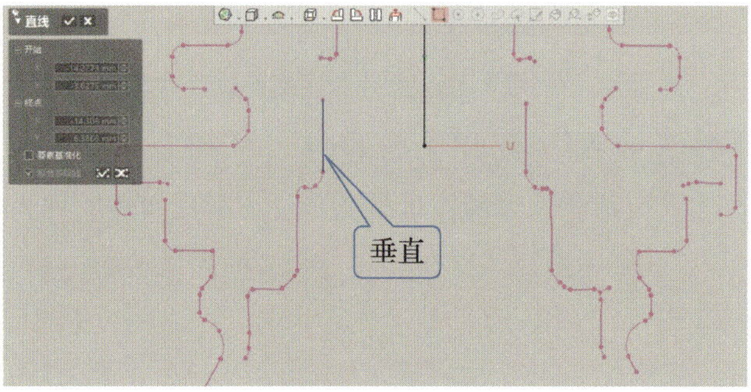

图 2-45 创建线段

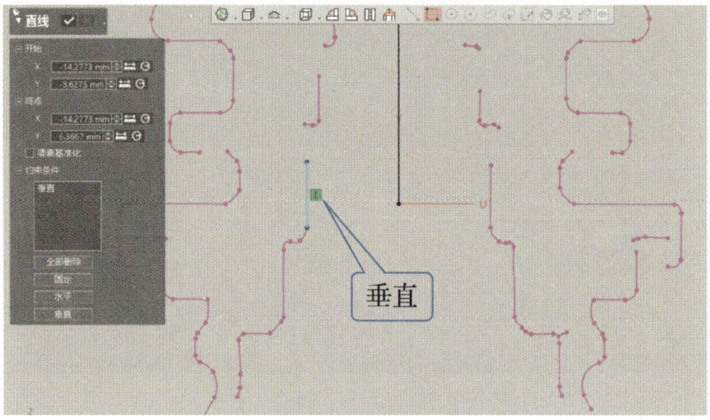

图 2-46 垂直约束

如果使用"直线"命令拟合的线段显示为虚线，则无法通过拟合多段线方法自动创建直线。此时可取消勾选"拟合多段线"复选框，在虚线上选择两点创建线段，如图 2-47 和图 2-48 所示。

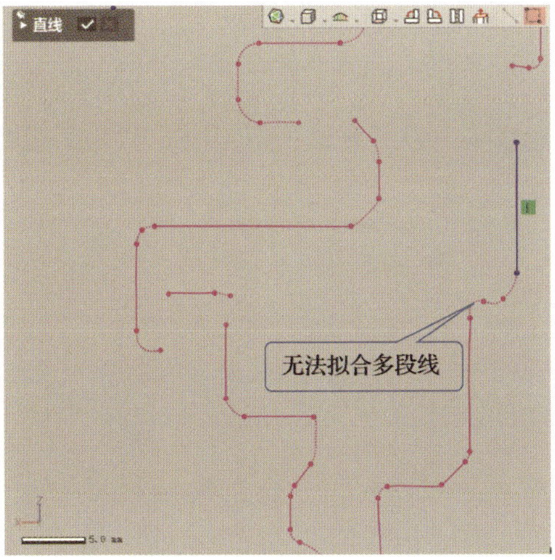

图 2-47　无法拟合多段线

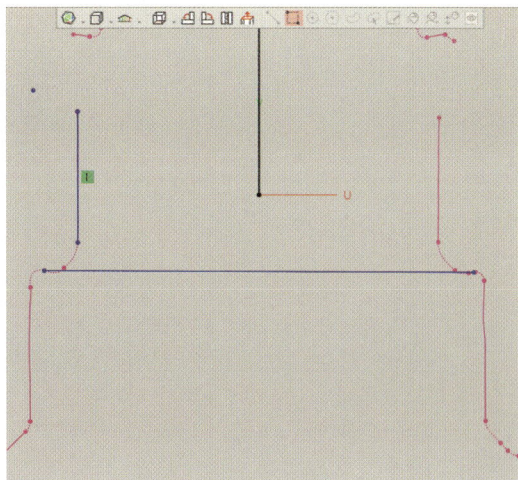

图 2-48　创建线段

线段创建完成后，将线段"约束条件"改为"水平"。选择"剪切"命令，打开"剪切"对话框，点选"相交剪切"单选按钮，分别单击两条线段靠近相交点的一端，修剪出两条直线相交的拐角。剪切如图 2-49 所示。

图 2-49　剪切

重复使用"直线"命令和"3 点圆弧"命令创建线段，完成如图 2-50 所示的线段。依据每条竖直线段或水平线段的状态添加"垂直约束"或"水平约束"。对于图 2-50 中箭头所指的两条平行线，双击选中一条线段作为约束基准，按住 Ctrl 键选中另一条需要约束的线段，单击"平行"按钮，两段线会实现平行约束。平行约束如图 2-51 所示。

图 2-50　草图绘制

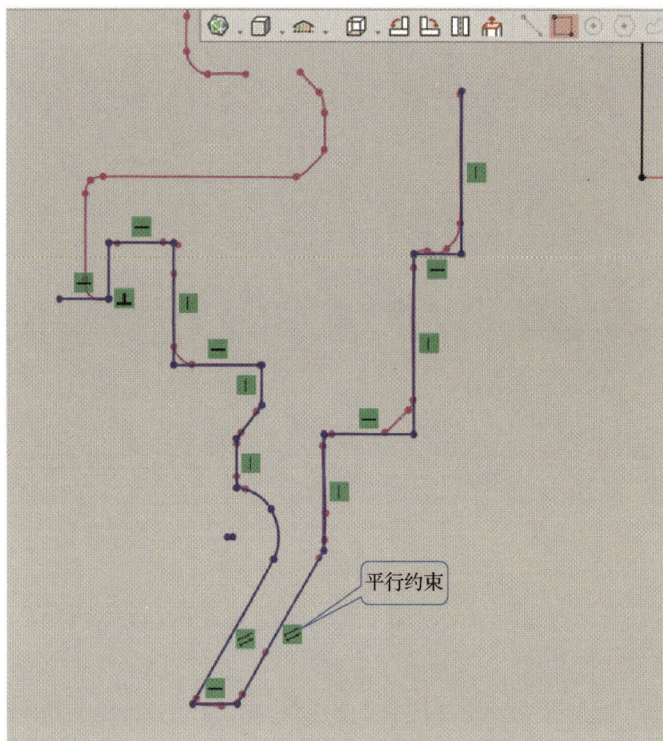

图 2-51　平行约束

圆弧段与线之间也需要添加约束。选中线作为约束基准，按住 Ctrl 键单击圆弧线，"约束条件"选择"相切"，如图 2-52 所示。

图 2-52　相切约束

利用此方法将所需的草图绘制完整，如图 2-53～图 2-56 所示。

图 2-53　零件中部轮廓绘制

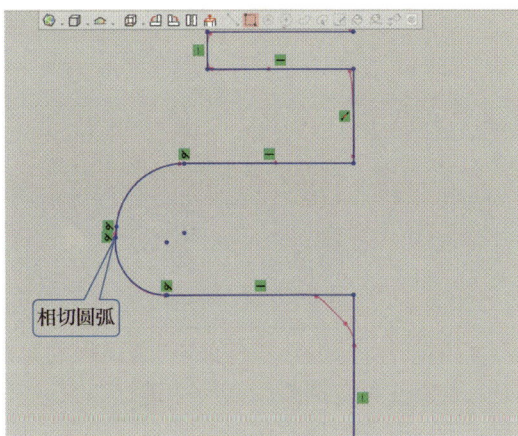

图 2-54　零件圆弧轮廓绘制

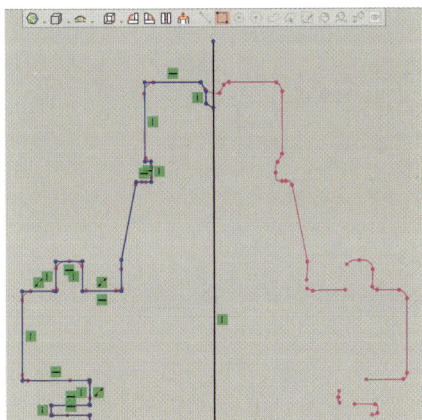

图 2-55　零件上部轮廓绘制

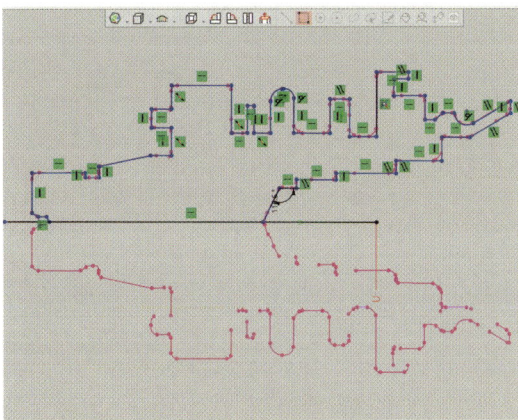

图 2-56　完整草图轮廓

03 进行尺寸约束。确定零件轮廓线各线段的尺寸，按照产品精度要求对尺寸进行约束。

草图绘制完成后，在线段尺寸未约束时，线段呈蓝色。使用"智能尺寸"命令选中需要约束的线段（"智能尺寸"命令能够自动判断所选线段的距离或角度）。输入数值对尺寸进行约束，如图 2-57 所示。

视频：尺寸约束及圆整

尺寸约束后，线条会变成黑色，即显示为约束状态；没有约束的线段仍然呈蓝色。尺寸约束结果如图 2-58 所示。

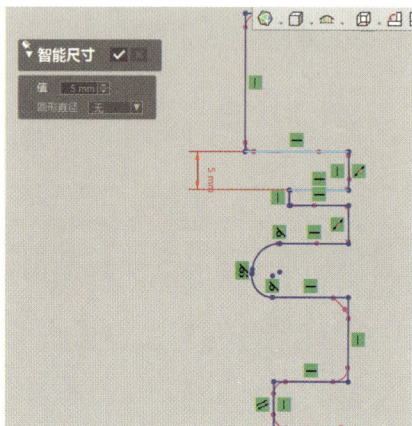

图 2-57　智能尺寸

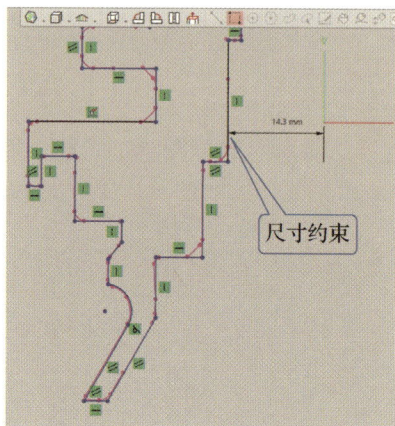

图 2-58　尺寸约束结果

约束圆弧时，只要选中圆弧，"智能尺寸"命令就能自动判断所选圆弧的半径或直径，此时输入数值便可对圆弧径向尺寸进行约束。

利用上述方法对所有线段进行尺寸约束，如图 2-59～图 2-61 所示。

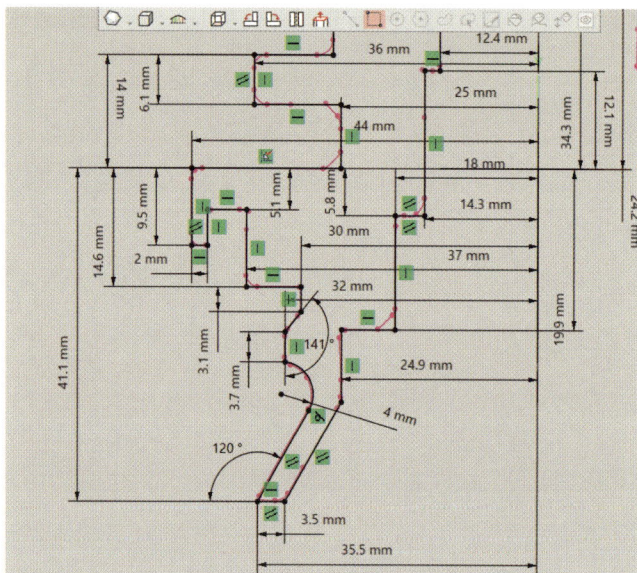

图 2-59　轮廓下部尺寸约束

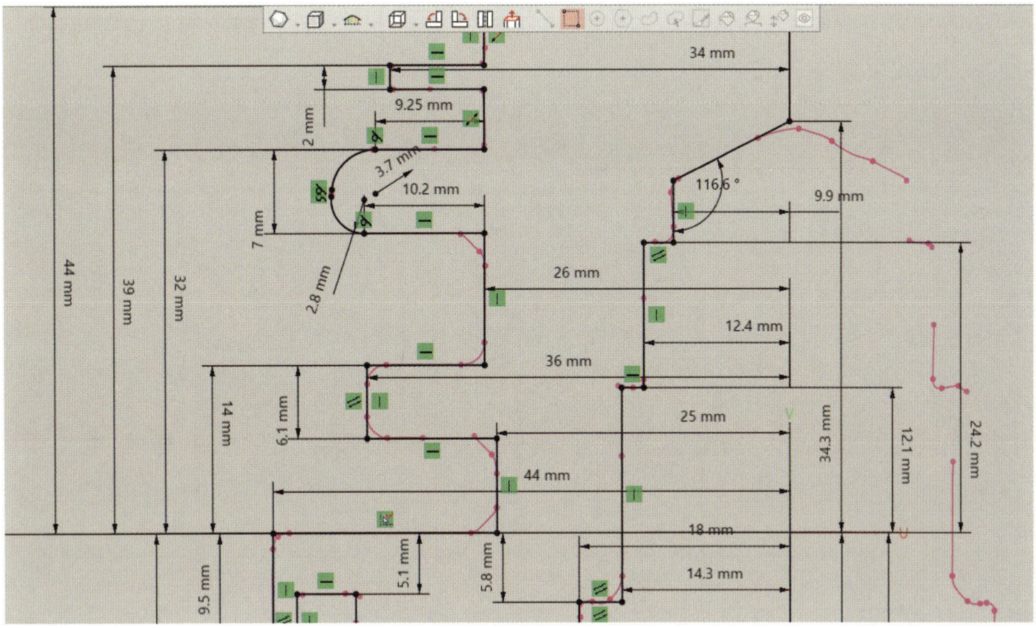

图 2-60　轮廓中部尺寸约束

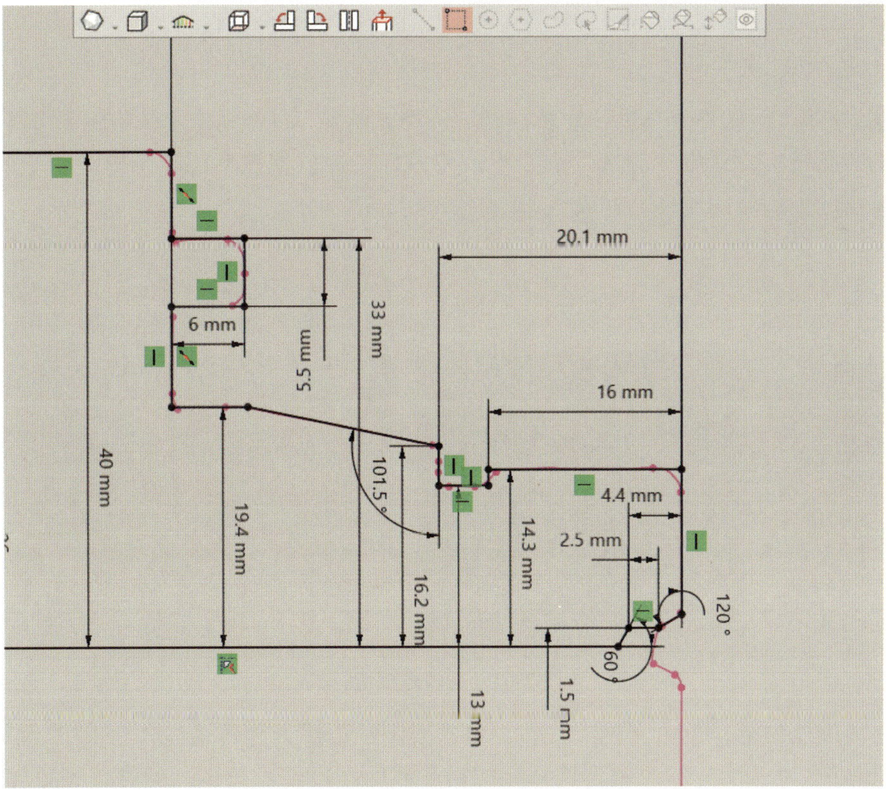

图 2-61　轮廓上部尺寸约束

尺寸全部约束后，单击软件界面左上角的"退出"按钮，即可退出面片草图界面。尺寸约束完成效果如图 2-62 所示。

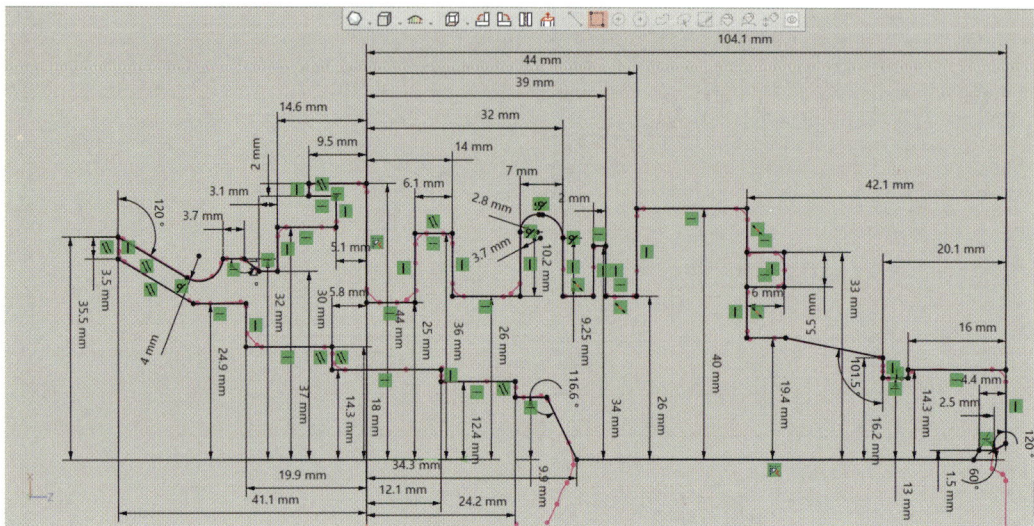

图 2-62   尺寸约束完成效果

Step4   进行实体回转

01   使用"回转"命令进行实体回转。选择"模型"→"创建实体"→"回转"命令，在打开的"回转"对话框"轮廓"命令下，将鼠标指针放置在草图轮廓内时，草图会高亮显示，单击选中回转的轮廓。回转轮廓选择如图 2-63 所示。

视频：实体回转

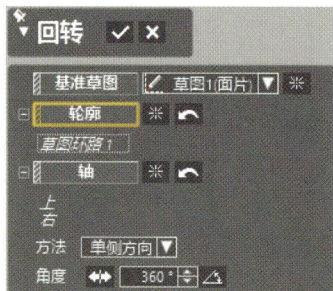

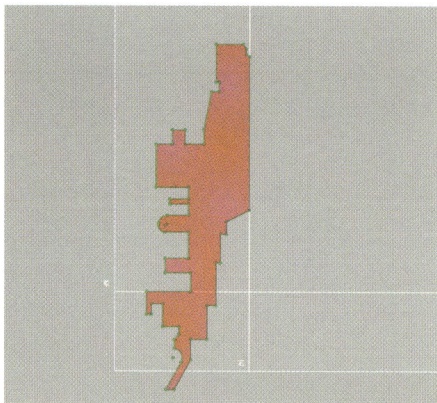

图 2-63   回转轮廓选择

回转轮廓选定后，单击"轴"按钮，单击草图轴线作为旋转轴线，"方法"与"角度"采用默认设置。"轮廓"与"轴"选择完成后，界面会出现预览图。回转体预览如图 2-64 所示。

图 2-64　回转体预览

单击"√"按钮完成回转操作。此时"回转"命令执行完成，得到的实体如图 2-65 所示。

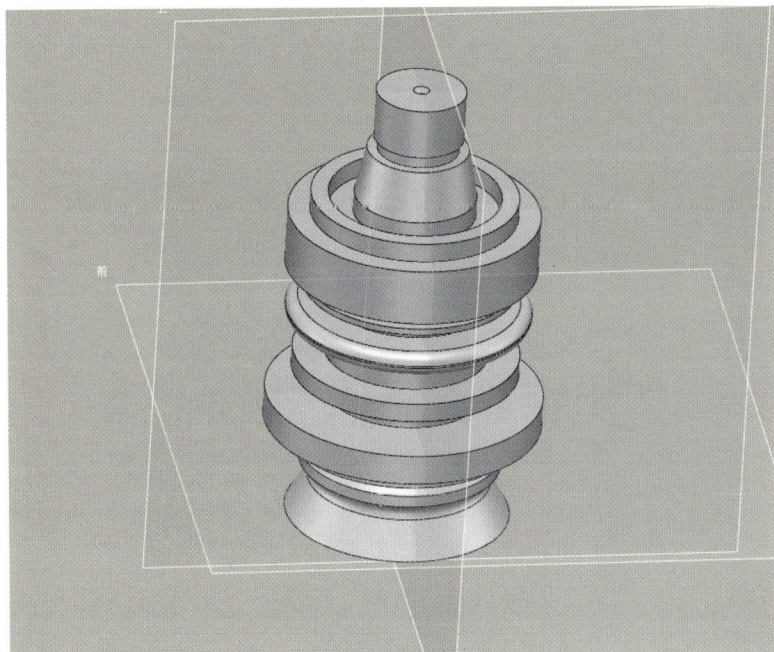

图 2-65　实体

02 进行体偏差检查分析。单击软件视图上方功能栏中的"体偏差"按钮，实体表面会与 stl 数据进行数据比较，并以"色图"的形式表达，右侧"色谱条"为实体上显示色图的范围。体偏差检查如图 2-66 所示。

图 2-66　体偏差检查

　　按照产品精度要求，双击绿色数字将偏差标准修改为 0.05mm。修改体偏差如图 2-67 所示。绿色范围指实体表面与 stl 数据的偏差在合格范围内，即偏差均在±0.05mm 范围内；色谱条合格范围向上的颜色表示超出偏差范围，在视图上显示为黄、红等颜色；色谱条合格范围向下的颜色表示未达到偏差范围，在视图上显示为蓝色。使用"体偏差"命令可以分析回转得到的数车轴件模型与采集数据间的偏差是否符合要求，应保证主体特征均在合格范围内。

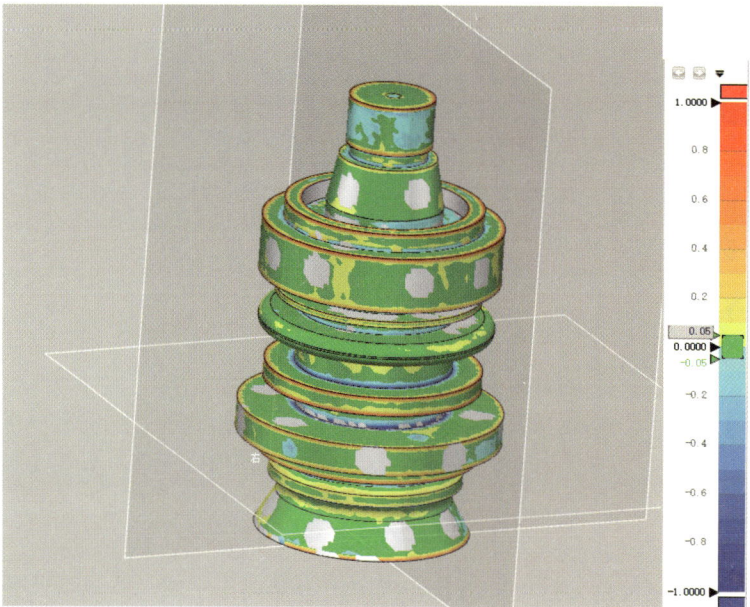

图 2-67　修改体偏差

Step5   进行模型倒角、倒圆角

01   进行倒角。选择"模型"→"编辑"→"倒角"命令，选
中倒角的边线，单击"由面片估算距离"按钮，自动估算出倒角数值
为 1.2069，在数值选择框中输入"1.2mm"，将倒角约束为 1.2mm。倒
角的使用如图 2-68 所示。

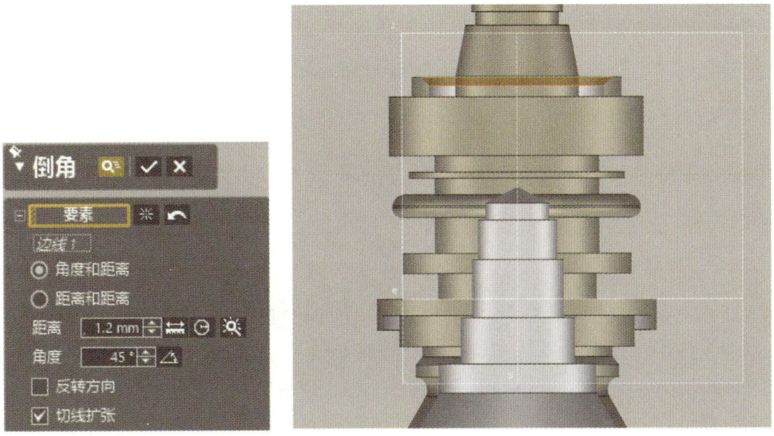

视频：模型倒角、圆角

图 2-68   使用"倒角"命令

将剩余倒角在图 2-69 中标出，数值如下：①②为 1.3mm；③为 2mm；④⑦为 1.2mm；
⑤为 1.8mm；⑥为 1.9mm；⑧为 2.2mm。

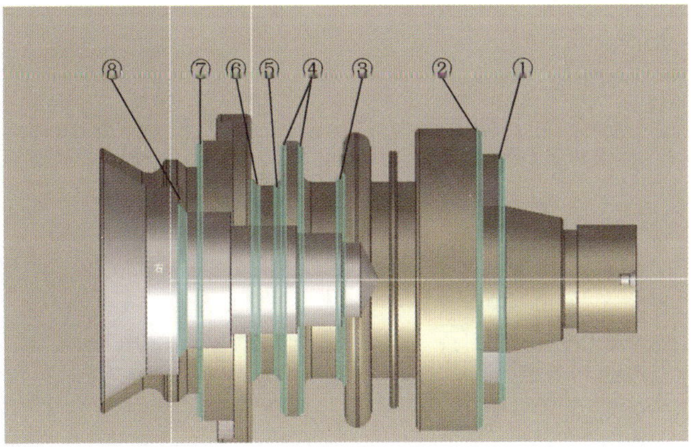

图 2-69   剩余倒角

02   倒圆角。选择"模型"→"编辑"→"圆角"命令，选中圆角的边线，单击"由
面片估算距离"按钮，自动估算出圆角数值为 0.9654，在数值选择框中输入"1mm"，将其
约束为 1mm。圆角的使用如图 2-70 所示。

将剩余圆角在图 2-71 中标出，数值如下：①为 2mm；②为 1.5mm；③为 1.3mm；④为
0.9mm；⑤为 1.7mm；其余圆角均为 0.5mm。

图 2-70   使用"圆角"命令

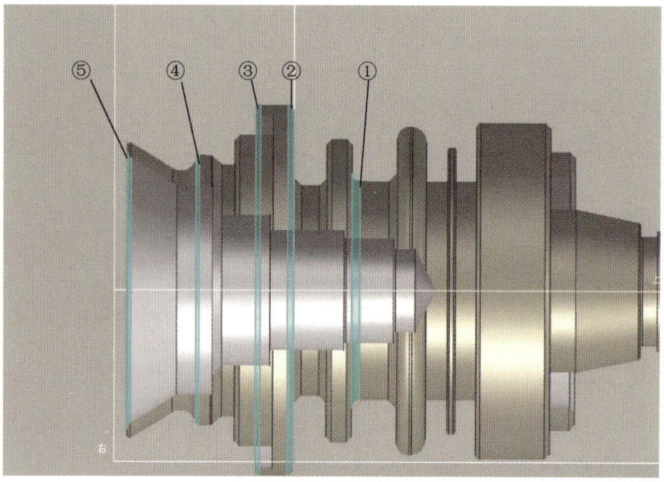

图 2-71   剩余圆角

至此，数车轴件的特征构建完成，效果如图 2-72 所示。

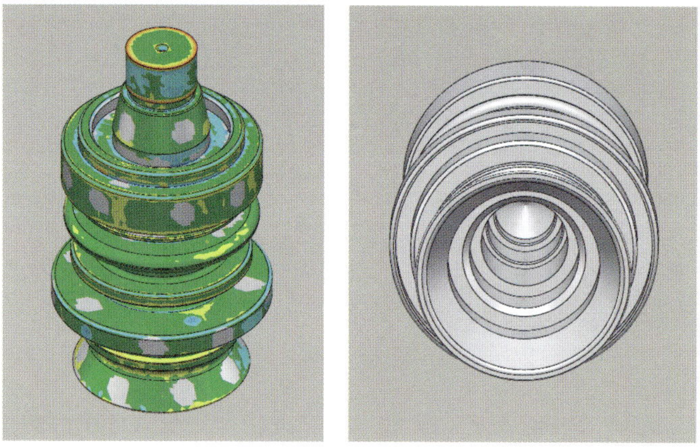

图 2-72   数车轴件构建完成效果

5. 检查控制

（1）检查重构后的模型是否为实体。重构后的模型应为实体，若为片体，则须重新封闭与裁剪。

（2）检查所构建的模型与采集数据的偏差是否在精度控制范围内，若有超差部分，则须重新调整。

6. 学习评价

数车轴件模型重构学习评价如表 2-2 所示。

表 2-2 数车轴件模型重构学习评价

序号	评价内容	评价标准	评价结果
1	理论知识	掌握 Geomagic Design X 软件中的自动分割、面片草图、回转、倒角、圆角等命令使用方法	是 □ 否□
2	操作技能	能够使用 Geomagic Design X 软件中的面片草图命令完成回转体截面线的绘制	是 □ 否□
		能够应用 Geomagic Design X 软件完成轴类件——数车轴件的逆向造型	是 □ 否□
3	职业素养	具有精益求精的工匠精神	是 □ 否□

三坐标标准件逆向造型

▌项目描述

　　三坐标标准件是三坐标测量软件 Rational DMIS 自带的测量模型，属于块体类零件。三坐标标准件上具有圆环、圆柱、圆锥、球、椭圆、键槽、曲面等多种不同的元素，是一种典型的形状组合件。本项目对已有三坐标标准件（图 3-1）进行产品逆向造型，以开发出包含不同几何元素、不同尺寸结构的三坐标教学模型。本项目的设计对象为黑色物体，其造型过程如下：先使用手持激光扫描仪 BYSCAN750LE 获取产品外观数据（数据采集），再利用数据处理软件 ScanViewer 进行数据平滑光顺（数据处理），最后通过 Geomagic Design X 软件将网格化数据重构为实体（模型重构）。

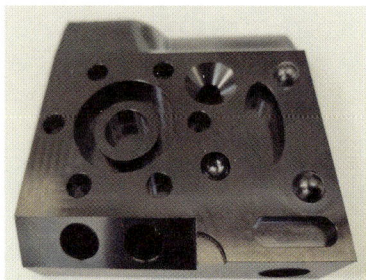

图 3-1　三坐标标准件

▌学习目标

　　通过本项目的学习，达成如下学习目标。

知识目标	能力目标	思政要素和职业素养目标
① 掌握黑色物体的扫描特点； ② 掌握 Geomagic Design X 软件中自动分割、面片草图、拉伸、回转、倒角、圆角等命令的使用方法	① 能够使用手持式激光扫描仪完成三坐标标准件的扫描，获取扫描数据； ② 能够使用 Geomagic Design X 软件中的面片草图命令完成圆柱、圆锥、球等基本体素的绘制； ③ 能够应用 Geomagic Design X 软件完成三坐标标准件的逆向造型	① 遵规守纪，团结协作，爱护设备，钻研技术； ② 树立质量意识和信誉意识，弘扬工匠精神
对接 1+X 增材制造模型设计（中级）要求		

任务 *3.1* 三坐标标准件数据采集与处理

☞ **核心概念**

黑色物体的激光扫描：三维激光扫描仪采用的是激光三角测距法，以非常高的速率向被测物体发射激光，激光先投射到被测物体表面，继而反射回扫描仪内的传感器中。扫描仪据此计算其与物体的距离，确定物体在空间中的位置。当激光扫描黑色物体时，大部分激光能量被黑色物体吸收。此时，可适当调高设备的曝光度，这有助于捕捉其表面反射的光源及物体的表面特征。

💻 **任务实施**

1. 获取信息

（1）本任务中的三坐标标准件由圆柱、圆锥、球、椭圆、键槽等多种几何元素构成，侧面及 45° 斜面具有深孔，材质表面呈黑色。

（2）三坐标标准件的底面没有任何特征，且底面为平面。

（3）了解 Scan Viewer 软件中针对黑色物体的功能。

2. 制订计划

本项目中的数据测量硬件采用手持激光扫描仪 BYSCAN 750LE（同项目 2），配合 ScanViewer 软件进行数据处理。此款扫描仪有针对黑色物体直接扫描的功能，无须做喷粉处理。若扫描仪没有针对黑色物体的扫描功能，则需要进行喷粉处理。

对于因操作人员经验不足等人为因素或环境变化等随机因素而产生的异常点，须通过噪点去除技术剔除。

3. 做出决策

使用手持激光扫描仪 BYSCAN750LE 扫描物体时，须使用标记点进行精确定位，使扫描更加精确。扫描前须贴标记点，在扫描过程中先扫描标记点，再扫描激光点。

扫描结束后，利用 ScanViewer 软件手动框选噪点，将操作过程中产生的噪点剔除。使用"封装"命令将点云数据封装成三角网格面，对三角网格进行编辑、删减处理。

4. 实施计划

视频：扫描仪标定

Step1　扫描仪标定

当设备长期不用或者在长途运输中发生过抖动时，应进行快速标定。一般情况下进行一次快速标定后可以长期使用。标定步骤详见项目 2 任务 2.1 中的 "4．实施计划—Step1　扫描仪标定"。

Step2　贴标记点

本任务中的三坐标标准件的尺寸较大，粘贴 3mm 标记点即可。因为此标准件底面没有特征，并且为平面，所以采用一次定位扫描即可，标准件底面不需要贴标记点。按照标记点的贴点要求，三坐标标准件的标记点分布如图 3-2 所示。

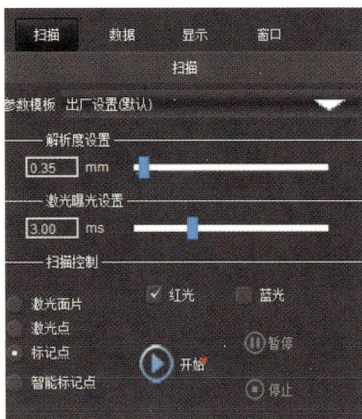

图 3-2　三坐标标准件的标记点分布

Step3　设置参数

打开 ScanViewer 软件，进行如图 3-3（a）所示的参数设置。在 "解析度设置" 对话框中，将解析度设置为 0.35mm，将激光曝光参数设置为 3.00ms，点选 "标记点" 单选按钮。扫描设置如图 3-3（b）所示，勾选 "黑色物体" 复选框，设置完成后单击 "应用" 按钮。

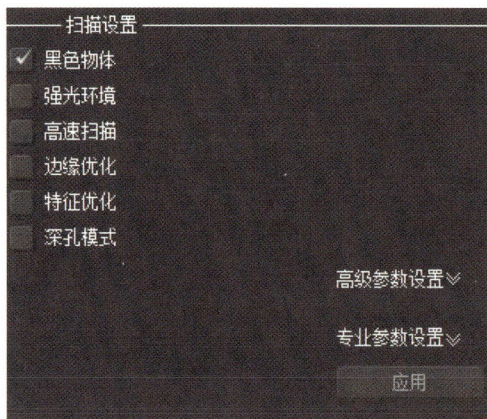

（a）解析度设置　　　　　　　　　　　（b）扫描设置

图 3-3　参数设置

| Step4 | 扫描标记点 |

使用转盘可以在扫描过程中旋转工件。将三坐标标准件放置在转盘上，使扫描仪正对标准件，按下扫描仪上的激光开关键，开始扫描标记点。扫描标记点时的场景如图 3-4 所示。

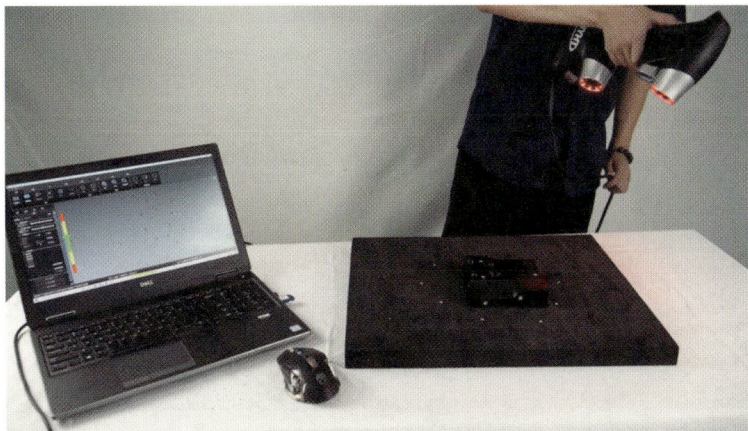

图 3-4　扫描标记点时的场景

标记点扫描完毕后，先按下扫描仪上的激光开关键关闭光源，再单击 ScanViewer 扫描软件中的"停止"按钮停止扫描。初次扫描标记点时，可使用"优化"命令对扫描的标记点进行定位优化。转盘上的标记点起到辅助定位作用，应将转盘所在平面设置为背景面，设置后此面上的数据不会被扫描。框选转盘平面上的标记点，单击"背景标记点"选项卡中的"设置"按钮，打开"背景标记点"对话框，设置偏移距离为 0mm，此平面即背景标记点所在平面，此平面及平面以下的数据不会被识别。设置背景标记点如图 3-5 所示。

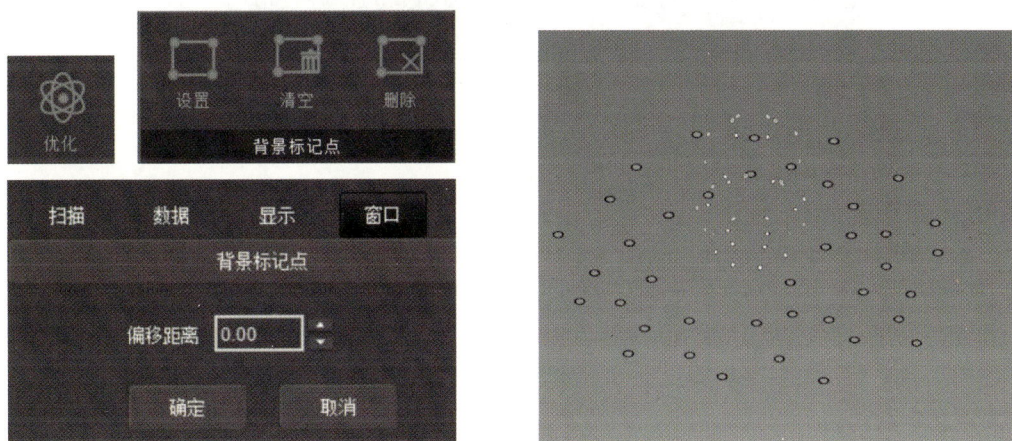

图 3-5　设置背景标记点

单击 ScanViewer 软件工程选项卡中的"保存"按钮，选择保存为"工程文件"即可。

Step5 扫描标准件数据

在"扫描控制"选项区域中点选"激光面片"单选按钮，然后单击"开始"按钮，如图 3-6 所示。将扫描仪正对标准件，设置距离为 300mm 左右，进入多条激光（红光）模式，按下手持激光扫描仪上的扫描键，开始扫描，如图 3-7 所示。

视频：扫描标准件数据

图 3-6　切换扫描模式

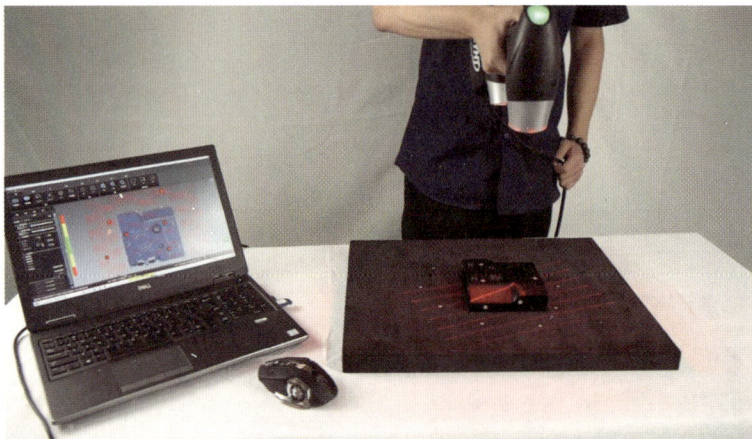

图 3-7　扫描标准件

在扫描过程中，可以按下扫描仪上的视窗放大键，相应放大 ScanViewer 扫描软件视图，便于观察细节，同时可以平缓地转动转盘，使标准件的不同部位面向扫描仪，以辅助扫描。当遇到深槽等不易扫描的部位时，可以双击扫描仪上的扫描键，切换到"单条激光线"模式。

扫描完成后，先按下扫描仪上的激光开关键关闭光源，再单击 ScanViewer 扫描软件中的"停止"按钮停止扫描。

Step6 噪点处理

在视图窗口空白处右击，在弹出的快捷菜单中选择"激光点"命令，使用套索选择工具选中与标准件无关的数据，然后按 Delete 键将其删除。噪点处理如图 3-8 所示。

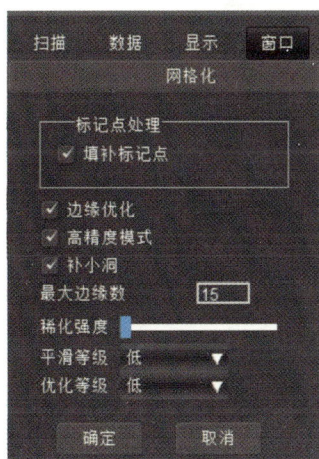

图 3-8 噪点处理

Step7 网格封装

单击"网格化"按钮,在打开的"网格化"对话框中取消勾选"填补标记点"复选框,单击"确定"按钮,此时状态栏出现"进度"提示条,封装完成后进度条消失。网格化处理如图 3-9 所示。

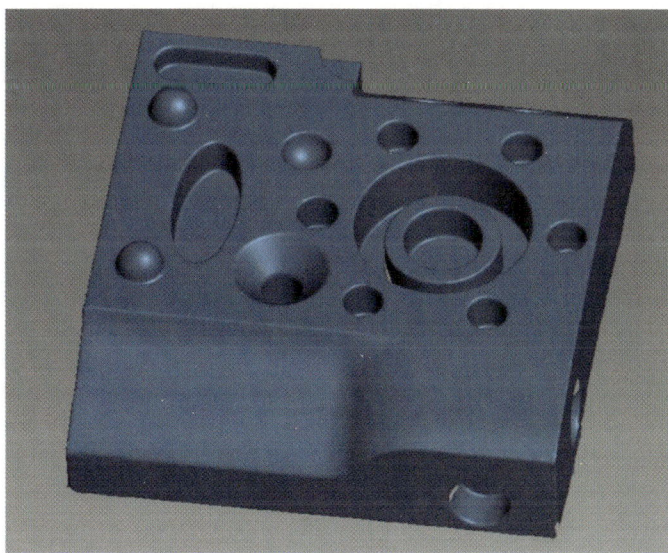

(a)"网格化"对话框 (b)封装完成

图 3-9 网格化处理

网格化后的数据如图 3-10 所示。选中须保存的 stl 数据项目，单击 ScanViewer 软件工程选项卡中的"保存"按钮，选中网格文件，重命名后单击"确定"按钮，保存数据为 stl 格式。

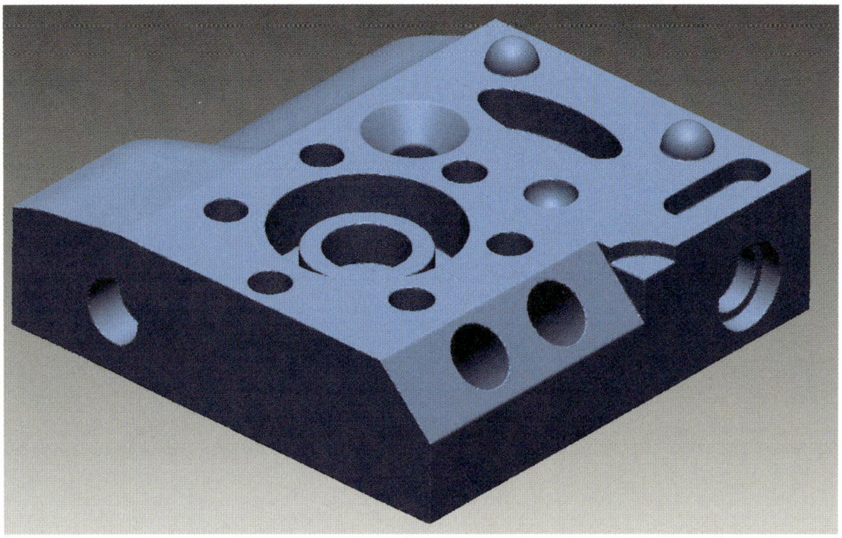

图 3-10　网格化后的数据

5．检查控制

（1）检查扫描数据是否完整。检查扫描数据是否涵盖三坐标标准件的所有细节特征，若有特征缺失，则须按照实施计划补充细节特征的采集。

（2）检查保存形式。将封装后的网格文件保存为 stl 格式，将点云数据保存为 asc 格式。

6．学习评价

三坐标标准件数据采集与处理学习评价如表 3-1 所示。

表 3-1　三坐标标准件数据采集与处理学习评价

序号	评价内容	评价标准	评价结果	
1	理论知识	理解黑色物体的扫描特征	是 □	否□
2	操作技能	能够使用手持式激光扫描仪完成三坐标标准件的扫描，获取扫描数据	是 □	否□
		能够使用"单条激光线"模式进行扫描，获取深孔等细节特征	是 □	否□
3	职业素养	具有良好的设备操作习惯，养成设备维护与保养的良好素养	是 □	否□

任务 *3.2* 三坐标标准件模型重构

👁 核心概念

块状零件：块状零件的主体为正六面体，块状零件由正六面体的不同面添加或减去圆柱、圆锥、球、键槽、块体等基本体素后构成。块状零件的坐标系由相互垂直的三个面构成，常用的建立块状零件坐标系的方法有以下两个。①3-2-1（面—线—点）法：在相互垂直的三个面上分别选取一个面、一条线、一个点，平面的法线即坐标系的 Z 轴正向，线在平面的投影即 X 轴（或 Y 轴）的正向，点到前述投影线的投影点即坐标原点。②Z 轴—X 轴（或 Y 轴）—原点法：确定一个平面（XY 平面），通过某一特征构建与 XY 平面垂直的轴线，此轴线的矢量方向即 Z 轴正向；将利用与 XY 平面平行的平面截取数据得到的直线方向作为 X 轴（或 Y 轴）方向；将 Z 轴与 XY 平面的交点作为坐标系的原点，确定坐标系。

面片拟合：Geomagic Design X 软件相对于其他正向软件所特有的快速创建曲面的命令，是指将曲面拟合至所选领域或单元面上，进而构建满足要求的曲面。该命令构建曲面的原理类似于正向设计中的四边构面方法，即利用所划分的领域自动判断 U-V 线来构建曲面，同时可以利用许可偏差（曲面的公差）控制点数（增加或减少 U-V 线的数量）来提高曲面的质量，以满足产品的表面要求。该命令对领域的划分要求较高，曲率变化较大的区域所创建的曲面质量较差，它主要适用于曲率变化不大的大尺寸曲面的构建。

放样：将一个二维形体对象作为沿某个路径的剖面，进而形成复杂的三维对象。在同一路径上，可在不同的段给予不同的形体。可以利用放样来实现很多复杂模型的构建。创建合适的曲线后，使用放样命令可以构建一个由一系列轮廓曲线组成的面。放样曲面常用于连接相邻的两个平面，形成过渡面。当多个面的交界处连接质量较差或须进行平滑处理时，一般先进行曲面的边界修剪，再将修剪后的曲面边界作为轮廓进行放样来构面，此时所创建的曲面通过与已存在的相邻面进行 G1 或 G2 约束来显著提高曲面的表面质量。

1. 获取信息

（1）取得三坐标标准件的处理后数据，保存为 stl 格式。

（2）产品的曲面精度要求不高，逆向造型精度要求控制在 0.1mm 以内。

（3）了解 Geomagic Design X 软件中常用的平面、线等构建命令，以及面片草图、拉伸、放样、面片拟合、缝合等建模命令。

2. 制订计划

本任务中的三坐标标准件大致由两个部分组成，即结构特征与曲面。结构特征可以使用拉伸、放样、倒角等命令完成；曲面部分根据领域划分，一般先做大面再做小面，否则面容易发生扭曲。在做曲面时，要注意观察曲面之间的关系。

3. 做出决策

（1）确定坐标系。本任务使用 Geomagic Design X 软件进行三坐标标准件逆向造型。经分析，这里的坐标系定位在特征较多且面大的平面与圆柱的交汇处，XY 平面即工件上表面，Z 轴为圆柱轴线，X 轴或 Y 轴为两侧表面。

（2）主体创建。通过草图截面绘制主体轮廓，使用拉伸命令获得三坐标标准件主体模型。

（3）完成细节特征。先完成主体造型，再完成圆环深槽、六个小圆槽、圆锥槽、球、键槽、椭圆槽等细节特征，从而构建三坐标标准件模型。

4. 实施计划

Step1 导入数据

方法 1：直接选中须导入的数据文件（stl、asc、obj 等），将其拖入软件窗口即可，如图 3-11 所示。

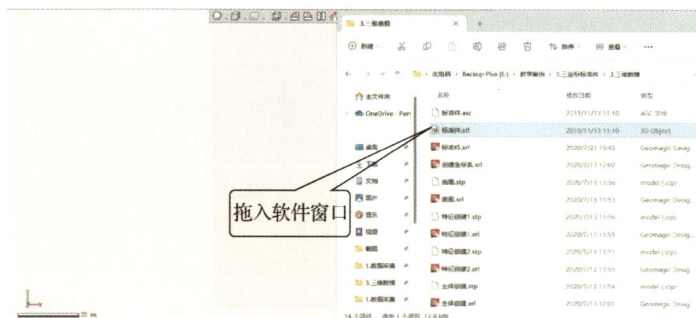

图 3-11　导入数据方法 1

方法 2：在"初始"选项卡中选择"导入"命令，导入数据文件（stl、asc、obj 等），如图 3-12 所示。

图 3-12　导入数据方法 2

导入数据后的效果如图 3-13 所示。

图 3-13　导入数据后的效果

Step2　坐标系对齐

01 分割 STL 领域。在"领域"选项卡中选择"自动分割"命令，打开"自动分割"对话框，如图 3-14 所示。

视频：坐标系对齐

61

图 3-14　打开"自动分割"对话框

生成领域。一般情况下使用默认设置参数即可，单击"√"按钮生成领域。如果生成的领域不符合要求，则可通过调节"敏感度"来修改生成的领域。敏感度越高，生成的领域块数越多、越精细，但是所需时间越长。

02 创建坐标系元素。

① 确定 *XY* 平面。观察领域状态下的面片上表面是否符合做平面的要求，若上表面如图 3-15 所示，是个自由面，则需要在"领域"选项卡中选择"分割"命令，如图 3-16 所示，将领域中的平面部分单独划分出来。在选择模式中选择"套索选择模式"命令，按住鼠标左键不松开，套选作为分割工具用的区域；所选区域包围部分为平面，完成后单击"√"按钮得到所需具有平面属性的领域。领域选择如图 3-17 所示。

图 3-15　领域划分

图 3-16　使用"分割"命令

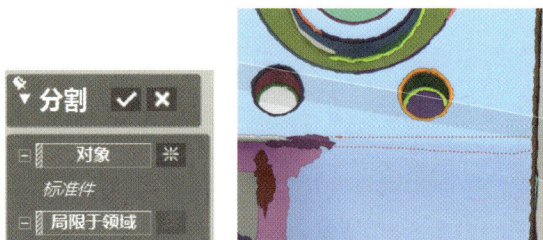

图 3-17　领域选择

在"模型"选项卡中选择"平面"命令，打开"追加平面"对话框，"要素"选择分割出的"平面"，"方法"选择"提取"，单击"√"按钮得到平面，此平面即 *XY* 平面。创建 *XY* 平面如图 3-18 所示。

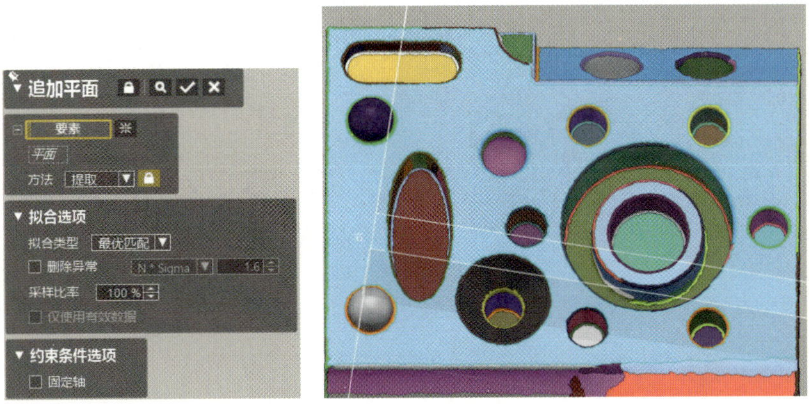

图 3-18　创建 *XY* 平面

② 确定 *Z* 轴的方向。选择"线"命令，打开"添加线"对话框，"要素"选择"圆柱"，"方法"选择"检索圆柱轴"；在"约束条件选项"区域中勾选"固定轴"复选框，点选"使用指定方向"单选按钮，"方向"选择上一步创建的 *XY* 平面（这是为了使轴线垂直于平面）。单击"√"按钮完成轴线的创建。创建轴线如图 3-19 所示。

图 3-19　创建轴线

③ 确定 *X* 轴的方向。在"草图"选项卡中选择"面片草图"命令，"Target"即要与草图平面相交的数据，"基准平面"选择"平面 1"（上面创建的 *XY* 平面），拖动细长蓝色箭头可以选择草图从面片上截取轮廓的位置，拖动到距平面 1 23mm 的位置即可，单击"√"按钮生成草图。面片草图的设置如图 3-20 所示。

在草图中使用绘制框中的"直线"命令，勾选"拟合多段线"复选框，选中拟合的两条线段，计算拟合成一条线段，单击"适用拟合"按钮，完成草图 1 的绘制，如图 3-21 所示。

图 3-20　面片草图的设置

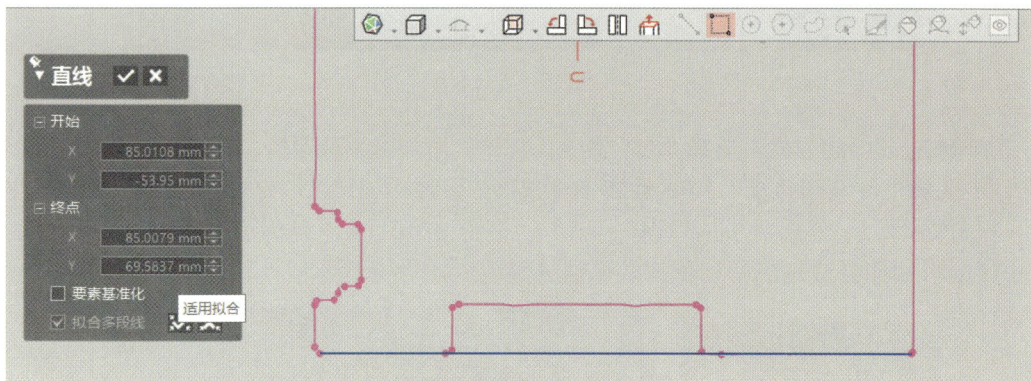

图 3-21　草图 1 的绘制

在"模型"选项卡创建曲面区域中选择"拉伸"命令，打开"拉伸"对话框，"轮廓"选择构成草图 1 的线段，"自定义方向"选择"平面 1"（保证做出的平面垂直于平面 1），拉伸距离自定，完成面 1 的创建。使用"拉伸"命令如图 3-22 所示。

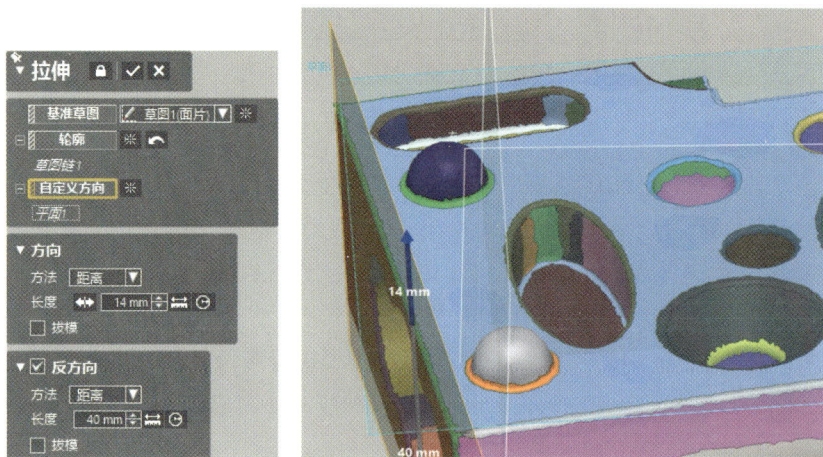

图 3-22　使用"拉伸"命令

03　坐标系对齐。确定坐标系位置的三个要素创建完成，在"对齐"选项卡中选择"手动对齐"命令，打开"手动对齐"对话框，如图 3-23 所示，单击"→"按钮进入如图 3-24 所示的界面。

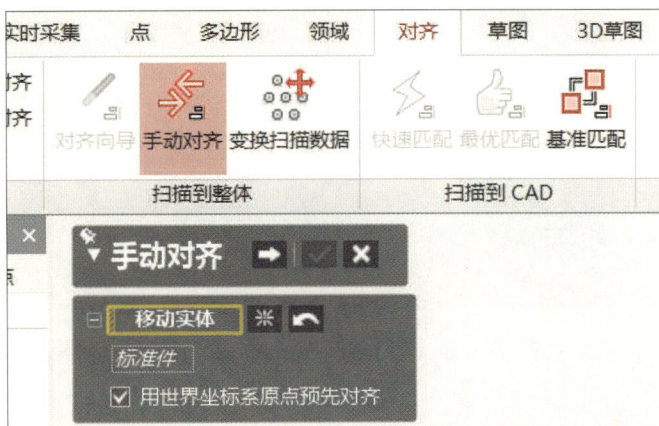

图 3-23　"手动对齐"命令

图 3-24　"手动对齐"界面

如图 3-25 所示，在 X 轴、Y 轴、Z 轴中，只要确定两轴就能确定坐标系三个轴的方向。选择线 1 的矢量方向作为 Z 轴方向；选择拉伸得到的面 1 的法线方向作为 X 轴方向，单击双箭头可以反转方向；选择位置时，按住 Ctrl 键在左侧的导航树中选中平面 1 和线 1，以此确定坐标系原点的位置。最后单击"√"按钮，完成坐标系的创建。

完成后坐标系如图 3-26 所示。

图 3-25　"手动对齐"对话框　　　　　图 3-26　创建完成的坐标系

Step3　创建主体

01　"面片草图"命令如图 3-27 所示。选择"面片草图"命令，打开"画片草图的设置"对话框，"基准平面"选择"前"，拖动细长蓝色箭头向下移动至 23mm 处，单击"√"按钮完成面片草图的创建。面片草图的设置如图 3-28 所示。

视频：主体创建（一）

图 3-27　"面片草图"命令　　　　　图 3-28　面片草图的设置

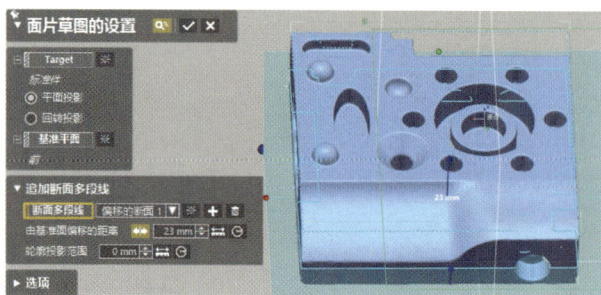

02　进入草图后，选择"直线"命令，打开"直线"对话框，如图 3-29 所示，分别拟合出四条轮廓边线。草图除了截取轮廓边线，还截取了草图平面上的其他特征，若在拟合曲线时误选了多余线段，则按住 Ctrl 键再次单击不需要的线段即可取消选中。

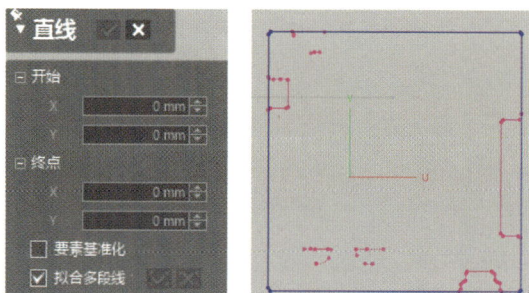

图 3-29　"直线"对话框

03 草图绘制完成后，四条轮廓线未相接，选择"剪切"命令，点选"相交剪切"单选按钮，先后选中需要相交在一起的两条线段，软件会自动计算使两条线段相交并形成拐角。使用"剪切"命令如图 3-30 所示。

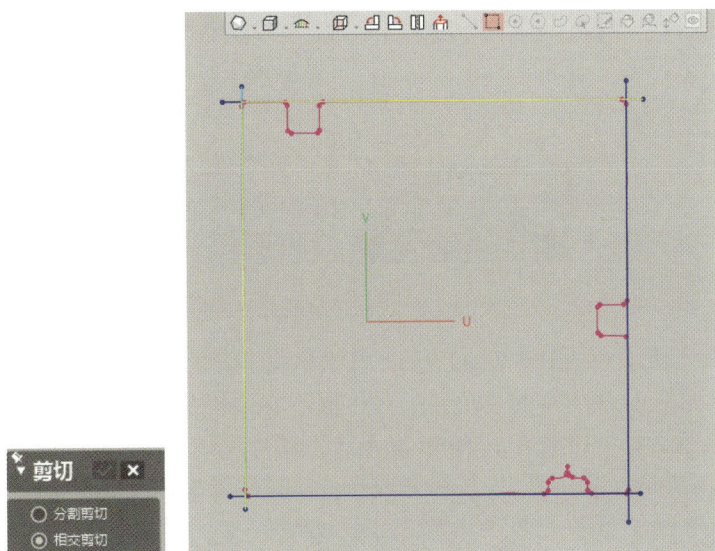

图 3-30　使用"剪切"命令

04 选中一条水平线段，打开"直线"对话框，在"约束条件"命令框中选择"水平"命令即可。其他线段依据此方法分别添加水平约束或竖直约束。尺寸约束如图 3-31 所示。

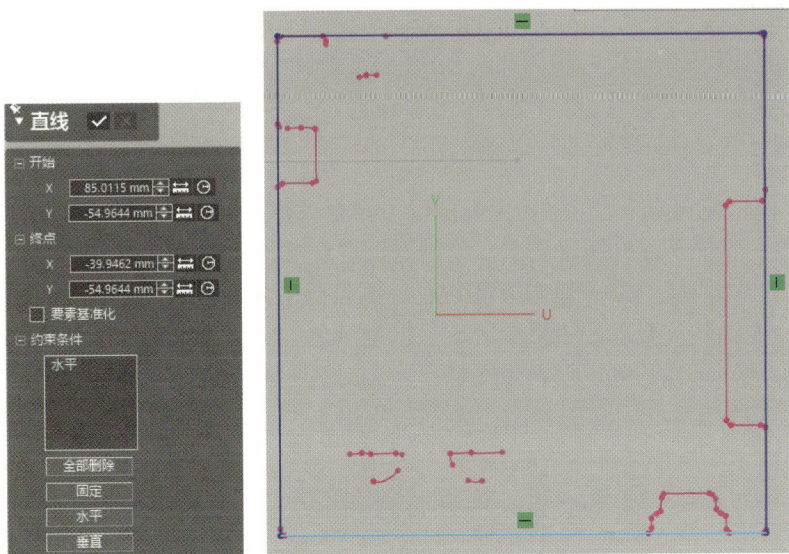

图 3-31　尺寸约束

05 完成上述步骤后，使用"智能尺寸"命令，单击线条，对线条进行尺寸约束，按照产品的设计精度，对尺寸值进行约束。使用"智能尺寸"命令及最后完成的草图如图 3-32 所示。

视频：主体创建（二）

图 3-32　使用"智能尺寸"命令及最后完成的草图

06 完成草图后，单击软件左上角的"退出草图"按钮，在"模型"选项卡中选择"拉伸"命令，打开如图 3-33 所示的"拉伸"对话框，"轮廓"选择图 3-32 中创建的草图，在"长度"后面的数值选择框中输入"35mm"，单击双箭头反转方向，或按住鼠标左键不松开，将箭头向下拖动 35mm，单击"√"按钮完成拉伸。拉伸效果如图 3-34 所示。

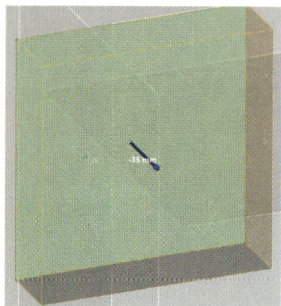

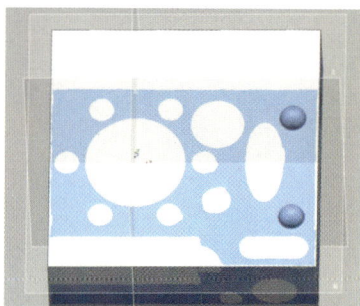

图 3-33　"拉伸"对话框　　　　　　　　图 3-34　拉伸效果

07 主体拉伸完成后，可以使用视图上方命令条框中的"体偏差"命令检查所做实体与数据的偏差。按照产品的精度要求，单击右侧色块条，调整偏差为 0.1mm。体偏差检查如图 3-35 所示。如果主体各面均显示为绿色，则表明主体各尺寸均在偏差范围之内，所建主体部分符合产品精度要求；如果有区域显示为黄色、红色，则表示造型尺寸相对数据偏大；如果有区域显示为蓝色，则表示造型尺寸相对数据偏小。颜色越深，偏差越大。将鼠标指针放置在造型实体上，可查看造型数据与采集数据的具体偏差数值。

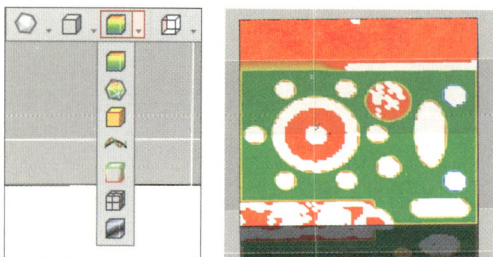

图 3-35　体偏差检查

Step4　创建特征

1）创建圆环深槽

01 在主体上创建大圆槽。依据产品特征，首先需要在主体上创建大圆槽。在前视基准面上创建面片草图，使用"圆"命令拟合大圆的轮廓。因为建立坐标系时由大圆槽的圆柱轴线确定 Z 轴方向和原点的位置，所以大圆槽造型时需要将圆心与坐标原点重合。双击圆线，打开"圆"对话框，将"中心"选项区域中的 X、Y 值改为 0，使圆固定在坐标原点上，将半径约束为 22.5mm。圆的绘制如图 3-36 所示。

退出面片草图后，进行实体拉伸。选择"拉伸"命令，打开"拉伸"对话框，如图 3-37 所示，设置"长度"为 15mm，在"结果运算"选项区域勾选"切割"复选框，将整个圆槽部分去除。需要注意的是，每做完一步后都要检查体偏差，以确保造型在偏差范围内。

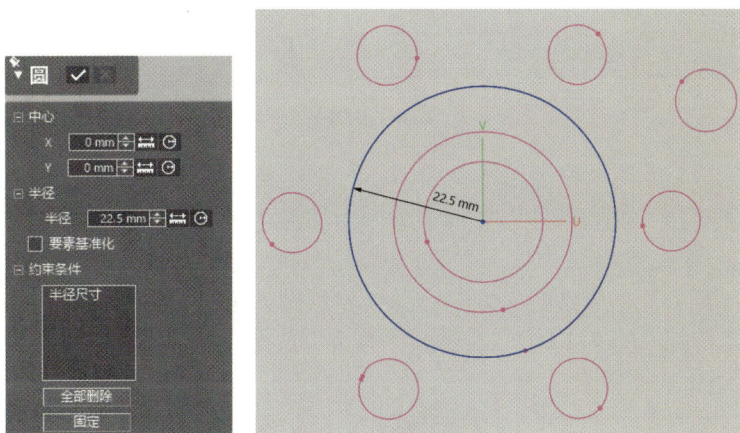

图 3-36　圆的绘制

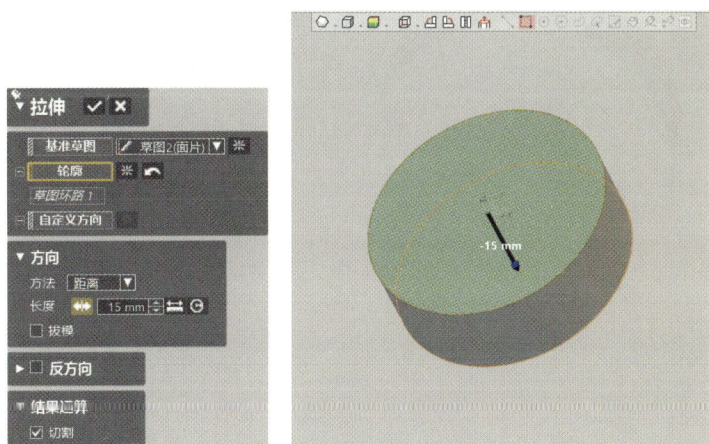

图 3-37　"拉伸"对话框

02 在圆槽中增加圆环。

① 绘制圆环。在前视基准面上创建面片草图，使草图位置覆盖中间的圆柱截面。使用

"圆"命令分别拟合出两个圆,并使用"智能尺寸"命令将两个圆的尺寸进行约束,分别约束为 10mm、15mm。草图绘制如图 3-38 所示。

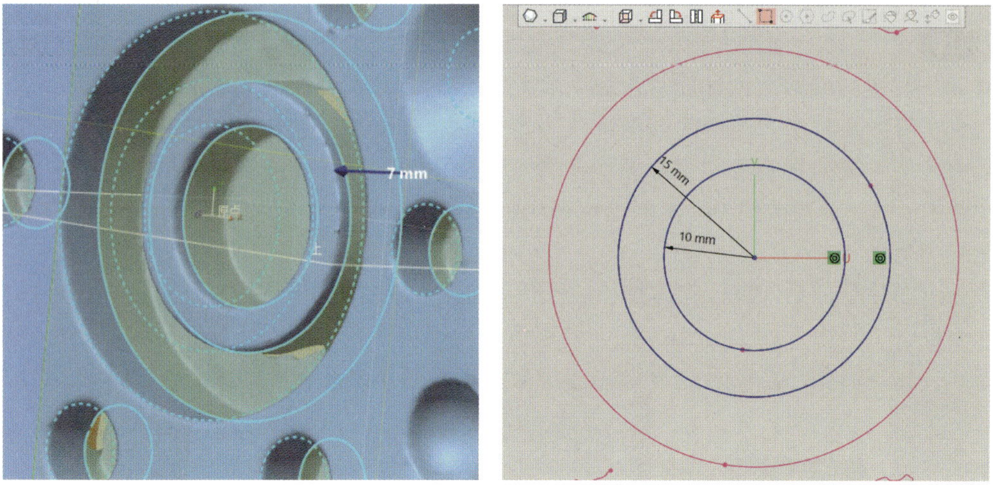

图 3-38 草图绘制

草图绘制完成后,需要将上述两个圆同心约束到坐标原点上,可以双击圆,修改 X、Y 坐标值为 0,也可用"约束条件"命令中的同心功能,约束两个圆分别与上一步中的大圆槽的圆心同心。

采用约束"同心"的方法时,须先将上一步所做大圆的边线转换为实体线,选择"转换实体"命令,打开"转换实体"对话框,"要素"选择大圆边线,单击"√"按钮完成转换。转换实体如图 3-39 所示。

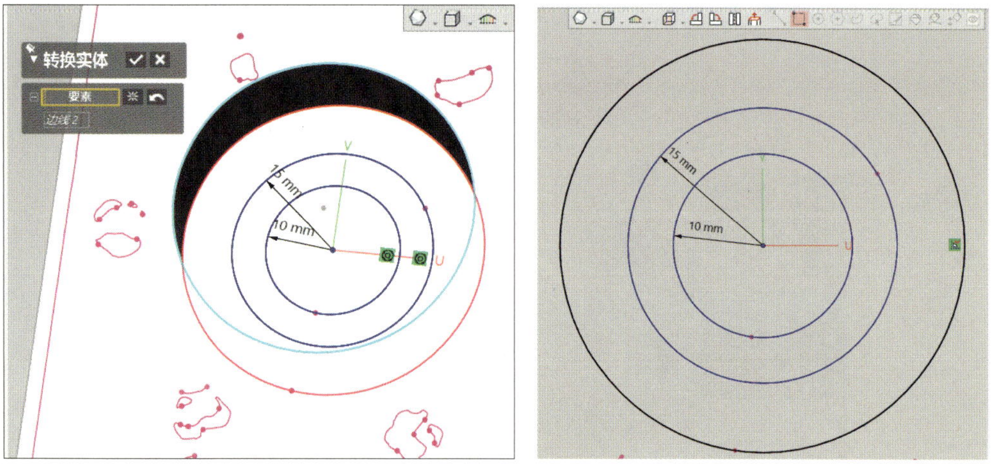

图 3-39 转换实体

完成实体转换后,双击圆环中的一个圆边线,打开"约束条件"对话框后按住 Ctrl 键并单击转换出的大圆边线,在"共同的约束条件"命令框中选择"同心"命令,即可将所选圆的圆心约束在大圆环的圆心上。使用相同的方法约束圆环中的另一个圆也与大圆环同心。约束条件如图 3-40 所示。

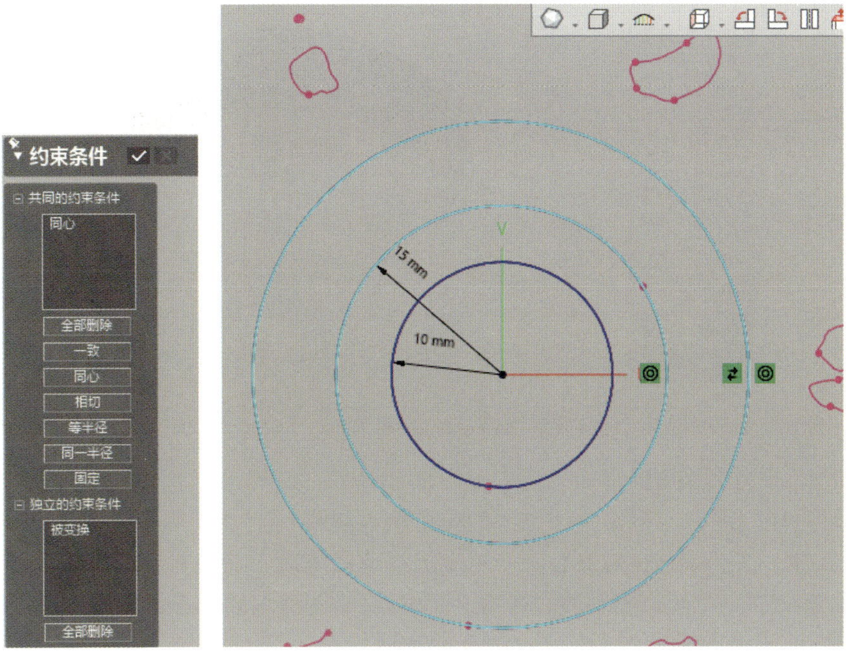

图 3-40　约束条件

由于转换后的大圆环不需要在草图中出现，因此可将其设置成构造线，作辅助用。双击转换后的大圆边线，打开"圆"对话框，勾选"要素基准化"复选框，单击"√"按钮完成转换，草图绘制如图 3-41 所示。创建完成后退出草图。

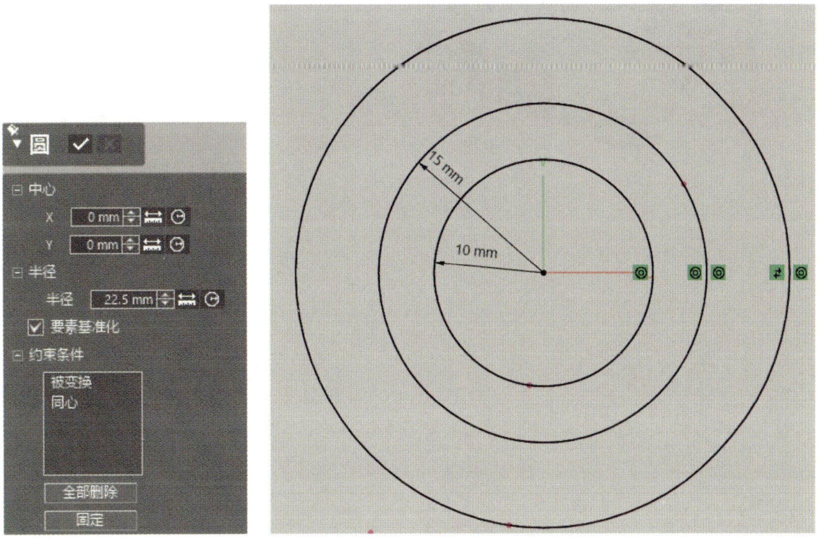

图 3-41　草图绘制

② 拉伸圆环与主体合并。选择"拉伸"命令，打开"拉伸"对话框，选中刚创建的圆环，在"结果运算"选项区域中勾选"合并"复选框，如图 3-42 所示。

图 3-42 拉伸圆环

2）创建六个小圆环槽

通过对面片的观察，得知六个圆之间是围绕着坐标原点圆周阵列的关系。因此，可先拟合出一个圆，以坐标原点为中心，使用"圆形草图阵列"命令得到六个圆。

01 绘制单个小圆。在前视基准面上用面片草图截取轮廓截面，进入面片草图，如图 3-43 所示。使用"圆"命令拟合出一个小圆。

图 3-43 草图设置

02 通过圆形草图阵列构建其他小圆。选择"转换实体"命令，将上一步圆环中的一个圆转换为实体线，其圆心即坐标原点，即圆形草图阵列的中心。圆环线转换实体如图 3-44 所示。

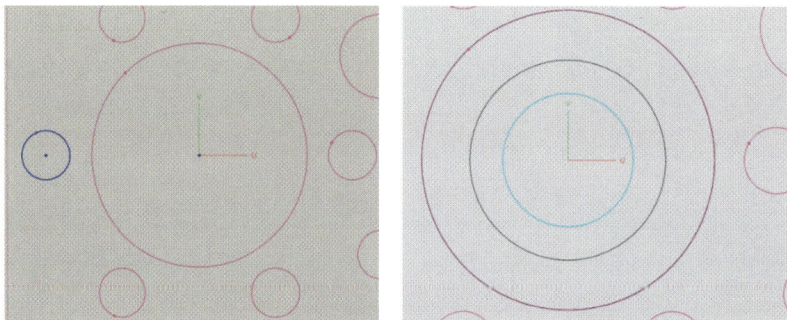

图 3-44 圆环线转换实体

使用"智能尺寸"命令对小圆进行尺寸约束。约束完成后,选择"约束条件"命令,打开"约束条件"对话框,选中小圆后按住 Ctrl 键并选中图 3-44 中所创建圆的圆心,选择"水平约束"命令即可。尺寸约束如图 3-45 所示。

图 3-45　尺寸约束

小圆尺寸约束完成后,在"阵列"中选择"圆形草图阵列"命令,打开"圆形草图阵列"对话框,"要素"选择图 3-46 中拟合出的小圆,"基准"即旋转中心,设置 X 为 0mm、Y 为 0mm,设置"要素数"为 6,"合计角度"默认为 360°,如图 3-46 所示。单击"√"按钮完成围绕坐标原点的六个小圆的创建。创建完成后退出面片草图。

图 3-46　草图阵列

03　拉伸六个小圆槽。选择"拉伸"命令,打开"拉伸"对话框,轮廓选择六个小圆,设置方向向下、距离为 10mm,在"结果运算"选项区域中勾选"切割"复选框,单击"√"按钮完成拉伸。打开体偏差检查,六个小圆槽的尺寸满足偏差要求,如图 3-47 所示。

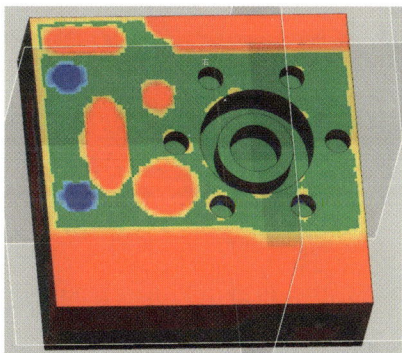

图 3-47　体偏差检查

3）创建圆锥孔

主体表面的圆锥孔由圆锥和圆柱组合而成。

01 创建圆锥体。圆锥体可以看作是由圆柱体的一边固定，另一边做一定角度的拔模而构成的。

创建构成圆柱体的圆，首先需要找到圆锥体上垂直于轴线的某一圆。通过创建平面，确定与圆锥体轴线垂直的平面。选择"平面属性"命令，打开"平面属性"对话框，"方法"选择"偏移"，在"偏移选项"区域中设置"距离"为"-5mm"，单击"√"按钮完成平面创建，如图3-48所示。

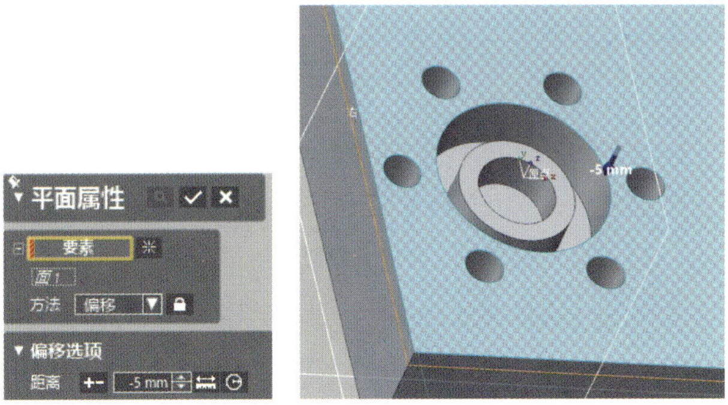

图 3-48　平面创建

以上述平面为基准创建草图。选择"面片草图"命令，打开"面片草图的设置"对话框，"基准平面"选择上一步创建的平面，单击"√"按钮即可，如图3-49所示。

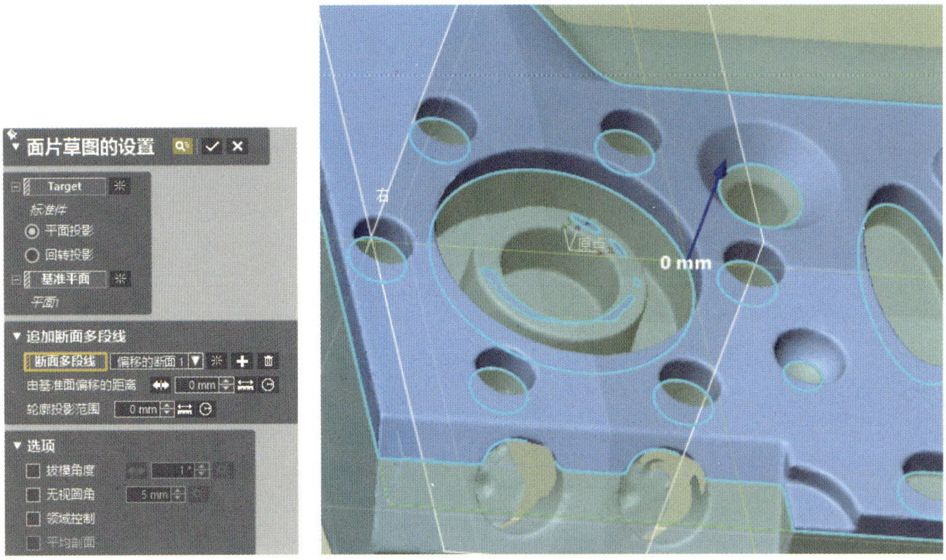

图 3-49　创建草图

进入面片草图后，选择"圆"命令拟合出圆锥位置的圆边线，完成后选择"智能尺寸"命令对草图进行约束，如图3-50所示。

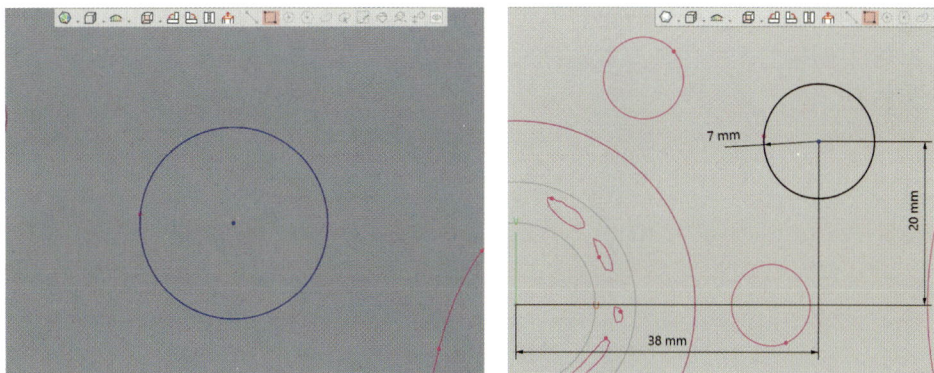

图 3-50 草图绘制与约束

退出面片草图，选择实体创建中的"拉伸"命令，打开"拉伸"对话框，如图 3-51 所示，选中图 3-50 中的草图轮廓，在"方向"选项区域中勾选"拔模"复选框，设置"角度"为 45°。在"反方向"选项区域中勾选"反方向"复选框，设置拔模角度为 45°，这样可以保证拔模后圆锥体的上表面高于主体表面；在"结果运算"选项区域中勾选"切割"复选框，在主体中将圆锥体部分去除。拉伸效果如图 3-52 所示。

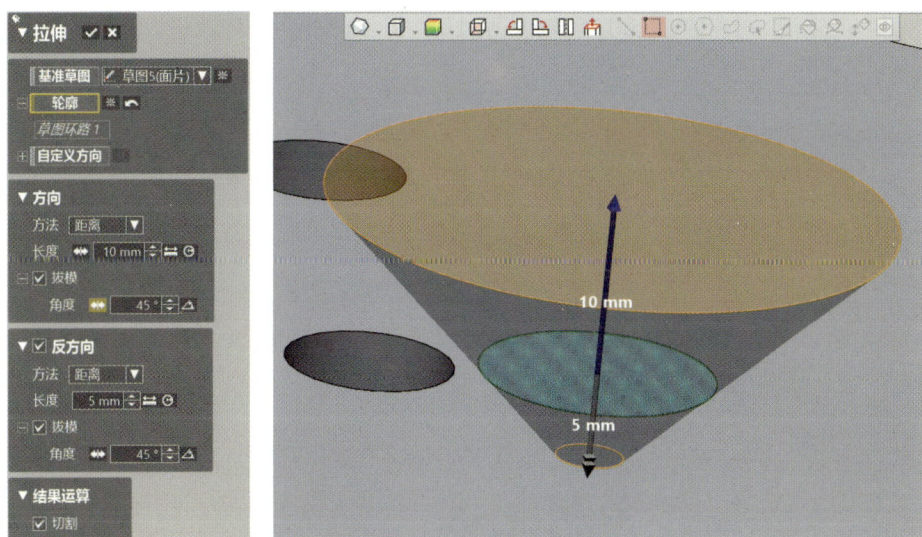

图 3-51 "拉伸"对话框

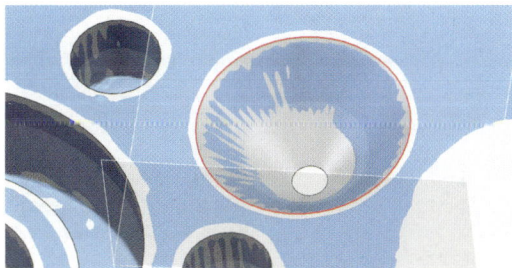

图 3-52 拉伸效果

02 创建圆柱体。圆柱体的轮廓可通过与前视基准面平行且与圆柱轴线垂直的平面获得，图 3-48 中创建的平面中具有此圆柱的轮廓特征，可以此平面为基准进行绘制。平面设置如图 3-53 所示。

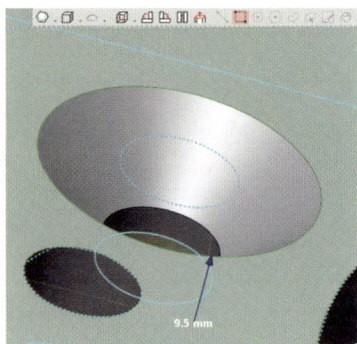

图 3-53　平面设置

进入如图 3-48 所示的平面，使用"圆"命令拟合出圆边线，并使用"智能尺寸"命令对其进行尺寸的约束规整。草图绘制如图 3-54 所示，完成后退出草图。

图 3-54　草图绘制

选择"拉伸"命令，打开"拉伸"对话框，将草图向下拖动 20mm，在"结果运算"选项区域中勾选"切割"复选框，单击"√"按钮完成拉伸；单击"体偏差"按钮，可以看到此圆锥孔的圆锥体部分和圆柱体部分均在偏差范围内，如图 3-55 所示。

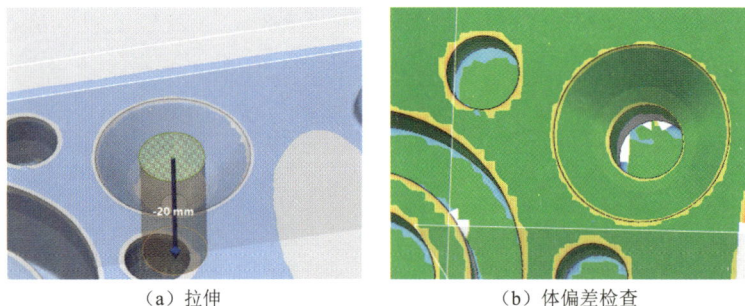

（a）拉伸　　　　　　　　　　　　　　（b）体偏差检查

图 3-55　拉伸与体偏差检查

4）创建球形槽

球形槽是由块状零件主体去除半球构成的。

01 创建球。半球的最大直径在主体上表面，但由于存在扫描误差，上基准面无法截取完整的圆，须由基准面向下偏移 0.5mm，创建面片草图，由此截取的圆可以较好地反映球形槽的特征，并且贴近球的最大直径处。进入草图后使用"圆"命令拟合出圆边线，使用"直线"命令做出一条过圆心的直线。然后进行尺寸约束，设置圆的直径为 6mm。草图创建与绘制如图 3-56 所示，创建完成后退出草图。

（a）草图创建　　　　　　　　　　　（b）草图绘制

图 3-56　草图创建与绘制

02 去除半球。选择创建实体中的"回转"命令，打开"回转"对话框，草图轮廓选择半个圆，"轴"选择"曲线 1"，在"结果运算"选项区域中勾选"切割"复选框，单击"√"按钮完成回转，如图 3-57 所示。

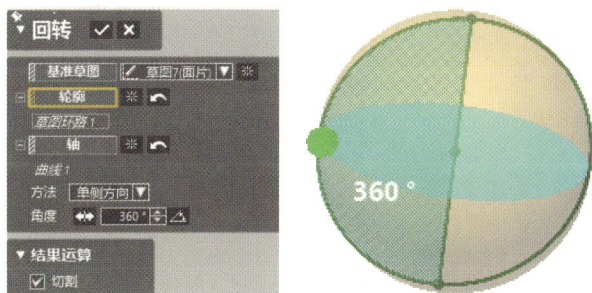

图 3-57　"回转"命令

5）创建两个凸起半球

观察这两个半球的面片数据和领域，发现其较为完整，没有明显的缺陷，可以直接创建球体。

01 创建球体。选择创建实体中的"基础实体"命令，在打开的"几何形状"对话框中勾选"球"复选框，"领域"选择两个半球的大块领域。"几何形状"参数设置如图 3-58 所示。单击"→"按钮进入下一阶段，查看创建结果。球体创建预览如图 3-59 所示。确认球体符合要求后，单击"√"按钮完成创建。

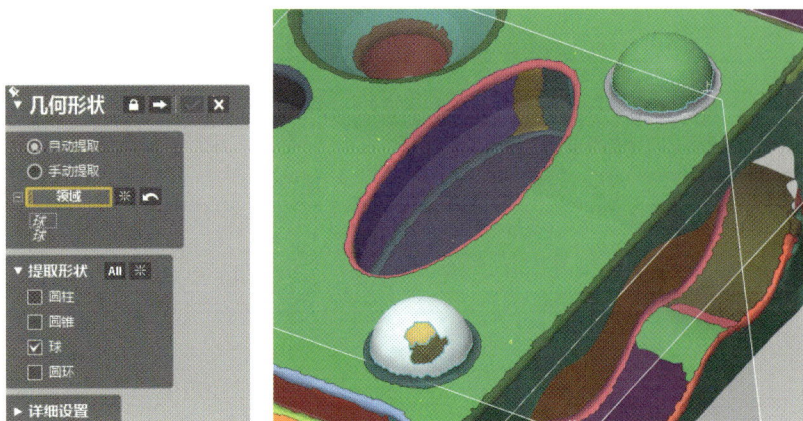

图 3-58　"几何形状"参数设置

图 3-59　球体创建预览

球体创建完成后，打开显示实体（快捷键为 Ctrl+5），可以看到两个球已经创建好，如图 3-60 所示。

图 3-60　完成实体

02　将球体的直径尺寸进行约束。完成实体后在左侧状态栏下找到球 1 的草图，在草图上右击，在弹出的快捷菜单中选择"编辑"命令，对创建球体的圆进行约束。进入草图后，使用"智能尺寸"命令将圆半径进行约束，约束后退出草图，如图 3-61 所示。对球 2 进行与球 1 相同的操作，如图 3-62 所示。

图 3-61　球 1 尺寸约束

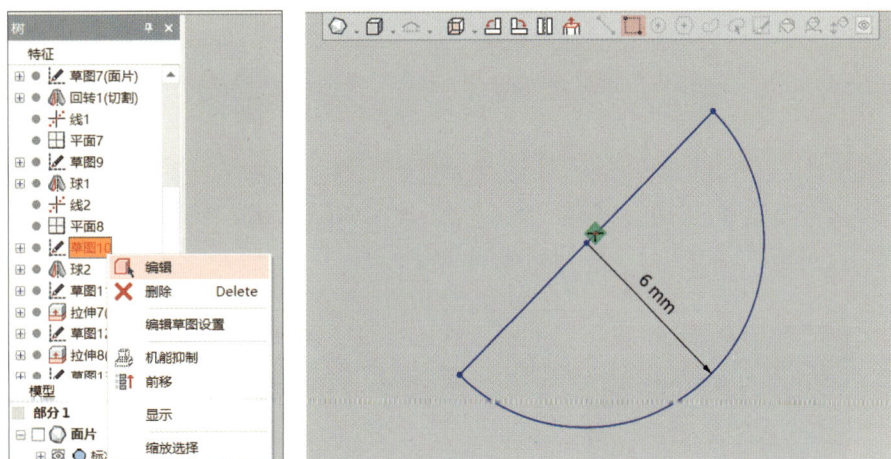

图 3-62　球 2 尺寸约束

操作完成后进行体偏差检查，确保所创建的球体在偏差要求的范围内，如图 3-63 所示，然后将两个球体与主体进行合并。

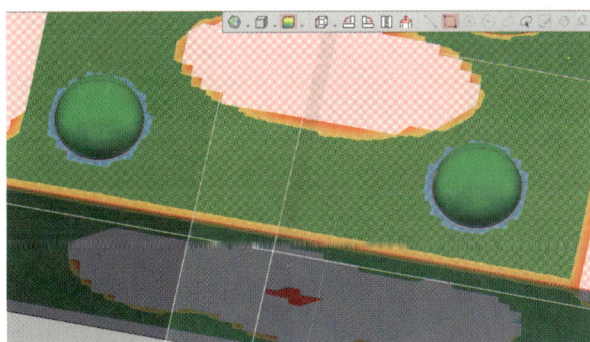

图 3-63　体偏差检查

6）创建椭圆孔

创建椭圆孔时，需要先在草图中创建椭圆线，再创建椭圆孔。

01 创建椭圆线。选择"面片草图"命令，"基准平面"使用前视基准面，在"由基准面偏移的距离"数值选择框中输入"2mm"，单击"反转偏移方向"按钮，单击"√"按钮进入草图。创建的草图如图 3-64 所示。

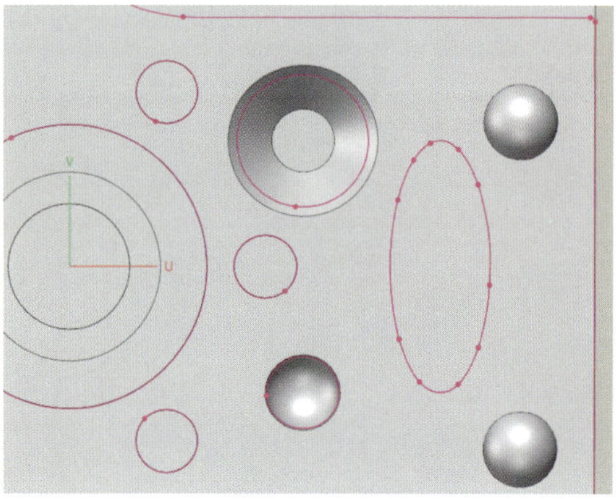

图 3-64　创建的草图

选择"椭圆"命令，打开"椭圆"对话框，如图 3-65 所示，按住鼠标左键框选截取的椭圆轮廓线，单击"适用拟合"按钮完成椭圆的创建。

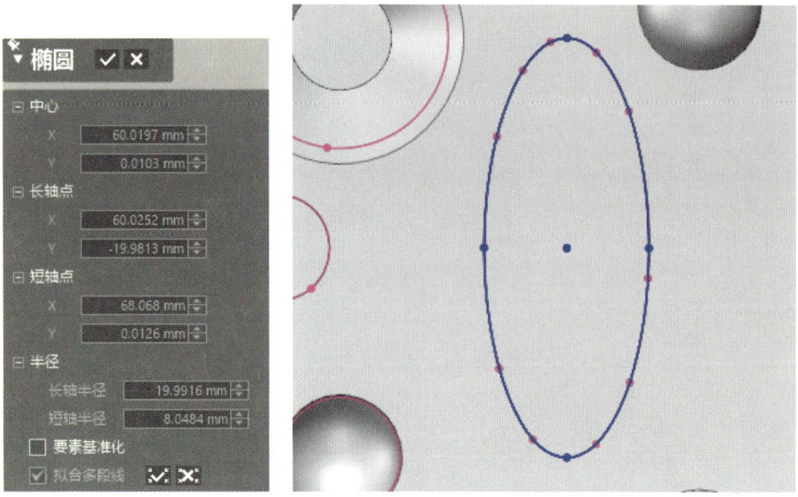

图 3-65　"椭圆"对话框

使用"智能尺寸"命令约束椭圆的长轴直径与短轴直径，以及椭圆圆心与坐标系原点间的定位尺寸。使用"约束条件"命令约束椭圆的圆心与坐标系原点在同一水平线上，如图 3-66 所示。选择"直线"命令，打开"直线"对话框，勾选"要素基准化"复选框，从坐标系原点向任意方向做出一条基准线，如图 3-67 所示。做完基准线后，双击椭圆圆心，按住 Ctrl 键并选择基准线的坐标原点，约束关系选择"水平"，约束完成后退出草图。

图 3-66 约束椭圆的圆心与坐标系原点在同一水平线上

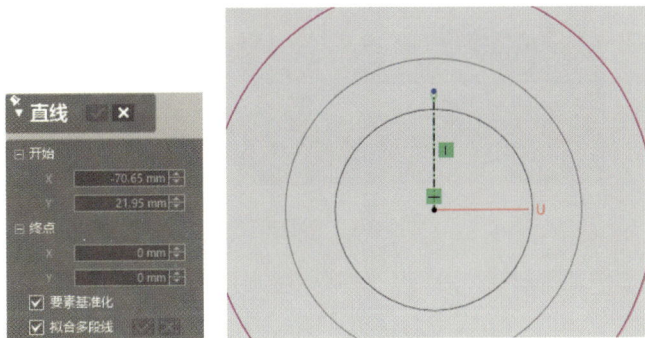

图 3-67 从坐标系原点创建基准线

02 根据椭圆线创建椭圆孔。选择创建实体中的"拉伸"命令，打开"拉伸"对话框，草图选择椭圆，将椭圆向下拖动 10mm，在"结果运算"选项区域中勾选"切割"复选框，单击"√"按钮完成拉伸。选择"体偏差"命令检查椭圆孔的偏差是否符合要求。拉伸与体偏差检查如图 3-68 所示。

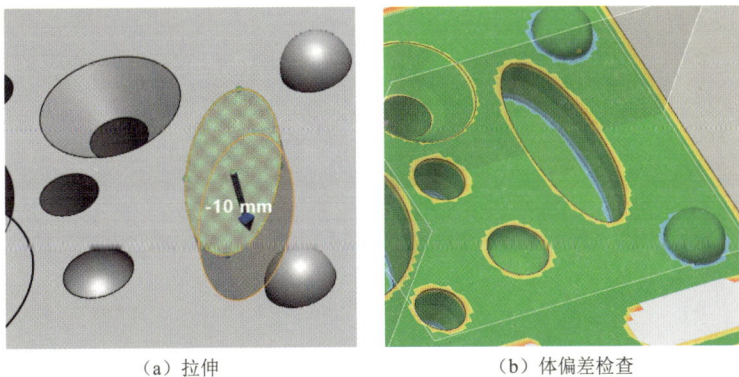

（a）拉伸 （b）体偏差检查

图 3-68 拉伸与体偏差检查

7）创建腰形孔

先使用"面片草图"命令绘制腰形孔轮廓，拉伸后再在主体中去除该轮廓，从而获得腰形孔。

在前视基准面上创建面片草图，单击"√"按钮完成面片草图的创建，如图 3-69 所示。

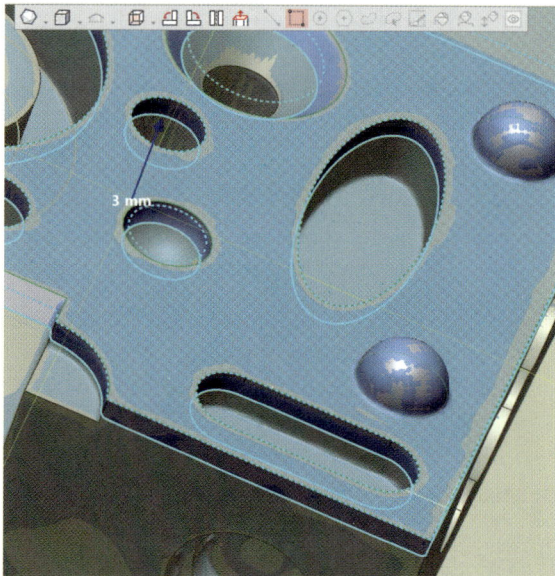

图 3-69　创建草图

进入草图后，选择"腰形孔"命令，打开"腰形孔"对话框，框选腰形孔部分的线段，勾选"拟合多段线"复选框，完成拟合。腰形孔绘制如图 3-70 所示。

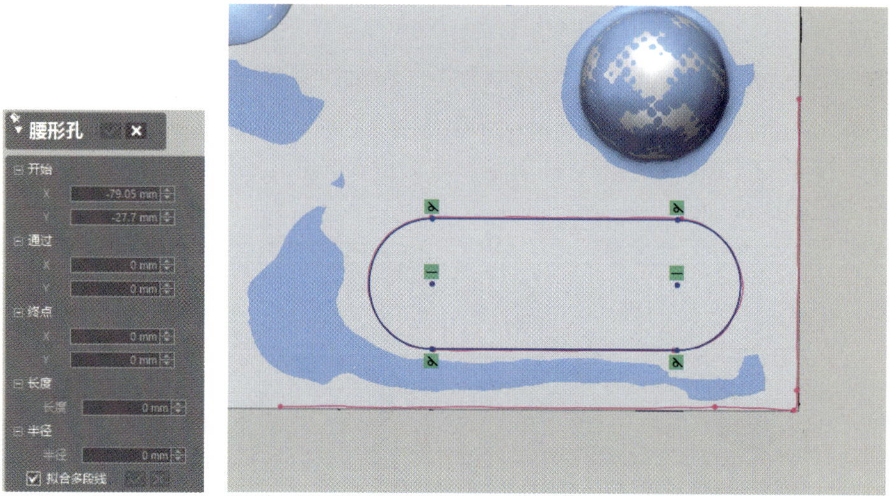

图 3-70　腰形孔绘制

腰形孔绘制完成后，对草图进行尺寸约束和位置关系约束。腰形孔尺寸约束如图 3-71 所示。

图 3-71　腰形孔尺寸约束

完成草图约束后退出面片草图，选择创建实体中的"拉伸"命令，打开"拉伸"对话框，如图 3-72 所示，完成设置后获得腰形孔。

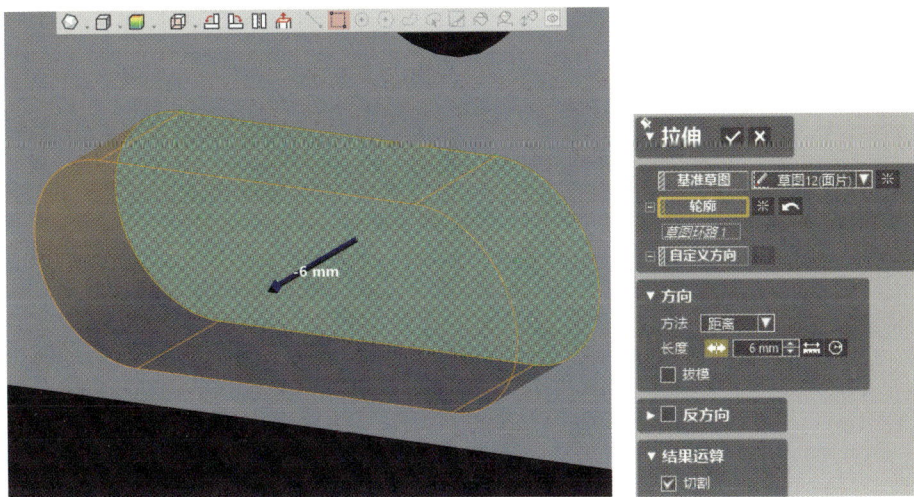

图 3-72　创建腰形孔实体

Step5　创建 45°斜面特征

1）创建斜面

01　绘制构建特征所需的轮廓线。将面片草图的基准面更改为实体的侧面（亮蓝色部分），其余参数设置如图 3-73 所示，创建截取轮廓所需的面片草图。

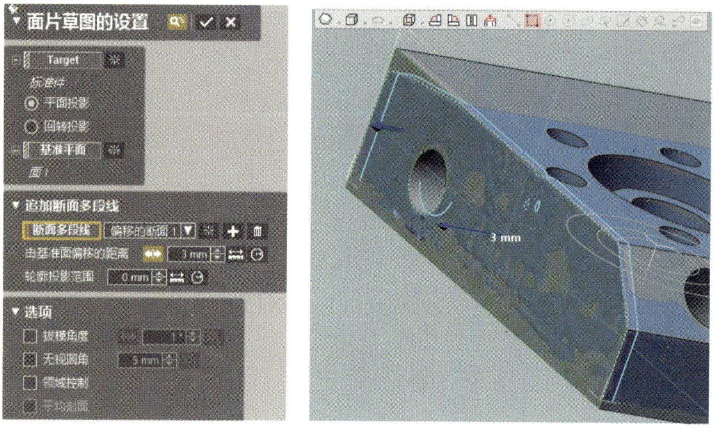

图 3-73　面片草图参数设置

进入草图后，使用"直线"命令拟合出线段。在"草图"选项卡中选择"调整"命令，拖动两端点将线段延长至超出两端线段。绘制斜线如图 3-74 所示。

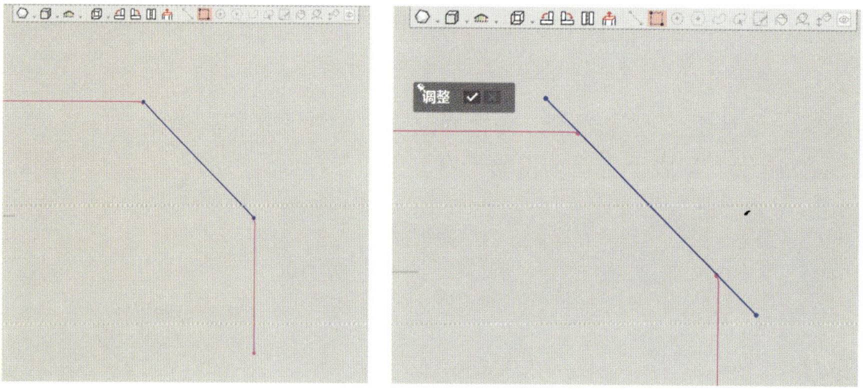

图 3-74　绘制斜线

使用"直线"命令从原点处做一条水平的基准线，使用"智能尺寸"命令约束斜线与基准线的角度，如图 3-75 所示。

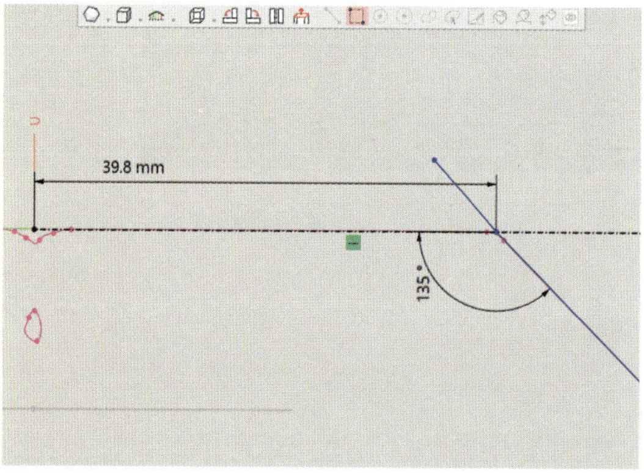

图 3-75　角度约束

修剪并约束基准线的长度。在"草图"选项卡中选择"剪切"命令，点选"分割剪切"单选按钮，切除拟合线段的多余部分，两条线会产生一个交点，如图 3-76 所示，然后使用"智能尺寸"命令进行尺寸约束。

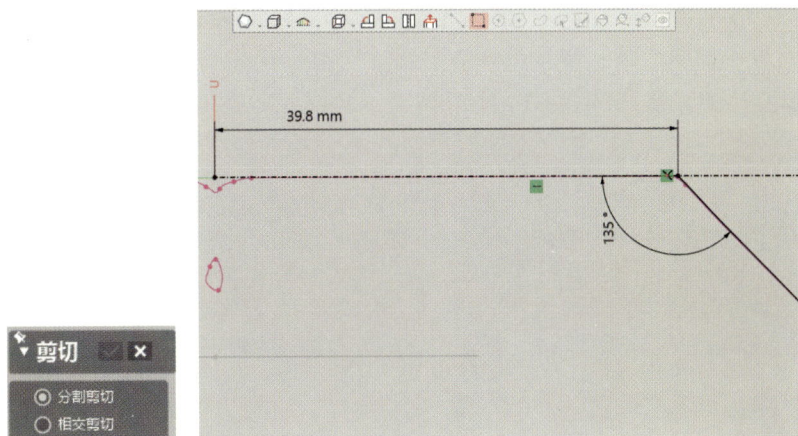

图 3-76 切除拟合线段的多余部分

创建如图 3-77 所示的闭合草图，完成后退出草图。

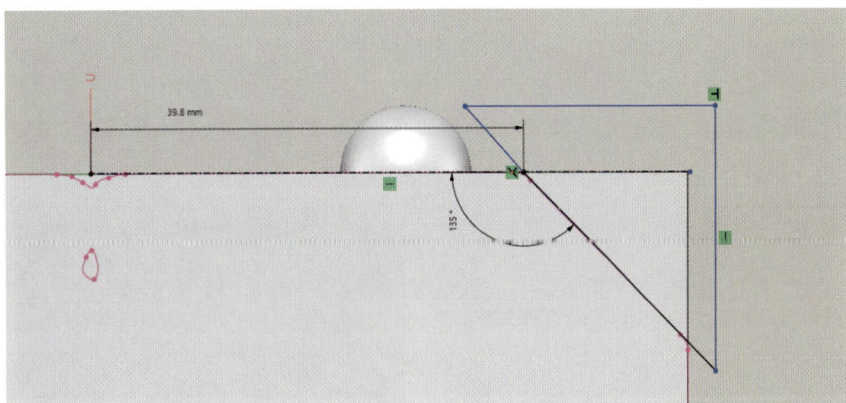

图 3-77 闭合草图

02 拉伸去除多余体，构建 45°斜面。选择"拉伸"命令，打开"拉伸"对话框，在"结果运算"选项区域中勾选"切割"复选框，单击"√"按钮完成操作。拉伸效果如图 3-78 所示。

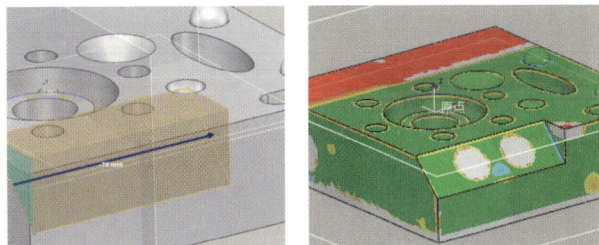

图 3-78 拉伸效果

2）创建斜面双孔

对于斜面上的两个圆柱孔，同样需要通过创建轮廓并拉伸去除多余体的方法来获得。

01 创建双孔轮廓。选择"面片草图"命令，基准平面选择斜面，创建双孔轮廓如图 3-79 所示。

进入草图后，使用"圆"命令拟合两个圆，使用"智能尺寸"命令和"约束条件"命令对两个圆进行约束。草图绘制如图 3-80 所示。完成后退出草图。

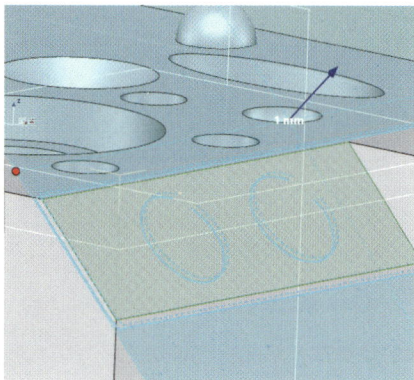
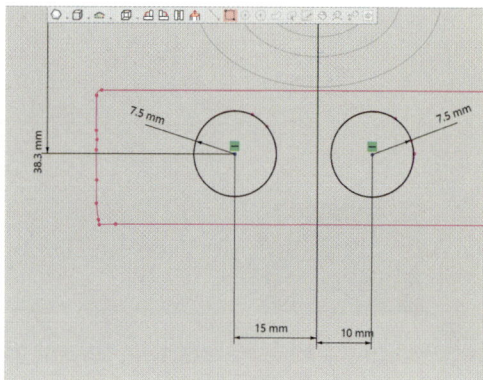

图 3-79　创建双孔轮廓　　　　　　　　　图 3-80　草图绘制

02 拉伸创建斜面上的两个圆孔。选择"拉伸"命令，打开"拉伸"对话框，在"结果运算"选项区域中勾选"切割"复选框，单击"√"按钮完成操作。完成后使用"体偏差"命令检查偏差情况，保证圆孔轮廓和深度均符合偏差要求。拉伸与体偏差检查如图 3-81 所示。

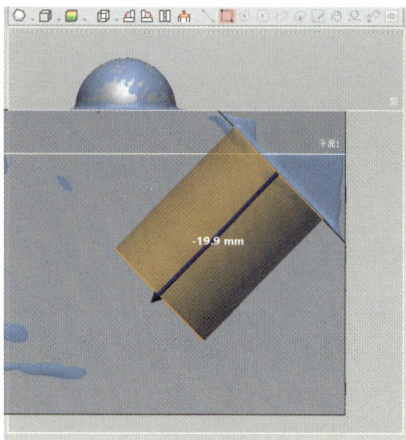

（a）拉伸　　　　　　　　　　　　（b）体偏差检查

图 3-81　拉伸与体偏差检查

3）创建斜面四分之一圆特征

01 创建圆轮廓。选择前视基准面作为面片草图，设置参数。进入草图后，使用"圆弧"命令拟合出整圆，然后使用"智能尺寸"命令对圆进行尺寸约束，并对圆心与原点进行尺寸约束。创建圆轮廓如图 3-82 所示。

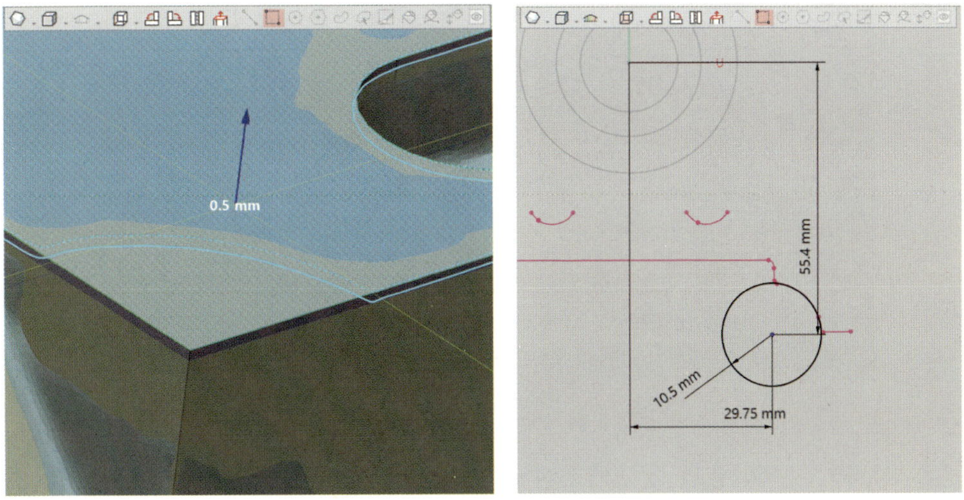

图 3-82　创建圆轮廓

02　创建四分之一圆槽。完成草图后，选择创建实体的"拉伸"命令，打开"拉伸"对话框，在"结果运算"选项区域中勾选"切割"复选框，设置完成后单击"√"按钮完成拉伸。拉伸完成后，使用"体偏差"命令检查此部分特征相对采集数据的偏差情况。拉伸与体偏差检查如图 3-83 所示。

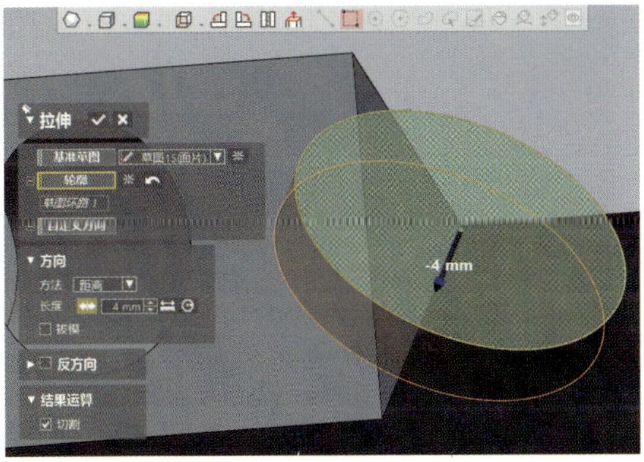

（a）拉伸 　　　　　　　　　　　　　　　　（b）体偏差检查

图 3-83　拉伸与体偏差检查

Step6　创建侧面孔特征

1）创建侧面圆孔 1

侧面圆孔 1 为沉头孔，由大圆孔和小圆孔组成。

01　创建大圆孔。面片草图设置与绘制如图 3-84 所示，基准平面选择 45°斜面特征所在一侧且与上表面垂直的侧面，单击"√"按钮完成面片草图设置。在草图中，先使用"圆"命令拟合出大圆，再使用"智能尺寸"命令约束圆的直径及圆心与原点的定位尺寸。完成后退出草图。

视频：侧面孔特征绘制

图 3-84　面片草图设置与绘制

选择"拉伸"命令，打开"拉伸"对话框，参数设置如图 3-85 所示，单击"√"按钮完成拉伸。

图 3-85　参数设置

02 创建小圆孔。以图 3-85 中的大圆孔的底面为基准创建面片草图，截出轮廓，单击"√"按钮，完成面片草图设置与绘制，如图 3-86 所示。在草图中，先使用"圆"命令拟合出圆，再使用"智能尺寸"命令约束圆的直径，约束大圆与小圆同心，完成后退出草图。

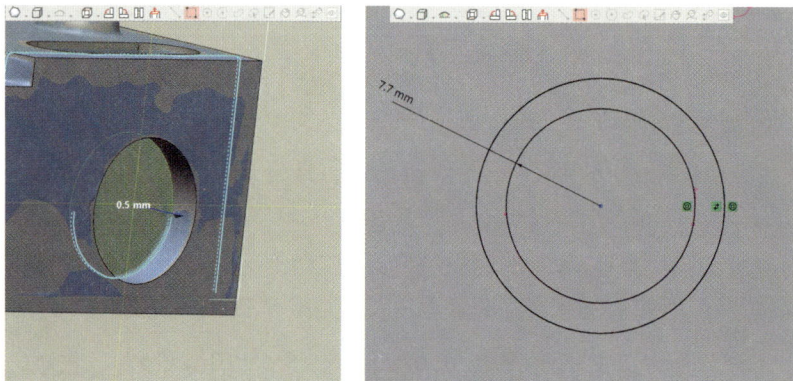

图 3-86　完成面片草图设置与绘制

使用"拉伸"命令进行拉伸,单击"√"按钮完成拉伸;完成后使用"体偏差"命令检查此圆孔与采集数据的偏差情况,如图3-87所示。

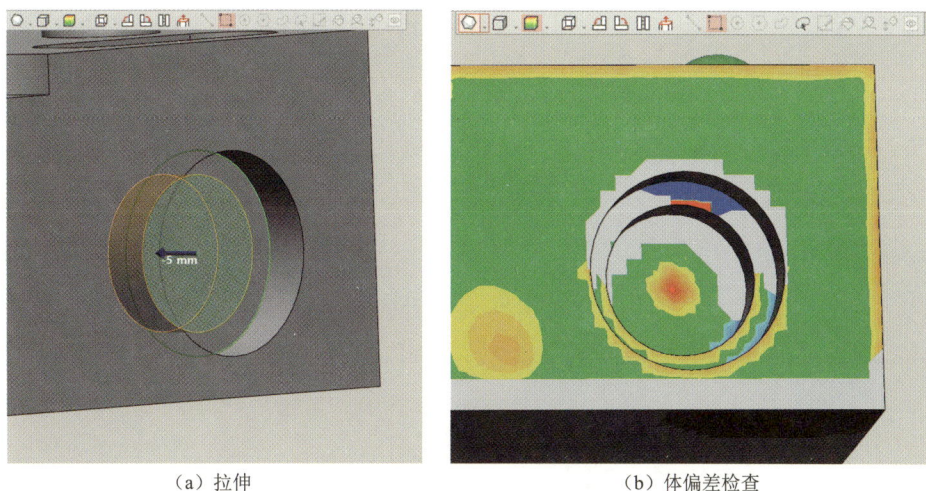

(a)拉伸　　　　　　　　　　　(b)体偏差检查

图3-87　拉伸与体偏差检查

2)创建侧面三圆孔

侧面三圆孔由三个圆和各圆之间的相切圆弧组成。

01 创建特征轮廓线。选择"面片草图"命令,基准平面选择面片数据上特征所在的平面,偏移距离如图3-88所示。需要注意的是,截取轮廓的面片草图与基准平面的偏移距离要适中,如果偏移距离太小,则可能截取到过渡圆角处;如果偏移距离太大,则会导致数据太少,无法截取完整的轮廓。

图3-88　面片草图设置

进入草图后,先使用"圆"命令分别将三个圆拟合,再将圆弧段拟合,如图3-89所示。如果不习惯该视图,则可以单击"旋转草图"按钮进行调整,此处顺时针将草图旋转90°。

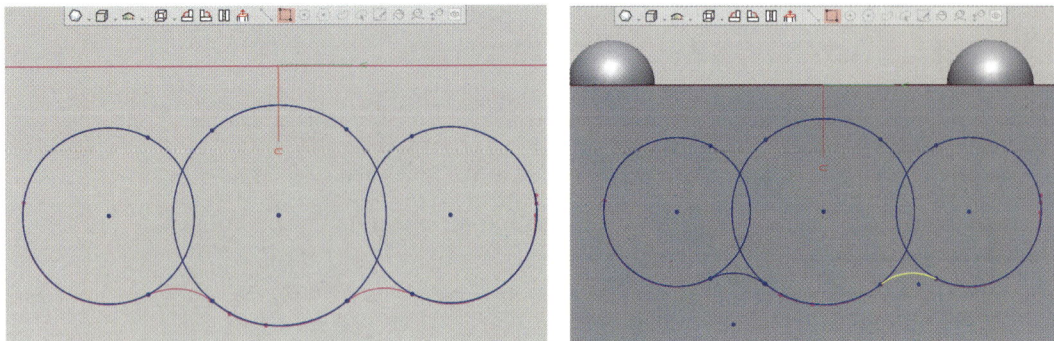

图 3-89　草图绘制

使用"智能尺寸"命令做出如图 3-90 所示的尺寸约束。

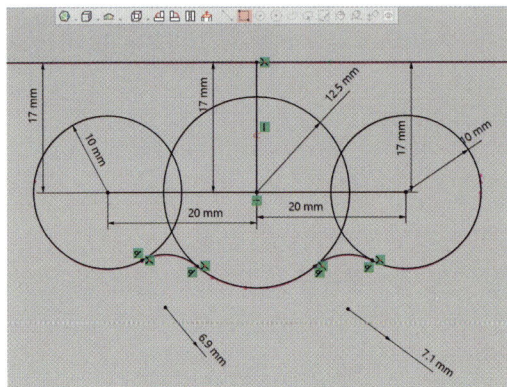

图 3-90　尺寸约束

图 3-90 所示的特征轮廓具有对称特征，选择"直线"命令，打开"直线"对话框，勾选"要素基准化"复选框，选择两个小圆的圆心，做出后面需要用到的镜像线。草图绘制如图 3-91 所示。

图 3-91　草图绘制

约束完成后可发现两段圆弧端点显示为蓝点，这表明端点还未约束，这里指圆弧还未切到圆线上。选择"延长"命令，单击圆弧线上靠近端点的位置，圆弧线会自动延长至圆边线上。圆弧线全部延长后的效果如图 3-92 所示。

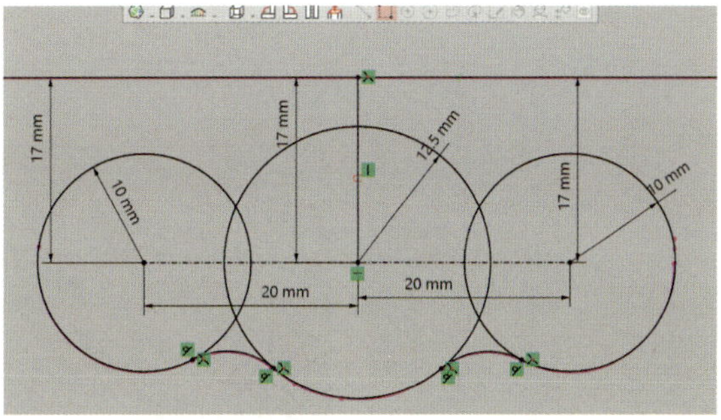

图 3-92　圆弧线全部延长后的效果

选择"镜像"命令，打开"镜像"对话框，"对称线"选择之前所做两小圆的圆心的连线，"要素"选择两段圆弧，单击"√"按钮完成操作。镜像效果如图 3-93 所示。

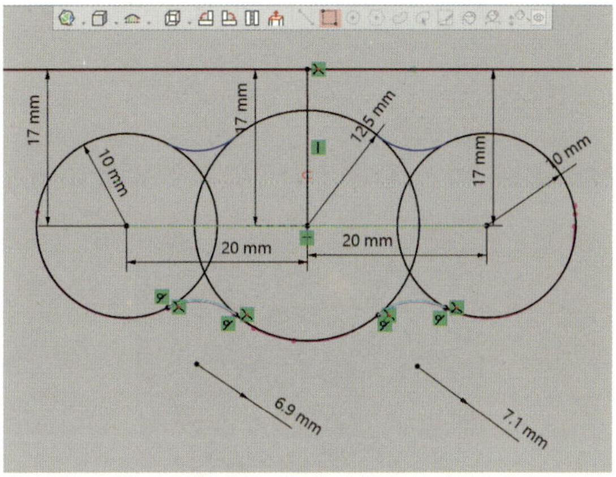

图 3-93　镜像效果

使用"剪切"命令将多余的轮廓修剪掉。点选"分割剪切"单选按钮，单击需要切除的线段。剪切完成后的效果如图 3-94 所示。草图中的数值可通过双击数字进行约束，将定位尺寸约束为 17mm，将圆的直径约束为 10mm。完成后退出草图。

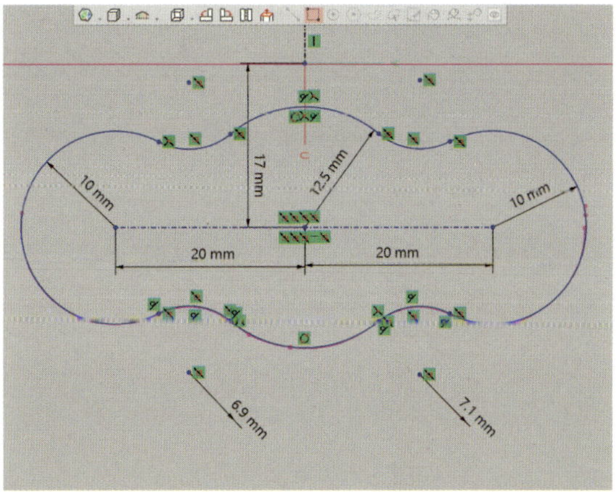

图 3-94　剪切完成后的效果

02 拉伸去除三圆孔。选择"拉伸"命令，进行参数设置，单击"√"按钮完成拉伸；使用"体偏差"命令检查所做特征造型与采集数据的偏差情况，如图 3-95 所示。

（a）拉伸　　　　　　　　　　　　（b）体偏差检查

图 3-95　拉伸与体偏差检查

3）创建侧面圆孔 2（三圆孔对面）

01 创建圆特征线。选择"面片草图"命令，参数设置如图 3-96 所示。

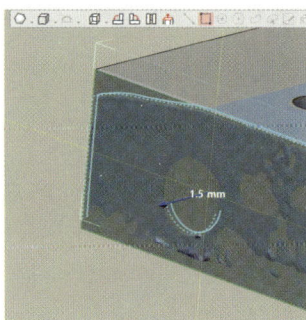

图 3-96　参数设置

进入草图，绘制圆并进行尺寸约束。草图绘制如图 3-97 所示。完成后退出草图。

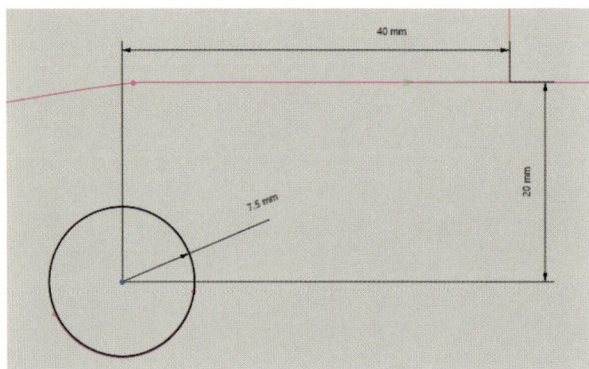

图 3-97　草图绘制

02 拉伸去除圆孔。选择"拉伸"命令，打开"拉伸"对话框，在"结果运算"选项区域中勾选"切割"复选框，完成相关操作。拉伸去除圆孔如图 3-98 所示。

图 3-98　拉伸去除圆孔

4）创建曲面侧圆孔

曲面所在侧面也有一处圆孔特征，即曲面侧圆孔。

01 创建圆特征线。面片草图创建在这一侧的面上，参数设置如图 3-99 所示。进入草图后，拟合出圆并进行尺寸约束，草图绘制如图 3-100 所示。完成后退出草图。

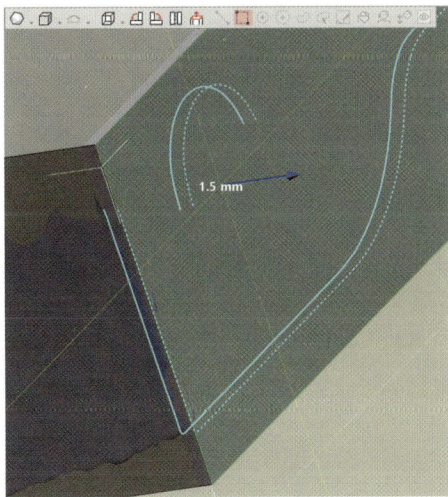

图 3-99　参数设置

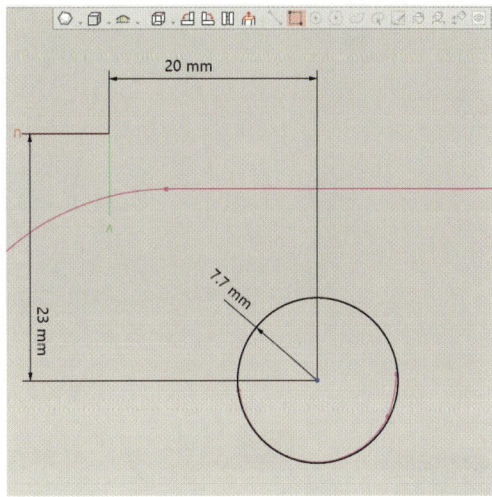

图 3-100　草图绘制

02 拉伸去除圆孔。选择"拉伸"命令，打开"拉伸"对话框，参数设置如图 3-101 所示，单击"√"按钮完成拉伸。使用"体偏差"命令检查此圆孔与采集数据的偏差情况。

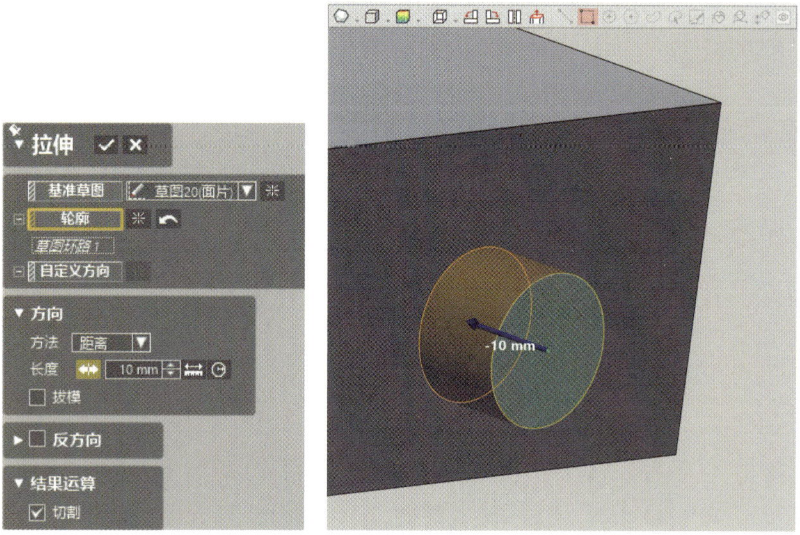

图 3-101　参数设置

Step7　创建曲面

图 3-102 所示是需要创建的曲面区域，观察并分析曲面的曲率，可将其分为三个曲面，即左、中、右三个圆圈部分。使用面片拟合功能拟合出三张曲面后对其进行修剪，使用"放样"等命令完成整张曲面的创建。

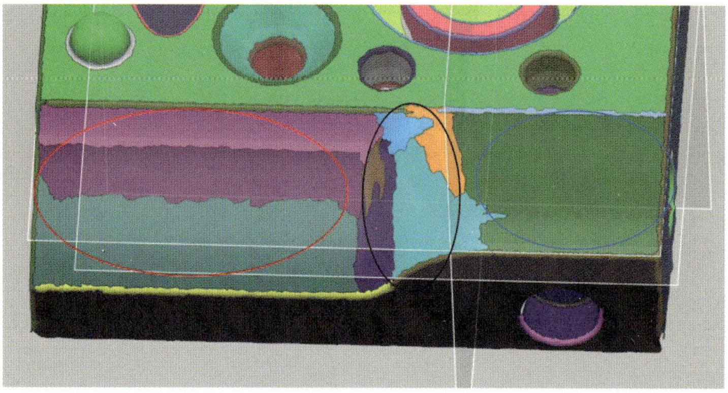

图 3-102　领域划分

01　拟合红圈所示领域面 1。选择"模型"选项卡"向导"选项区域中的"面片拟合"命令，打开"面片拟合"对话框，在"领域"选项区域选择高亮显示的部分，其余参数采用默认设置，如图 3-103 所示。单击"→"按钮进入下一步，可预览选择拟合出的面片，单击"√"按钮完成面片拟合，得到面片拟合面 1，如图 3-104 所示。

视频：曲面创建

图 3-103　参数设置

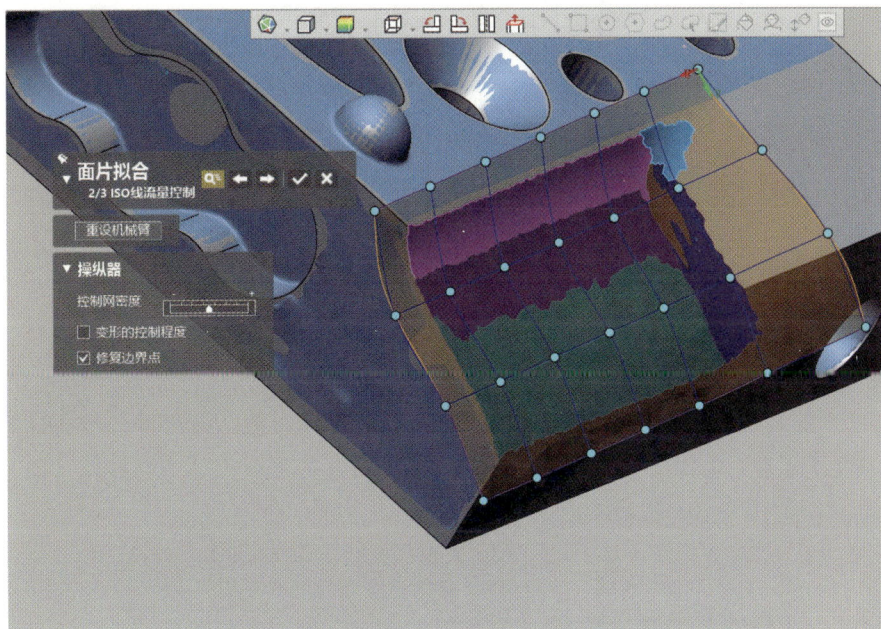

图 3-104　面片拟合面 1

单击"环境写像"按钮，查看面片的斑马纹情况，如图 3-105 所示。如果斑马纹突变较大，则表明拟合的曲面不光顺，须重新选择区域拟合。写像检查如图 3-106 所示。

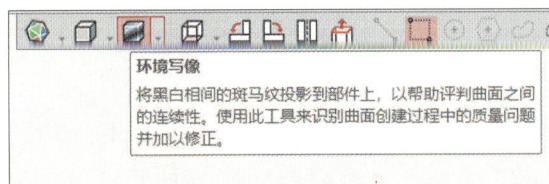

图 3-105　环境写像

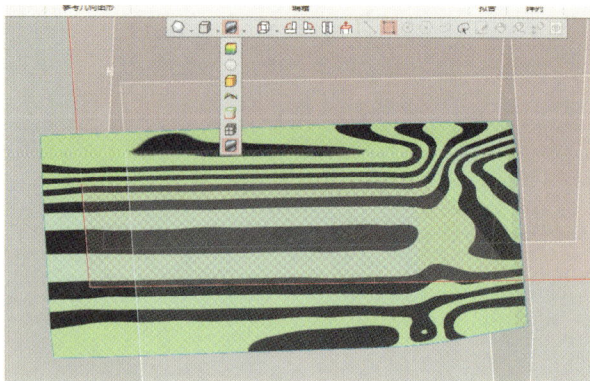

图 3-106　写像检查

02 拟合蓝圈所示领域面 2。选择"面片拟合"命令，选择图 3-107 中高亮显示部分的领域，单击"√"按钮完成拟合，得到面片拟合面 2。

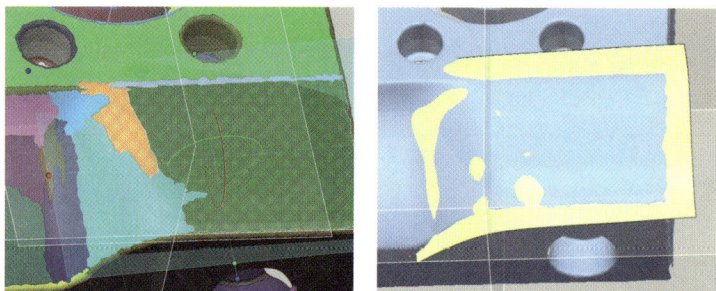

图 3-107　面片拟合面 2

03 修剪面片拟合面 1 和面片拟合面 2，使其与实体上表面的交线处于同一直线上。选择"模型"选项卡"编辑"选项区域中的"剪切曲面"命令，在打开的"剪切曲面"对话框中，"工具要素"选择前视基准面（即实体的上表面），"对象体"选择面片拟合面 1 和面片拟合面 2，如图 3-108 所示，单击"→"按钮进入下一步。

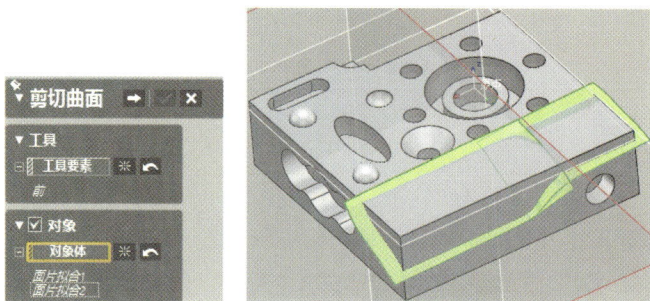

图 3-108　参数设置

在"剪切曲面"对话框中，"保留体"选择前部与曲面重合的两部分（绿色高亮显示部分），如图 3-109 所示。这两块选中的区域即是须保留的两张面片拟合面，单击"√"按钮完成操作。剪切曲面完成后的效果如图 3-110 所示。

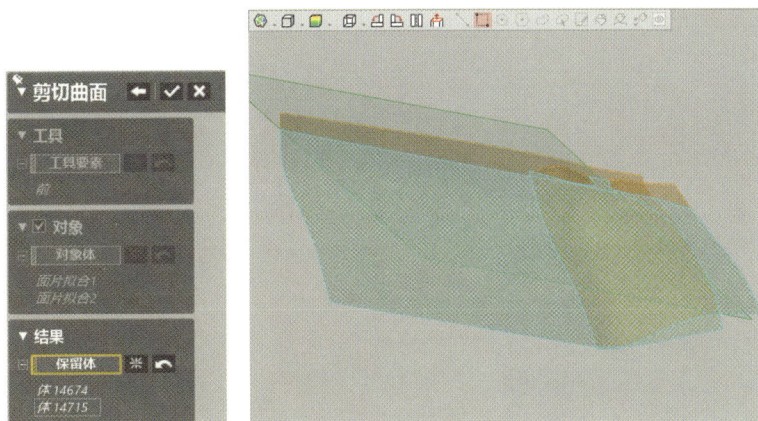

图 3-109　选择保留体

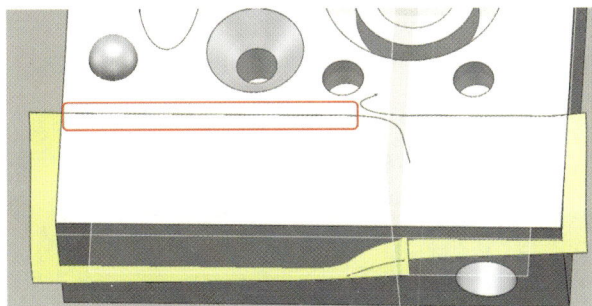

图 3-110　剪切曲面完成后的效果

　　打开实体可见两张面片拟合面与实体均有交线，但是两条交线不处于同一直线上，需要使面片拟合面 2 和面片拟合面 1 相对实体上表面的交线处于同一直线上。由 STL 数据可知，面片拟合面 1 的交线比面片拟合面 2 的交线更为明显，因此选择面片拟合面 1 交线为曲面与实体上表面的交界线，调整面片拟合面 2 的交线使两条交线在同一直线上。

　　如图 3-111 所示，面片拟合面 1 的左侧和面片拟合面 2 右侧的轮廓不规整，需要创建一张平面，将不需要的部分裁剪掉。

图 3-111　交界处

　　选择"模型"或"初始"选项卡"创建几何图形"选项区域中的"平面"命令，打开"平面属性"对话框，"方法"选择"偏移"，将右视基准面向左偏移 21mm，单击" √ "按钮完成"平面 2"（"平面 1"即前文创建的 XY 平面）的创建，如图 3-112 所示。

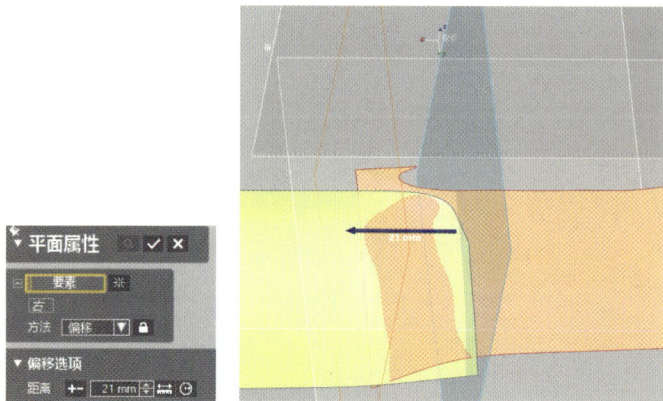

图 3-112　"平面 2"的创建

选择"剪切曲面"命令，"工具要素"选择图 3-112 中创建的"平面 2"，"对象体"选择面片拟合面 1，单击"→"按钮进入下一步，"保留体"选择绿色高亮显示部分的面。单击"√"按钮完成曲面的剪切，如图 3-113 所示。

图 3-113　剪切曲面

剪切完面片拟合面 1 后，得到如图 3-114 所示的面，高亮所示的边线即需要提取出的边线，可以作为曲面与实体上表面的共边线使用。

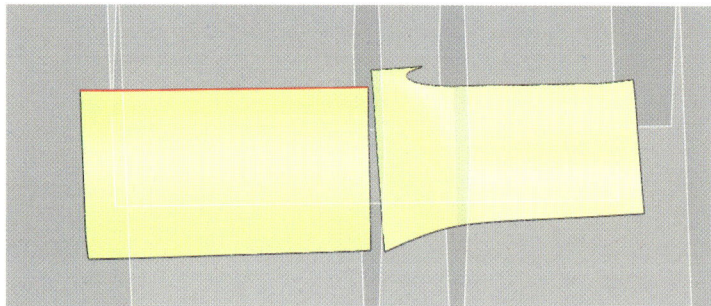

图 3-114　剪切效果

将上述高亮显示的线提取出来。选择"线"命令，打开"线属性"对话框，"方法"选择"提取"，选中图 3-115 中面片上端边线（白色虚线），单击"√"按钮完成线 3 的提取。

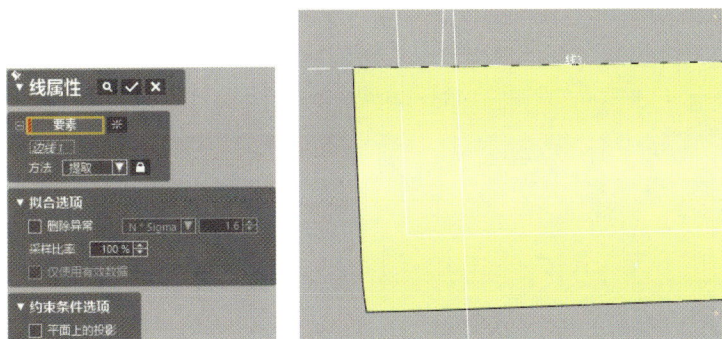

图 3-115   线 3 的提取

确定线 3 与前视基准面的距离，构建与前视基准面平行且通过线 3 的平面。

线 3 提取出来以后，选择"测量距离"命令，打开"测量距离"对话框，选择"平面-线"命令，平面选择前视基准面，线选择线 3，测量出数值约为 38.5mm，`如图 3-116 所示。

图 3-116   测量距离

测得数值后，选择"平面"命令，打开"平面属性"对话框，"方法"选择"偏移"，"要素"选择前视基准面，设置偏移距离为 38.5mm。单击"√"按钮完成"平面 3"的创建，如图 3-117 所示。

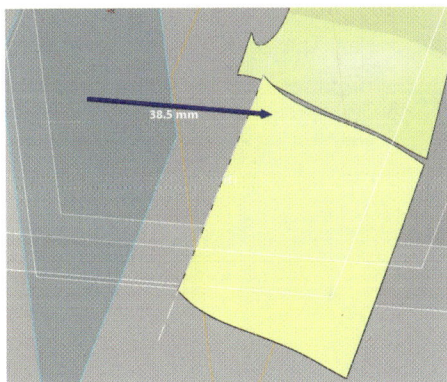

图 3-117   "平面 3"的创建

利用"平面 3"对面片拟合面 2 与实体交界处进行修剪。选择"剪切曲面"命令，打开"剪切曲面"对话框,"工具"选择上一步创建的"平面3","对象"选择两张曲面。"保留体"选择绿色高亮显示部分,单击"√"按钮完成曲面剪切,此时面片拟合面1和面片拟合面2相对实体上表面的交线处于同一直线上,如图3-118所示。

图3-118　剪切曲面

04 拟合黑圈所示领域面3。接下来做第三张曲面。选择"面片拟合"命令,打开"面片拟合"对话框,"领域"选择大圆角所在的领域。领域选择如图3-119所示。单击"√"按钮完成面片拟合面3的创建。

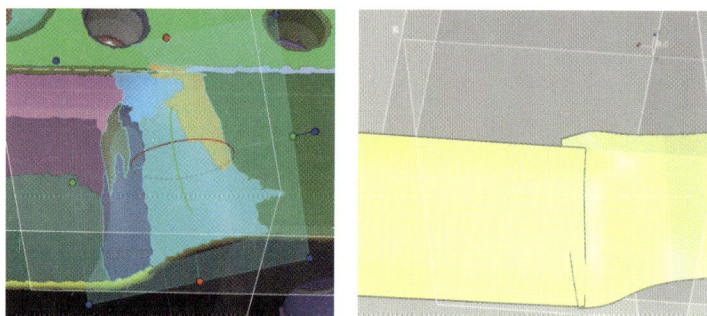

图3-119　领域选择

修剪面片拟合面3左右两端区域。

选择"平面"命令,打开"平面属性"对话框,"要素"选择"平面2",将"平面2"向右偏移3mm,单击"√"按钮完成"平面4"的创建。然后用同样的方法将右基准面向左偏移3mm,做出"平面5"。"平面4"与"平面5"如图3-120所示。

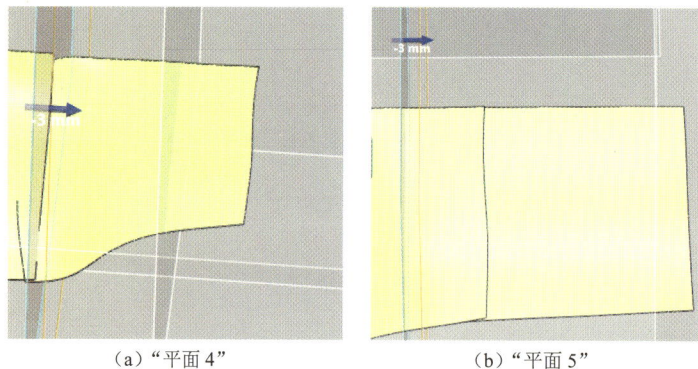

（a）"平面4"　　　　　　　　　　（b）"平面5"

图3-120　"平面4"与"平面5"

选择"剪切曲面"命令，打开"剪切曲面"对话框，"工具要素"选择右视基准面、"平面 2""平面 4""平面 5"（即图 3-121 所示的四个平面），"操作对象"选择三张曲面，"保留体"选择图 3-121 中的三张曲面的主体部分（绿色高亮显示部分），单击"√"按钮完成曲面剪切。

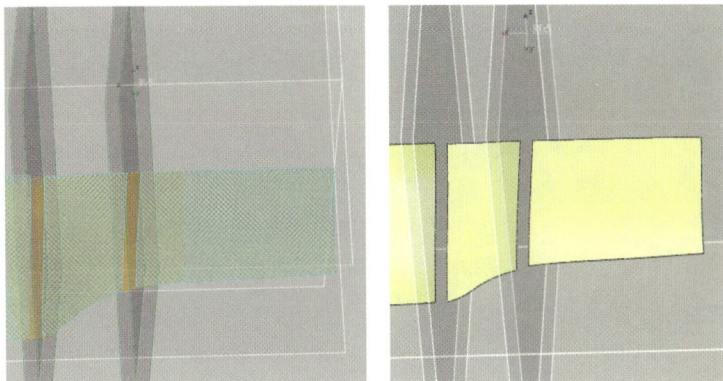

图 3-121　剪切曲面

05 通过放样曲面连接三个面。接下来将三张面片通过放样曲面，使相邻两个面间相切光顺连接。

选择"创建曲面"→"放样"命令，选中两张曲面的边线，选择边线时要注意单击边线时选择同一端，否则放样出的面片可能是扭曲的面。"约束条件"选项区域中的"起始约束"和"终止约束"均选择"与面相切"，单击"√"按钮完成放样，如图 3-122 所示。

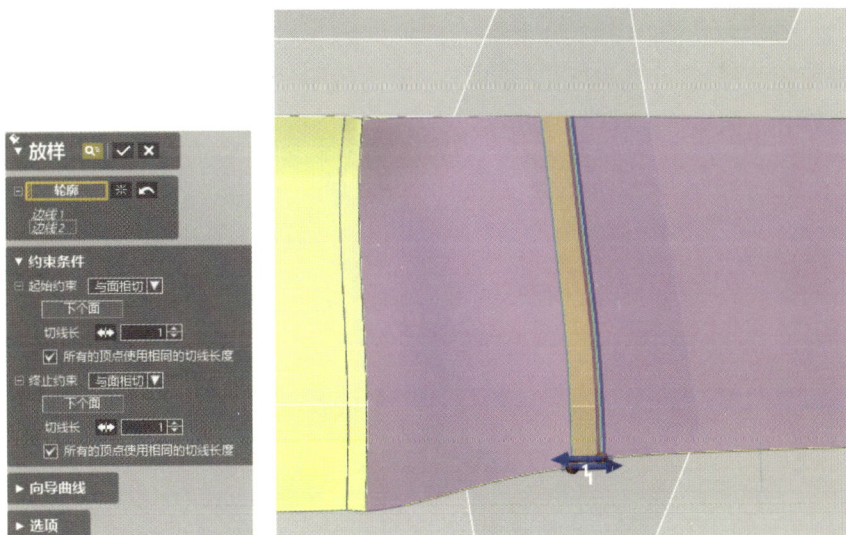

图 3-122　放样

放样完成后，如果创建的面的法线方向与其他面相反，如图 3-123 所示，则可以使用"反转法线"命令使面的法线反转。反转法线如图 3-124 所示。

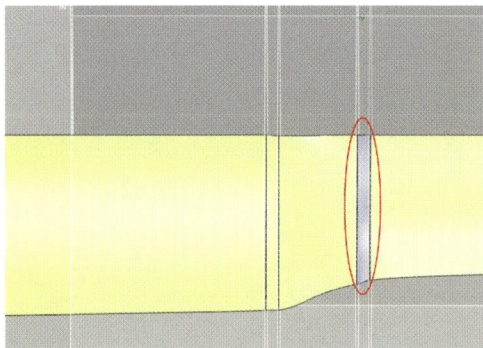

图 3-123　放样效果

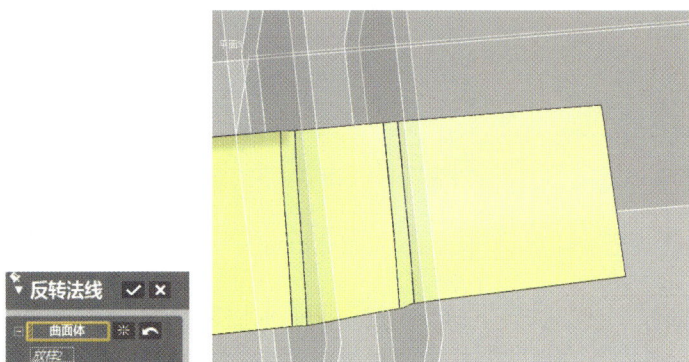

图 3-124　反转法线

06　调整面片拟合面 3 和面片拟合面 2 与实体上表面的交线,使三条交线处于同一直线。完成曲面的放样后,可以看到图 3-125 中圈出的部分并没有处于同一平面上,需要将这部分做在同一平面上,完成曲面创建。

图 3-125　曲面检查

选择“平面”命令,打开“平面属性”对话框,“方法”选择“绘制直线”,将视图视角转至合适的位置,绘制一条直线,单击“√”按钮完成“平面 6”的创建,如图 3-126 所示。

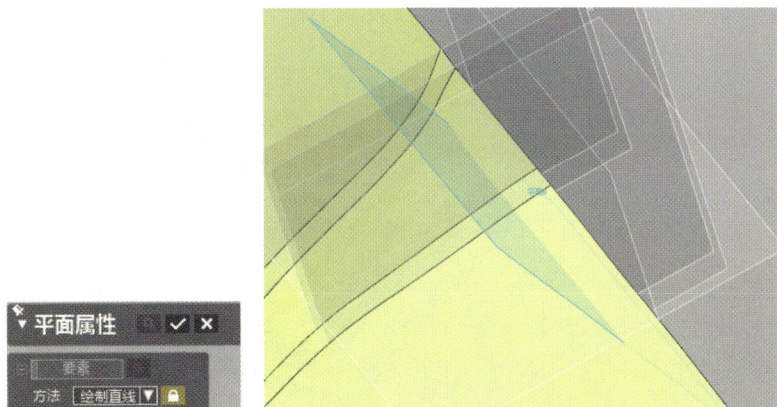

图 3-126　"平面 6"的创建

选择"剪切曲面"命令，打开"剪切曲面"对话框，"工具"选择"平面 6"，"对象体"选择图 3-127 中高亮显示的部分，单击"→"按钮进入下一步；"保留体"选择绿色高亮显示部分，单击"√"按钮完成曲面剪切。剪切效果如图 3-128 所示。

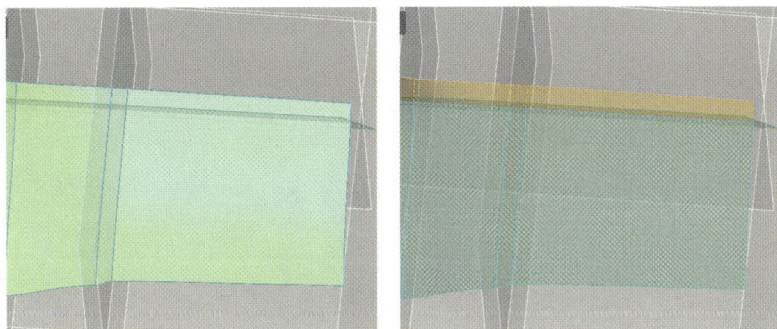

图 3-127　剪切曲面的选择

图 3-128　剪切效果

选择"平面"命令，打开"追加平面"对话框，选择实体的上表面作为草图平面，进入草图，使用"直线"命令绘制一条水平线，起始点为大面的顶点，单击"√"按钮完成草图。完成后退出草图。草图绘制如图 3-129 所示。

（a）"追加平面"对话框

（b）绘制的直线

图 3-129　草图绘制

07　依据直线，通过放样曲面重新连接曲面。选择曲面中的"放样"命令，打开"放样"对话框，选择第一条轮廓线时，按住 Ctrl 键选中曲面的边线；选择第二条轮廓线时，选中草图的直线，"起始约束"选择"与面相切"，如图 3-130 所示。

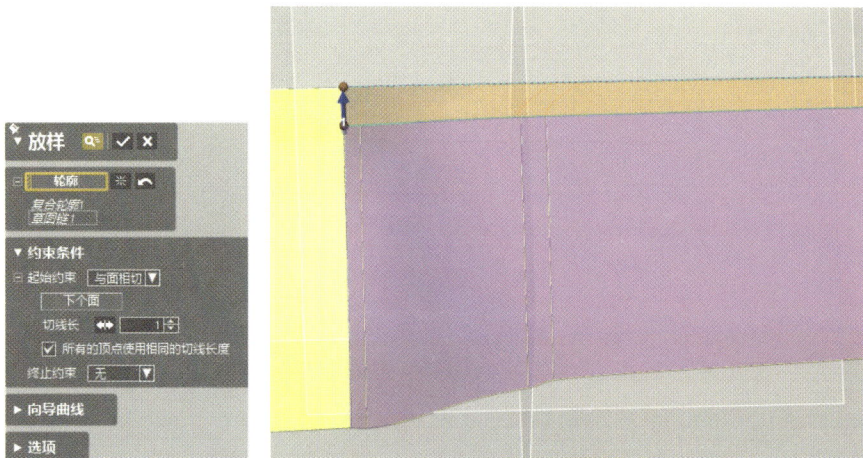

图 3-130　参数设置

放样效果如图 3-131 所示。

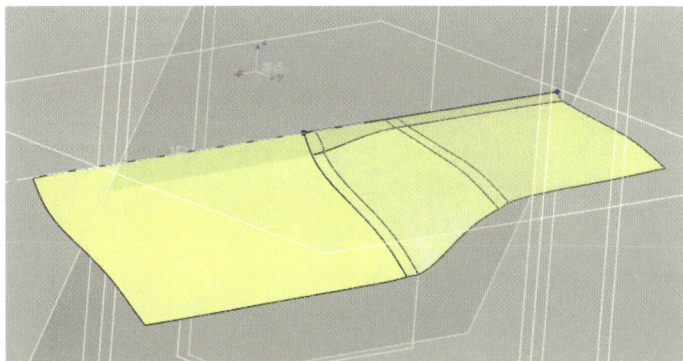

图 3-131 放样效果

08 将所有面片缝合。选择"缝合"命令，打开"缝合"对话框，选中全部曲面，单击"→"按钮进入下一步，如图 3-132 所示。

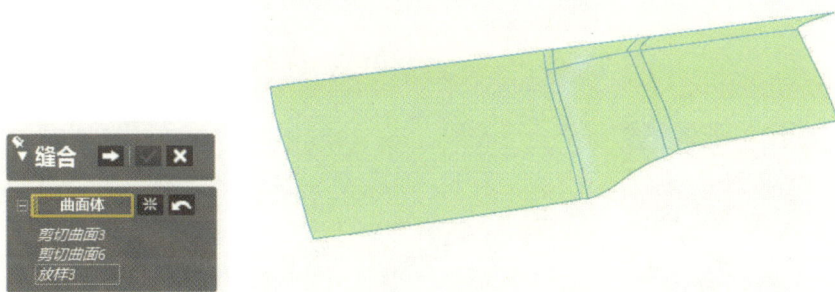

图 3-132 缝合所有面片

红线显示为缝合后曲面的边缘，检查红线是否在曲面里面。如果有红线在曲面中，则表明曲面之间有缝隙，需要将缝隙修整后重新缝合，如图 3-133 所示。如果红线在最外侧，则表明曲面之间没有缝隙，单击"√"按钮完成缝合。

图 3-133 缝合检查

09 利用缝合后的面片将实体多余的部分修剪掉。选择"切割"命令，打开"切割"对话框，"工具要素"选择缝合后的曲面，"对象体"选择实体，单击"→"按钮进入下一步，如图 3-134 所示。

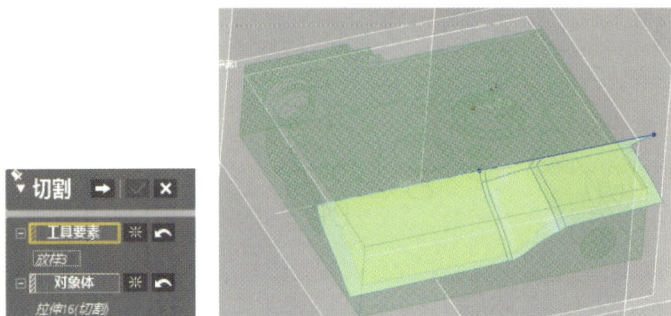

图 3-134　修剪实体的多余部分

"保留体"选择高亮显示的主体部分，单击"√"按钮完成切割，如图 3-135 所示。

图 3-135　选择保留体

得到最终的实体后，使用"体偏差"命令检查造型与采集数据的偏差情况，除过渡圆角和未采集到的数据外，模型主体的偏差应在绿色范围内，如图 3-136 所示。

图 3-136　体偏差检查

5. 检查控制

（1）检查重构后的模型尺寸是否取整。对于圆柱、圆锥、球、椭圆、键槽等的尺寸，应将精度控制在±0.1mm。

（2）检查在曲面的拟合和放样过程中是否对产品的细节特征有影响，若在此过程中改变了产品的细节特征，则须重新建模。

6. 学习评价

三坐标标准件模型重构学习评价如表 3-2 所示。

表 3-2 三坐标标准件模型重构学习评价

序号	评价内容	评价标准	评价结果
1	理论知识	掌握 Geomagic Design X 软件中的平面、线等构建命令，以及面片草图、拉伸、放样、面片拟合、缝合等建模命令的使用方法	是 □ 否□
2	操作技能	能够使用 Geomagic Design X 软件中的面片草图命令完成长方体、圆柱、圆锥、球等基本体素的绘制	是 □ 否□
		能够利用 Geomagic Design X 软件完成三坐标标准件的逆向造型	是 □ 否□
3	职业素养	具有精益求精的工匠精神	是 □ 否□

4

点火枪逆向造型

▍项目描述

点火枪在石油、化工等行业中使用较多，本项目取材自某"创想杯"增材制造（3D 打印）设备操作员竞赛，与企业真实生产密切相关。点火枪左右两侧关于中心对称，属于典型的对称件。点火枪握把有大量的曲面，属于复杂的曲面建模。本项目对点火枪整体外观（图 4-1、图 4-2）进行产品逆向造型，主要针对点火枪握把曲面进行再设计，使其满足人体工学需求，同时关注各部分间的连接构成。点火枪具有耐高温的要求，多为金属外壳，反光程度较高。造型过程如下：先使用手持激光扫描仪 BYSCAN750LE 获取产品外观数据（数据采集），再利用数据处理软件 ScanViewer 进行数据平滑光顺（数据处理），最后通过 Geomagic Design X 软件将网格化数据重构为实体（模型重构）。

图 4-1　点火枪整体外观 1　　图 4-2　点火枪整体外观 2

▍学习目标

通过本项目的学习，达成如下学习目标。

知识目标	能力目标	思政要素和职业素养目标
① 掌握高反光物体的扫描特点； ② 掌握 Geomagic Design X 软件中面片拟合、放样、分割区域、曲面延伸、曲面修剪等命令的使用方法	① 能够使用手持式激光扫描仪完成点火枪的扫描，获取扫描数据； ② 能够使用 Geomagic Design X 软件面片拟合、放样等命令完成曲面的构建； ③ 能够利用 Geomagic Design X 软件完成点火枪的逆向造型	① 遵规守纪，团结协作，爱护设备，钻研技术； ② 树立质量意识和信誉意识，弘扬工匠精神
对接 1+X 增材制造模型设计（中级）要求		

任务 *4.1* 点火枪数据采集与处理

☞ **核心概念**

高反光物体的激光扫描：当激光扫描高反光物体时，高亮的位置会大范围反射激光，导致三维扫描仪无法捕获其几何细节；在扫描前在扫描对象上喷显像剂或粉末，有助于捕捉高反光物体的外形数据信息。

💻 **任务实施**

1. 获取信息

（1）点火枪由底座、握把、腔体、枪筒、尾部五个部分构成，其中握把和腔体以曲面为主，各部分间有曲面过渡。材质为金属，反光度较高。

（2）点火枪的底面有圆孔、定位孔等特征。

（3）了解针对高反光物体使用的显像剂或粉末。

2. 制订计划

本项目中的数据测量硬件采用手持激光扫描仪 BYSCAN 750LE（同项目 2），配合 ScanViewer 软件进行数据处理。点火枪的外观为金属材质，反光度较高，须做喷粉处理。

对于因操作人员经验不足等人为因素或环境变化等随机因素而产生的异常点，须通过噪点去除技术剔除。

3. 做出决策

相比显像剂，痱子粉在物体表面的附着更加均匀，更易操作，因此，本项目在扫描前，先将痱子粉均匀涂抹在点火枪表面，进行喷粉处理。本项目中的点火枪的曲面较多，为减少标记点对曲面数据的影响，需在物体表面贴上 1.43mm 直径的标记点。扫描前须贴标记点，在扫描过程中先扫描标记点再扫描激光点。点火枪底面有特征，须采用正反两次扫描，然后将两组数据使用"标记点拼接"命令进行拼接。

扫描结束后，通过 ScanViewer 软件手动框选噪点，将操作过程中产生的噪点剔除。使用"封装"命令将点云数据封装生成三角网格面，对三角网格进行编辑、删减处理。

4. 实施计划

Step1 进行扫描前处理

因为点火枪曲面处经过打磨处理，反光程度较高，所以扫描之前需要均匀地涂抹痱子粉，然后粘贴直径为 1.43mm 的标记点，如图 4-3 所示。

视频：扫描前处理

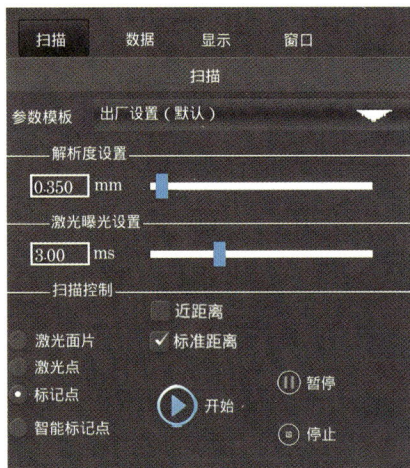

图 4-3　扫描前处理

Step2 扫描标记点

01 参数设置。打开 ScanViewer 软件，进行如图 4-4（a）所示的参数设置，将解析度设置为 0.35mm，将激光曝光参数设置为 3.00ms；在"扫描控制"选项区域中点选"标记点"单选按钮。扫描设置如图 4-4（b）所示，单击"高级参数设置"折叠按钮，打开"高级参数设置"对话框，在"标记点设置"选项区域中，根据粘贴的标记点型号勾选"1.43mm"复选框，选择完成后单击"应用"按钮。

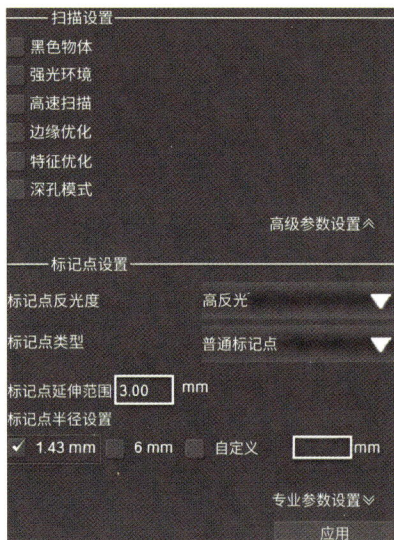

（a）解析度设置　　　　　　　　（b）扫描设置

图 4-4　扫描参数设置

02 扫描标记点。将点火枪放置在转盘上，使扫描仪正对点火枪，按下扫描仪上的激光开关键，开始扫描标记点。扫描标记点时的场景如图 4-5 所示。

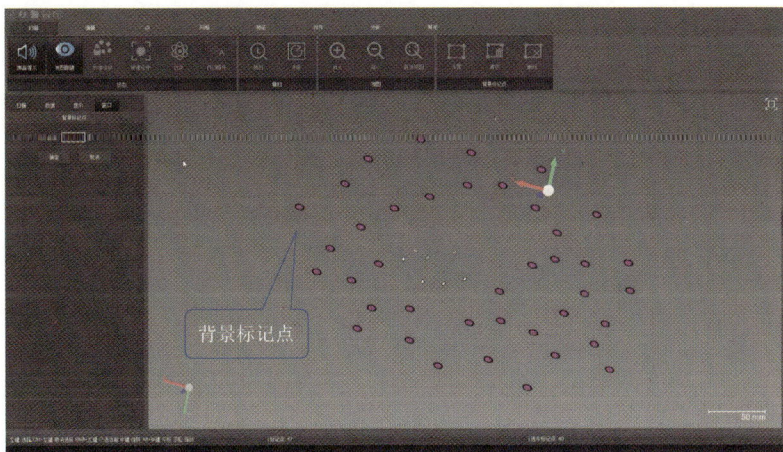

图 4-5　扫描标记点时的场景

03 标记点优化。标记点扫描完毕后，先按下扫描仪上的激光开关键关闭光源，再单击 ScanViewer 软件中的"停止"按钮。初次扫描标记点后，可使用"优化"命令对标记点的定位进行优化。转盘上的标记点起到辅助定位作用，应将转盘所在平面设置为背景面，设置后此面上的数据不会被扫描。框选转盘平面上的标记点，单击"设置"按钮，在"背景标记点"面板中将偏移距离设置为 0，此面即背景标记点所在平面，此平面及平面以下的数据不会被识别。设置背景标记点如图 4-6 所示。

图 4-6　设置背景标记点

单击 ScanViewer 软件"工程"选项卡中的"保存"按钮，选择保存为"工程文件"即可。

Step3　第一次扫描激光点数据

01 激光点数据扫描。在"扫描控制"选项区域中点选"激光面片"单选按钮，然后单击"开始"按钮，如图 4-7 所示。将扫描仪正对点火枪，距离为 300mm 左右，按下扫描仪上的扫描键，进入多条激光（红光）模式，开

视频：第一次扫描激光点数据

始扫描，如图 4-8 所示。

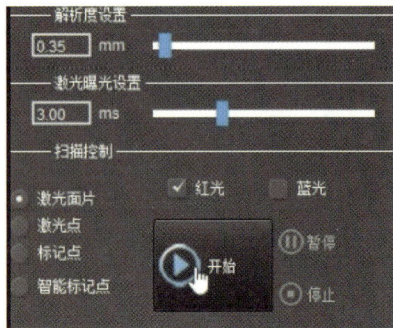

图 4-7　切换扫描模式

图 4-8　扫描点火枪

在扫描过程中可以按下扫描仪上的视窗放大键，相应地放大 ScanViewer 软件视图，便于观察细节。同时，在扫描过程中可以平缓地转动转盘，以辅助扫描。当遇到深槽等不易扫描的部位时，可以双击扫描仪上的扫描键，切换到单条激光线（红光）模式。

02　激光点数据处理。扫描完成后，单击 ScanViewer 软件中的"停止"按钮，选中与点火枪无关的数据，然后按 Delete 键将其删除。扫描处理如图 4-9 所示。

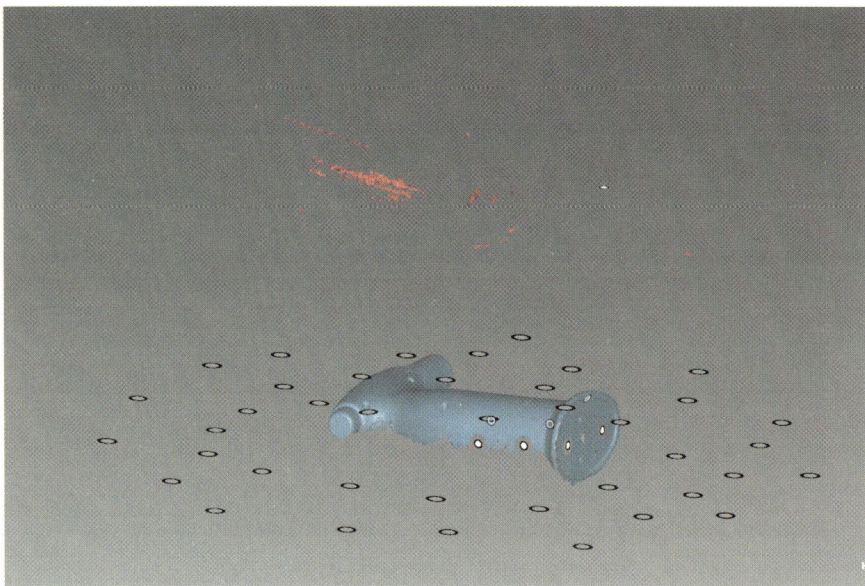

图 4-9　扫描处理

Step4　第二次扫描激光点数据

01　新增扫描项目。在 ScanViewer 软件"工程"选项卡中选择"新增"命令，新增一个项目，如图 4-10 所示，此项目不会覆盖之前的扫描数据所在的项目。

图 4-10　新增项目

02　零件翻面。将零件翻面，摆放方式如图 4-11（a）所示。扫描此面数据的方式与之前数据扫描的步骤相同，最后得到经过处理的数据，如图 4-11（b）所示。

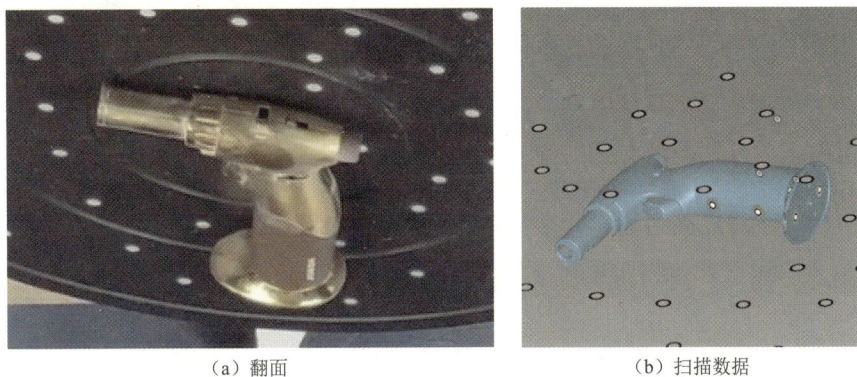

（a）翻面　　　　　　　　　　　　　　　　　（b）扫描数据

图 4-11　第二次扫描

Step5　拼接标记点

在两个项目上右击，在打开的快捷菜单中分别选择"设置 Reference"和"设置 Test"命令，如图 4-12 所示。设置完成后，单击"标记点拼接"按钮，打开标记点拼接界面，左上方为 Reference 窗口，左下方为 Test 窗口，最右侧为拼接预览窗口，如图 4-13 所示。

图 4-12　设置新项目属性

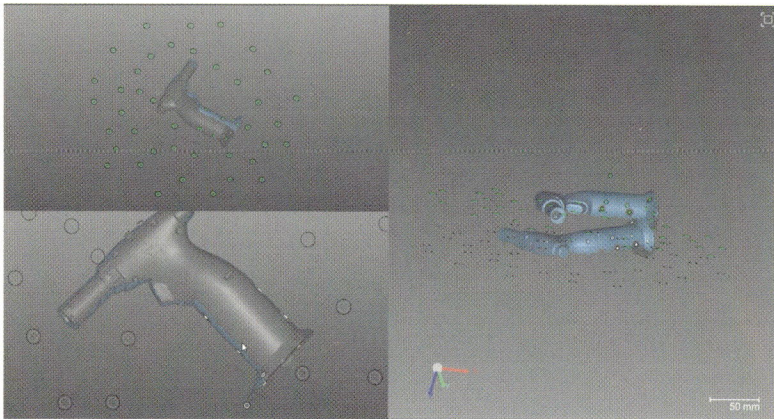

图 4-13 标记点拼接界面

在"标记点拼接"选项区域中勾选"合并"复选框，在 Test 窗口选中与 Reference 窗口共同拥有的至少四个标记点。选择完成后，单击"应用"按钮，可在预览窗口观察拼接数据，如图 4-14 所示。确认拼接无误后，单击"确定"按钮，此时标记点拼接完成，拼接后的数据存储在 Reference 项目中。

图 4-14 选择拼接用标记点

Step6　网格封装

01　网格封装。选择"网格化"命令，打开"网络化"面板，勾选"填补标记点"复选框，单击"确定"按钮，在状态栏提示"进度"情况，并且软件视图中出现进度条，如图 4-15 所示。

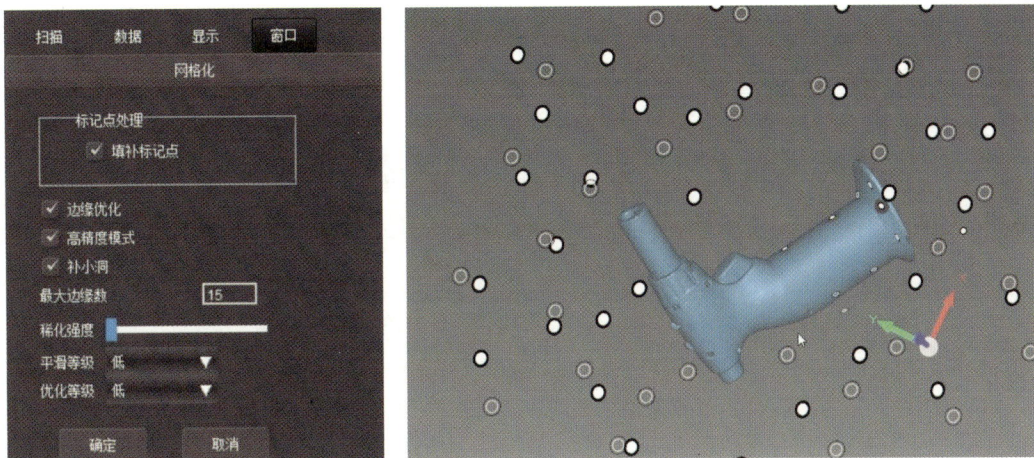

图 4-15　网格化处理

02　保存数据。网格化后的数据如图 4-16 所示。选中须保存的 stl 数据项目，单击 ScanViewer 软件"工程"选项卡中的"保存"按钮，选择"网格文件"命令，在打开的"另存为"对话框中输入文件名，然后单击"保存"按钮。

图 4-16　网格化后的数据

5. 检查控制

（1）检查扫描数据是否完整。检查扫描数据是否涵盖点火枪的所有细节特征，若有特征缺失，则须按照实施计划补充细节特征的采集。

（2）检查保存格式。将封装后的网格文件保存为 stl 格式，将点云数据保存为 asc 格式。

6. 学习评价

点火枪数据采集与处理学习评价如表 4-1 所示。

表 4-1 点火枪数据采集与处理学习评价

序号	评价内容	评价标准	评价结果
1	理论知识	理解高反光物体的扫描特征	是 □　否□
2	操作技能	能够将痱子粉或显像剂均匀喷涂在点火枪表面	是 □　否□
		能够使用手持激光扫描仪完成点火枪的扫描，获取扫描数据	是 □　否□
3	职业素养	具有良好的设备操作习惯，养成设备维护与保养的良好素养	是 □　否□
		工作认真、严谨，扫描数据完整	是 □　否□

任务 4.2 点火枪模型重构

☞ 核心概念

对称中心：又称对称心、反伸中心，是对称要素之一。对称中心是物体或图形中的一个假想的定点，在通过此点的任意直线上，其两边等距离处必有对应的相同部分。借助对称中心的倒反作用，可使对应的相同部分相互重复。

3D 草图：又称空间曲线，不选取平面作为载体，可以直接在图形区域绘制的空间草图。

面填补：根据所选曲面边界创建曲面，在修复损坏曲面片或只封闭开放的曲面体方面十分有用。使用面填补命令时，选取的曲面边线应形成封闭的轮廓线，边线的端点应相交以免构面失败，同时还可以约束曲面与周边曲面的连续性关系，进而控制整个曲面的表面质量。面填补命令常用于构建多个曲面的拼接面，是产品逆向造型过程中可将曲面转变为实体的重要命令。

💻 任务实施

1. 获取信息

（1）取得点火枪的处理后数据，保存为 stl 格式。

（2）产品的曲面精度要求不高，逆向造型精度要求控制在 ±0.05mm 以内。

（3）了解 Geomagic Design X 软件中常用的面片拟合、放样、3D 草图、面填补、曲面延伸、曲面修剪等建模命令。

2. 制订计划

根据点火枪数据采集网格化后的模型，按照正常逻辑的逆向流程，进行点火枪的逆向造型，要求造型实体尺寸、位置规整，制作曲面片，和网格数据偏差不超过±0.05mm。其中，技术难点主要体现在根据网格数据进行面片拟合、两面之间平滑过渡，需仔细观察、分析零件的情况。为了保证模型的整体性能，必须先进行合理的草图设计，通过使用放样、拉伸等命令得出模型的规则结构，再使用面片拟合、放样、切割、延长、缝合、圆角、倒角等命令进行相应处理，最终获得表面形状、尺寸在精度要求范围内的点火枪实体模型。观察可知，曲面部分为左右对称，可以根据握把上的按钮找到对称中心，建模时只需做出一半的曲面，通过镜像可完成另一半曲面的创建。

3. 做出决策

（1）确定坐标系。通过分析可知，点火枪需要竖立放置，因此可将其底面平面的法线方向设置为 Z 轴正向；点火枪的上半部分左右对称，通过按钮左右两平面可以得到对称中心面，由此中分面确定 X 轴方向。选取底部圆孔的中心作为坐标原点。

（2）创建主体。点火枪可以分为底座、握把、腔体、枪筒、尾部五个部分，由结构特征与曲面组成。底座及尾部多为结构特征，可以使用拉伸、拔模、放样、倒角等命令来完成；握把、腔体及连接部分多为曲面特征，可以使用面片拟合、放样、面填补等命令完成曲面间的连接，进而完成主体的创建。

（3）完成细节特征。完成主体造型后，继续完成螺栓孔、尾部花纹、腔体筋板等细节特征，构建点火枪模型，如图 4-17 所示。

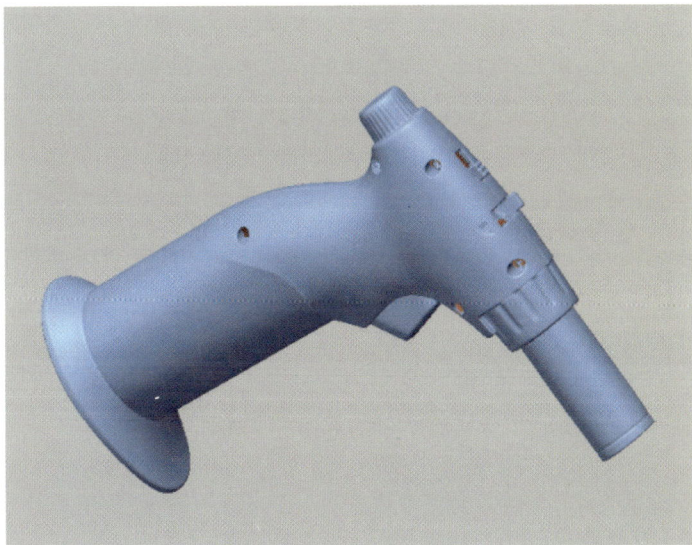

图 4-17　点火枪模型

4. 实施计划

Step1 导入数据

打开软件，导入点云数据。打开 Geomagic Design X 软件，进入软件默认界面状态，选择"初始"→"文件"→"导入"命令，打开"导入"对话框，如图 4-18 所示。选择"STL files（*.stl）"文件类型，选择名称为"点火枪.stl"的文件，单击"仅导入"按钮，如图 4-19 所示。

图 4-18 "导入"对话框

图 4-19 选择文件

此时，点火枪的点云数据就显示在软件界面中，如图 4-20 所示。

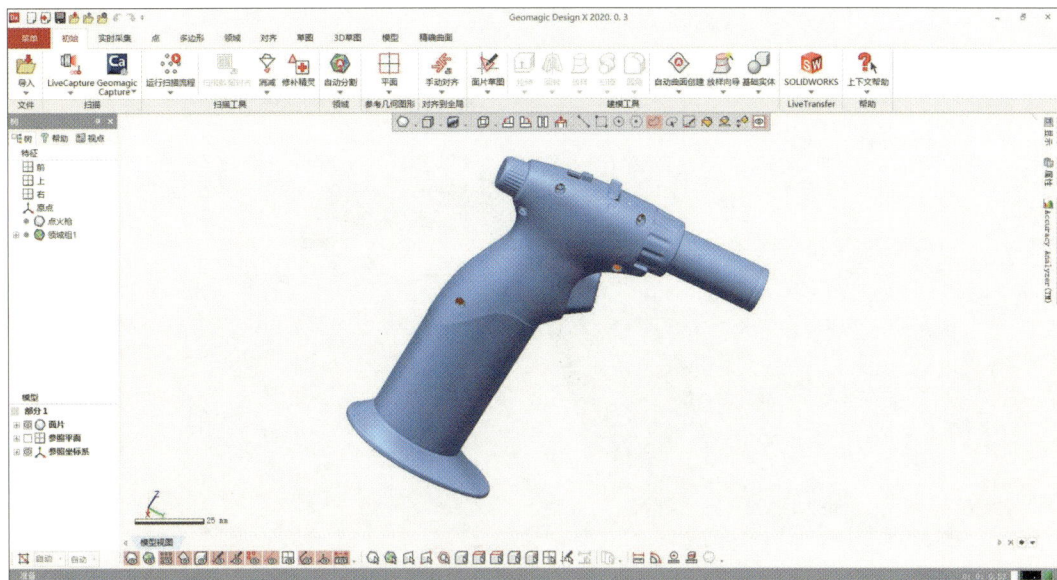

图 4-20　点火枪的点云数据

Step2　对齐坐标系

01　分割领域。选择"领域"→"自动分割"命令，打开"自动分割"对话框，"对象"选择导入的 stl 数据，"敏感度"采用默认设置，"面片的粗糙度"选择"光滑"，如图 4-21 所示。

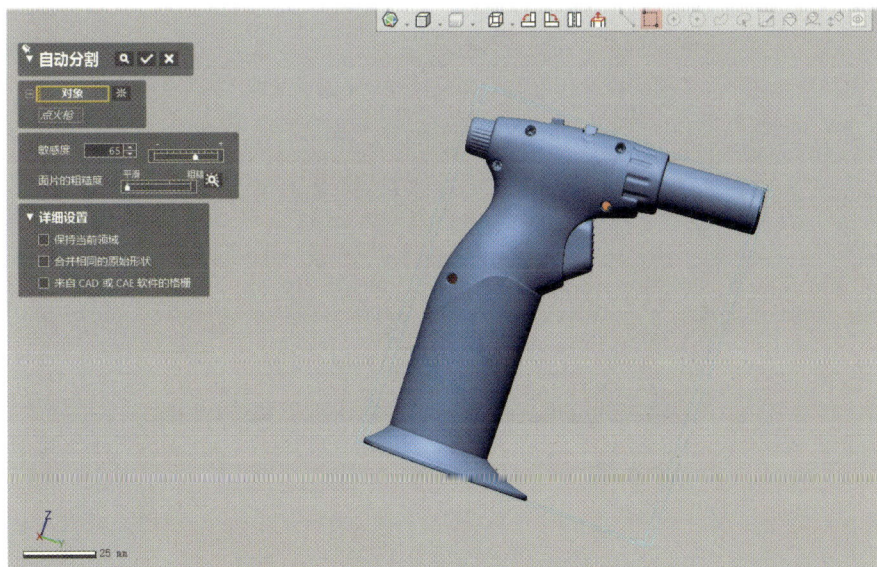

图 4-21　参数设置

视频：点火枪
逆向流程制作

参数设置完成后，单击"√"按钮完成自动分割。自动分割效果如图 4-22 所示。

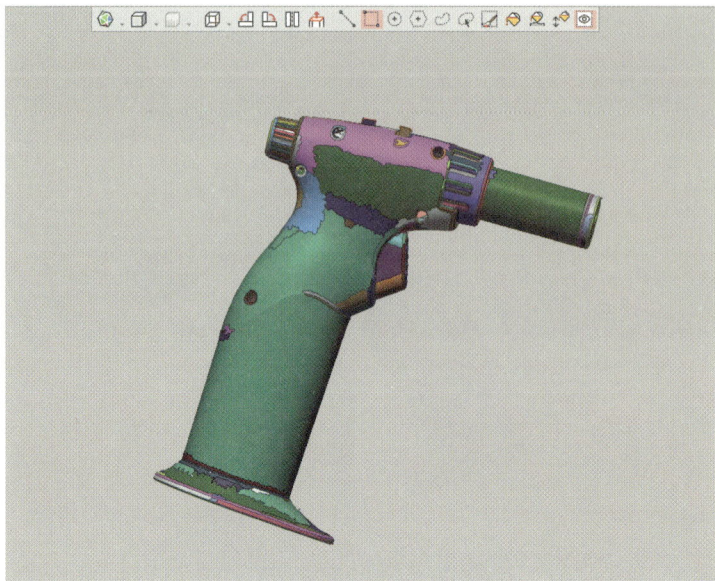

图 4-22　自动分割效果

02 创建坐标系元素。

① 创建 XY 平面。观察需要作为 XY 平面的底部平面情况，领域为底部绿色平面，如图 4-23 所示。

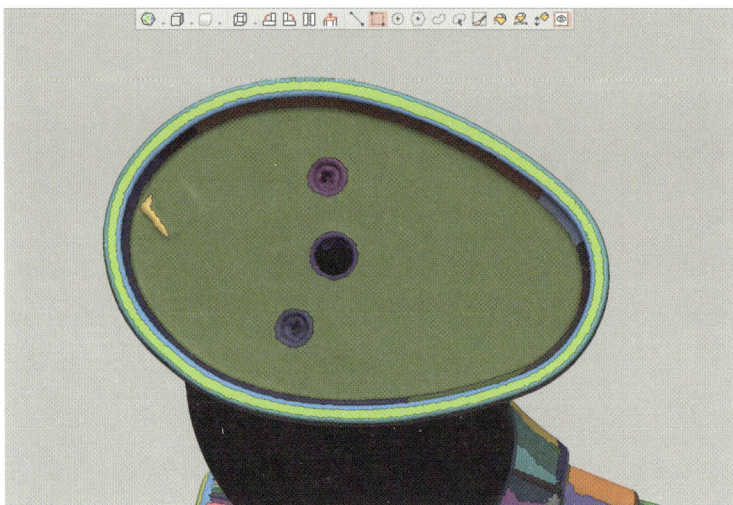

图 4-23　XY 平面领域分布

创建 XY 平面所在平面，选择"模型"→"参考几何图形"→"平面"命令，打开"追加平面"对话框，"要素"选择如图 4-24 所示的底面平面，"方法"选择"提取"，如图 4-24 所示。

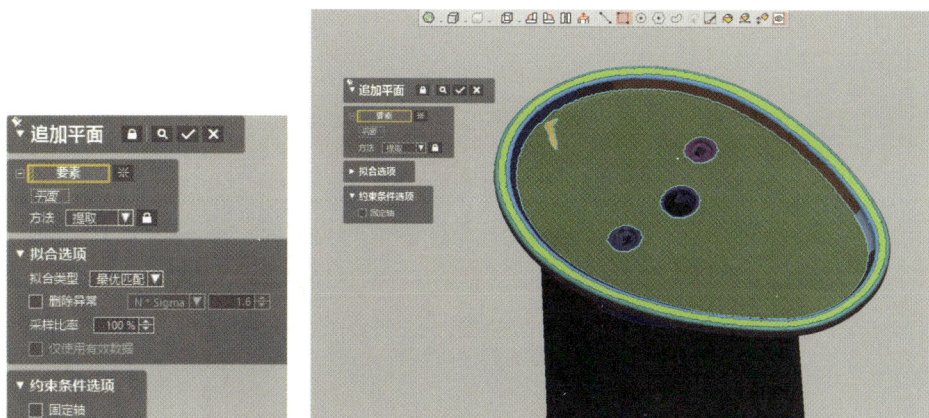

图 4-24 *XY* 平面所在平面的创建

参数设置完成后，单击"√"按钮使设置生效，"平面1"创建完成，如图4-25所示。

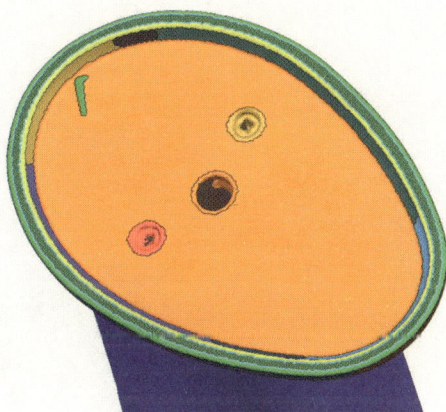

图 4-25 "平面 1"

② 创建对称平面。选择"平面"命令，打开"追加平面"对话框，如图 4-26（a）所示，"要素"选择如图 4-26（b）所示的按钮左右两侧的两个平面，"方法"选择"平均"，如图 4-26 所示。

（a）　　　　　　　　　　　　（b）

图 4-26 创建对称平面

参数设置完成后，单击"√"按钮使设置生效，"平面2"（图4-27中的中心平面）创建完成，如图4-27所示。

图4-27　"平面2"

分析可知，创建的"平面2"与"平面1"不正交，无法直接作为坐标对齐元素使用，须构建相交曲线，并向"平面1"投影得到方向线。

选择"平面"命令，打开"追加平面"对话框，"要素"选择如图4-25所示的"平面1"，"方法"选择"偏移"，拖动蓝色箭头到可截取"平面 2"的位置，单击"√"按钮，得到"平面3"，如图4-28所示。

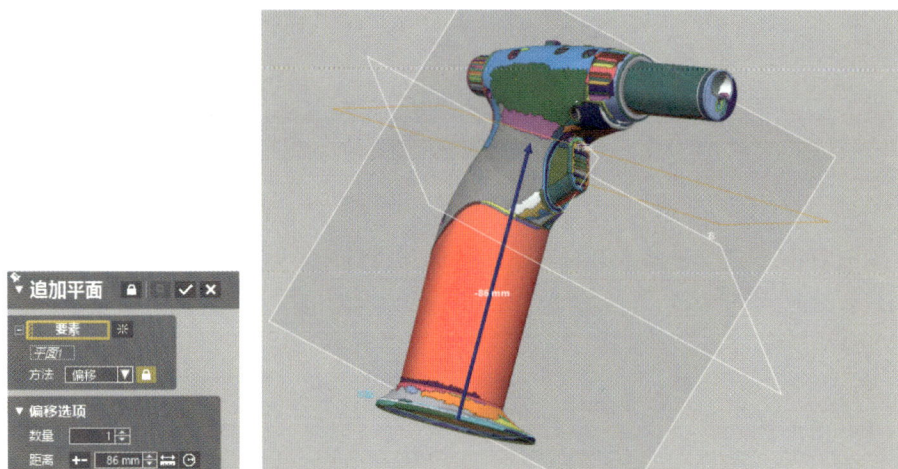

图4-28　"平面3"

得到"平面 3"以后，选择"模型"→"参考几何图形"→"线"命令，打开"添加线"对话框，选择"要素"为"平面2"与"平面3"，"方法"选择"2平面相交"，参数设置完成后，单击"√"按钮使设置生效，得到相交线——线1，如图4-29所示。线1在底面的投影即"平面2"与底面的相交线，做垂直于底面且通过线1的平面，该平面即产品的对称平面。

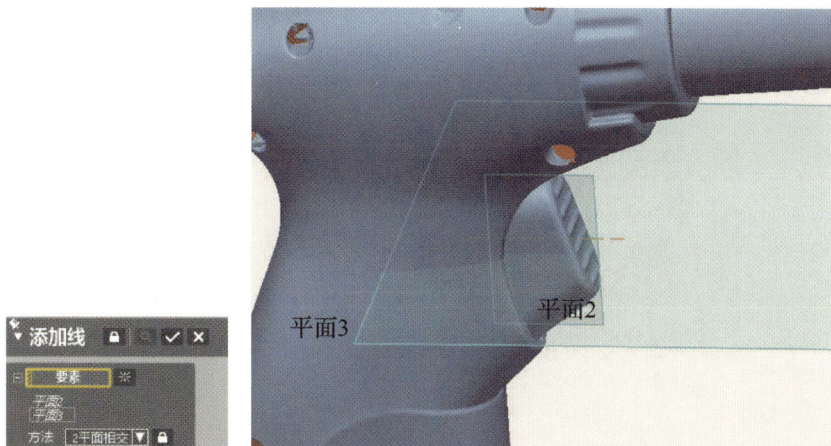

图 4-29　相交线创建

③ 确定坐标原点的位置。在底面（"平面 1"）确定坐标原点的位置。

选择"草图"→"面片草图"命令，打开"面片草图的设置"对话框，选择"平面 1"作为基准平面，拖动细长箭头至底孔圆轮廓隐约显现，单击"√"按钮完成面片草图的创建，如图 4-30 所示。

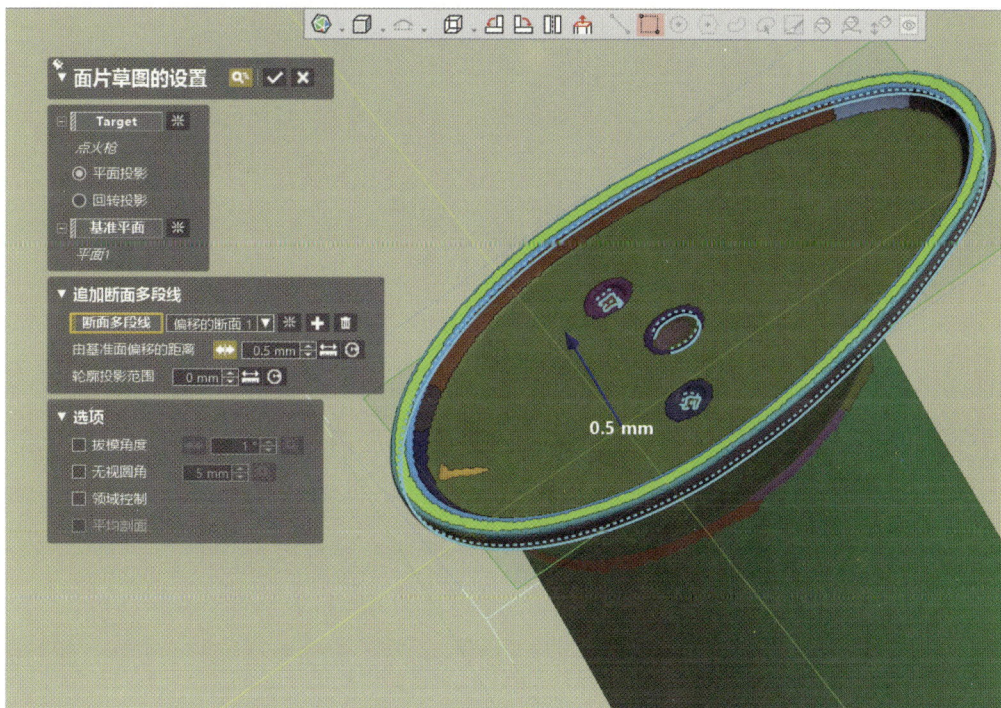

图 4-30　面片草图的创建

选择"转换实体"命令，打开"转换实体"对话框，"元素"选择线 1，将线 1 投影到面片草图中，如图 4-31 所示。

图 4-31　转换实体

将鼠标指针移至线段蓝色端点上，按住鼠标左键并拖动鼠标，延长线段至超过底孔范围，如图 4-32 所示。

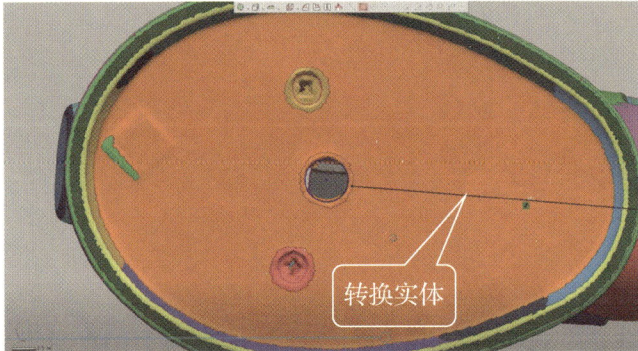

图 4-32　延长线段

绘制底部圆的轮廓。选择"圆"命令，打开"圆"对话框，勾选"拟合多段线"复选框，单击"√"按钮完成圆拟合，如图 4-33 所示。可通过按 Ctrl+1 组合键或单击软件界面下方的"面片"按钮，将 stl 数据隐藏，以方便观察。

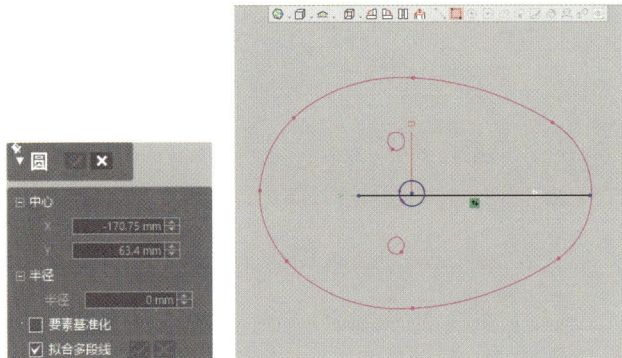

图 4-33　圆拟合

选择"直线"命令，单击圆心，绘制一条垂直于投影线（线 1 在底面的投影）的线段，如图 4-34 所示。

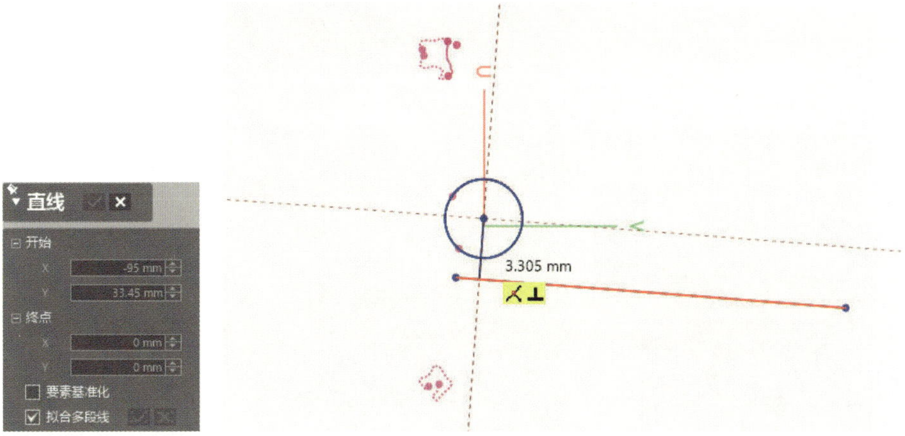

图 4-34　绘制直线

使用"调整"命令，在不影响位置关系的情况下可将线段延长至与投影线相交。两条线的交点即坐标原点，此时可以将圆删除，如图 4-35 所示。完成线段的绘制后，单击软件左上角的"退出"按钮，退出草图。

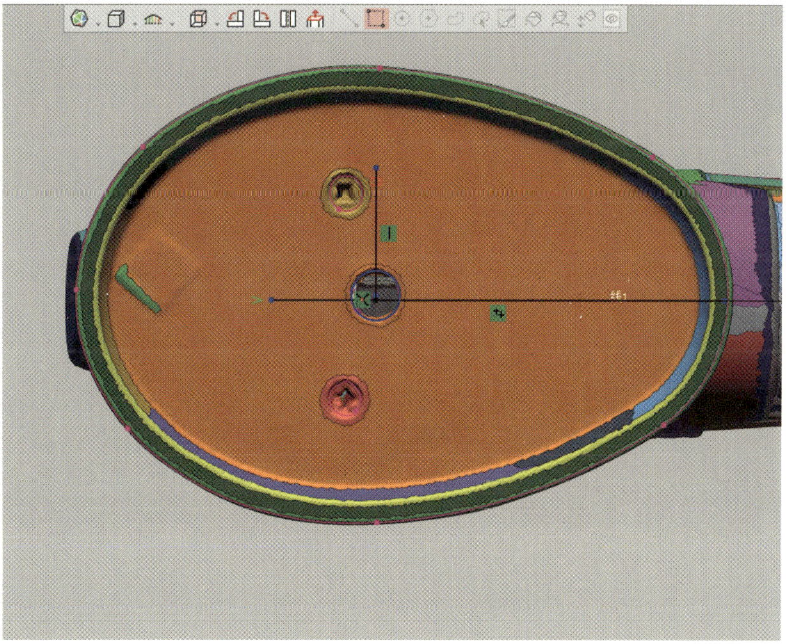

图 4-35　调整线段

④　确定坐标系对齐所需平面。选择"模型"→"创建曲面"→"拉伸"命令，打开"拉伸"对话框，"轮廓"选择草图上的两条线段，按住鼠标左键将蓝色箭头拖动至 60mm 处，单击"√"按钮完成片体拉伸，分别得到面 1 和面 2，如图 4-36 所示。

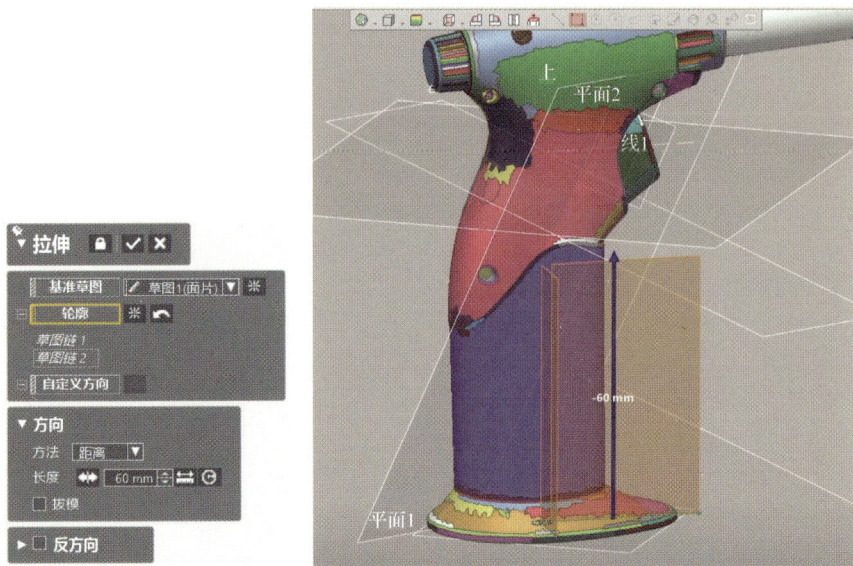

图 4-36　片体拉伸

03 对齐坐标系。将数据坐标系对齐至世界坐标系。选择"对齐"→"手动对齐"命令，打开"手动对齐"对话框，单击"→"按钮进入下一步，如图 4-37 所示。

图 4-37　使用"手动对齐"命令

在"手动对齐"对话框中，在"移动"功能下点选"X-Y-Z"单选按钮，按住 Ctrl 键，"位置"选择之前创建的"平面 1"、面 1 和面 2，"Z 轴"选择"平面 1"，单击"反转"按钮将 Z 轴方向反转，"X 轴"选择"面 1"，如图 4-38 所示。

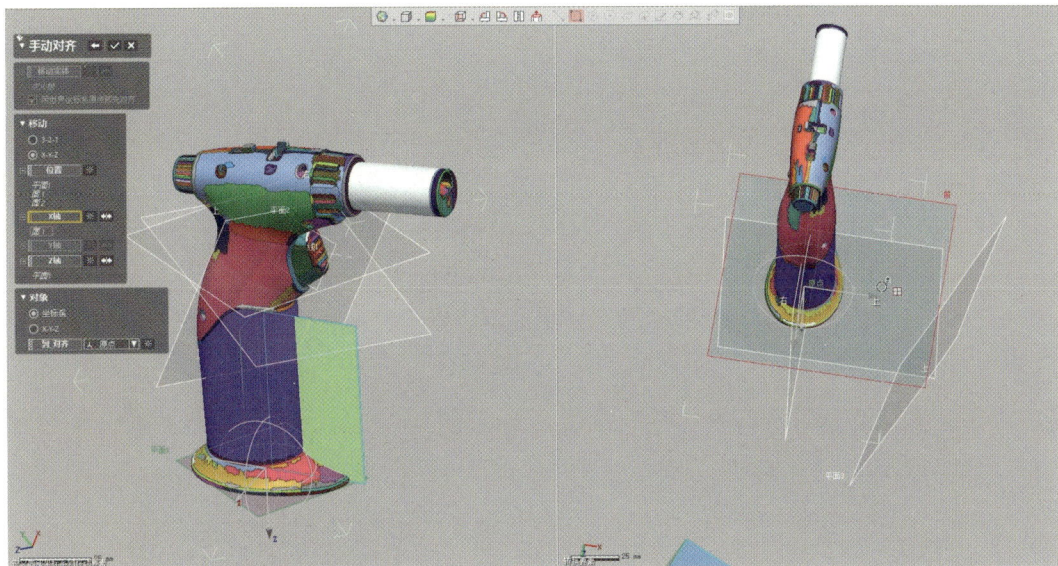

图 4-38　对齐要素选择

单击"√"按钮使设置生效，至此，坐标系对齐完成，如图 4-39 所示。此时可将之前所做的面与线删除或隐藏，因为后面无须使用。

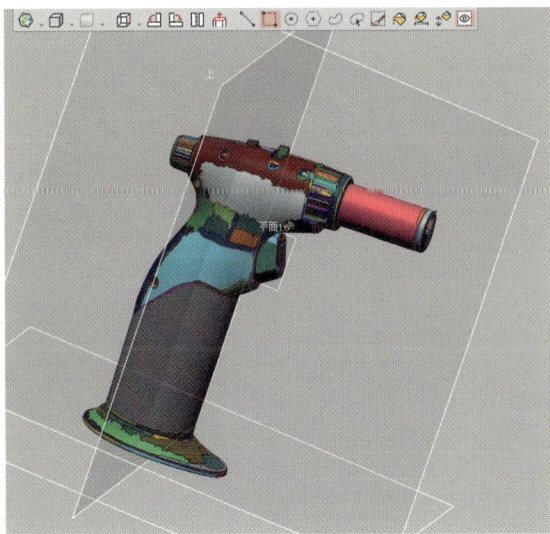

图 4-39　坐标系对齐

Step3　绘制主体特征

1）绘制底座特征

01　绘制底座曲线。选择"草图"→"面片草图"命令，打开"面片草图的设置"对话框，"基准平面"选择前视基准面，拖动截面蓝色箭头至可将底座截取得较为完整的轮廓线处，设置"拔模角度"为 5°，如

视频：底面基准绘制

127

图 4-40 所示。

图 4-40　参数设置

单击"√"按钮使设置生效，此时会进入面片草图界面，单击软件界面下方的"面片"按钮，隐藏 stl 数据。图 4-41 中的线条即截面线。

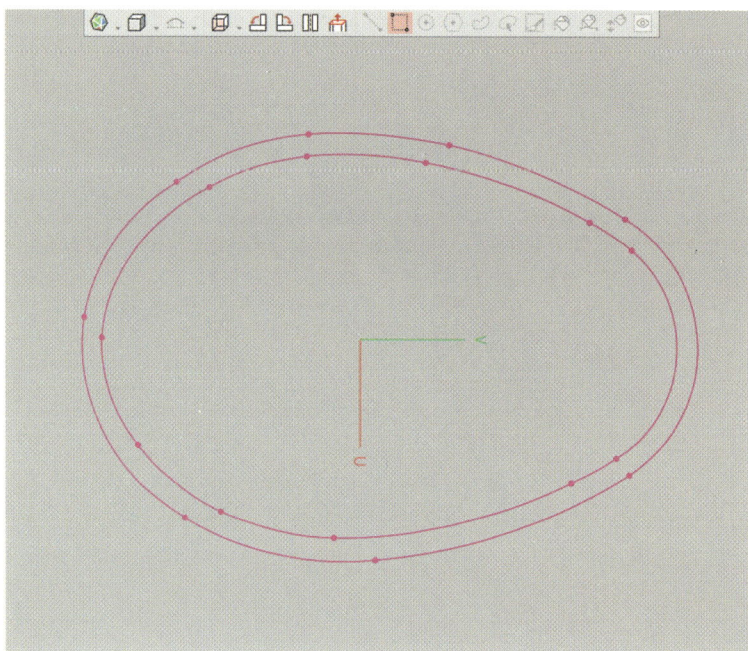

图 4-41　面片草图 1

使用"3 点圆弧"命令拟合出外轮廓线条。双击选中一条圆弧线段作为约束基准，按住 Ctrl 键选择另一条需要约束的圆弧线段，添加"相切"约束，为所有圆弧线添加"相切"约束。绘制外轮廓如图 4-42 所示。

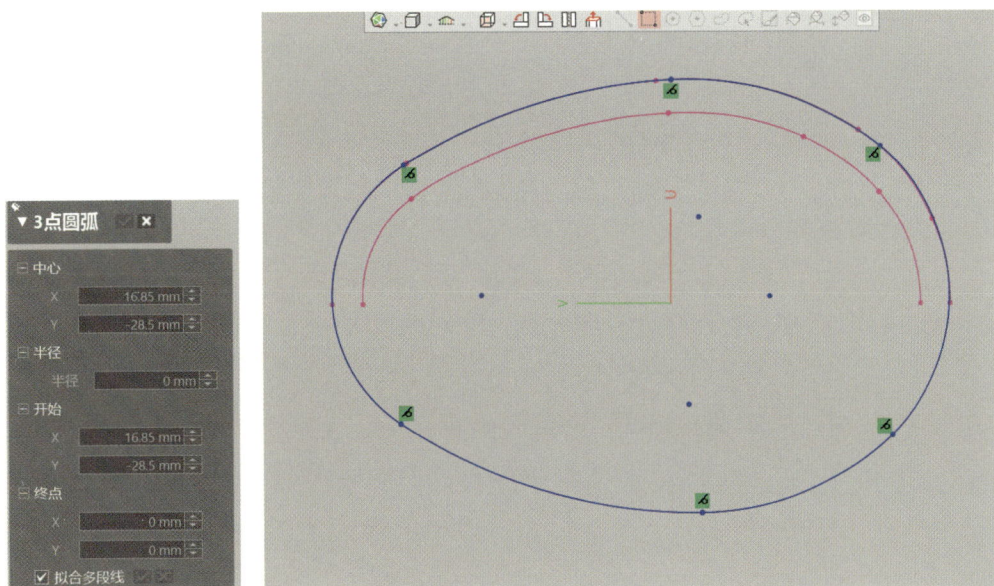

图 4-42　绘制外轮廓

草图绘制完成后，需对尺寸进行约束（未进行尺寸约束时呈蓝色状态）。使用"智能尺寸"命令分别约束圆弧的半径尺寸及圆心的定位尺寸，并将数值进行圆整，如图 4-43 所示。

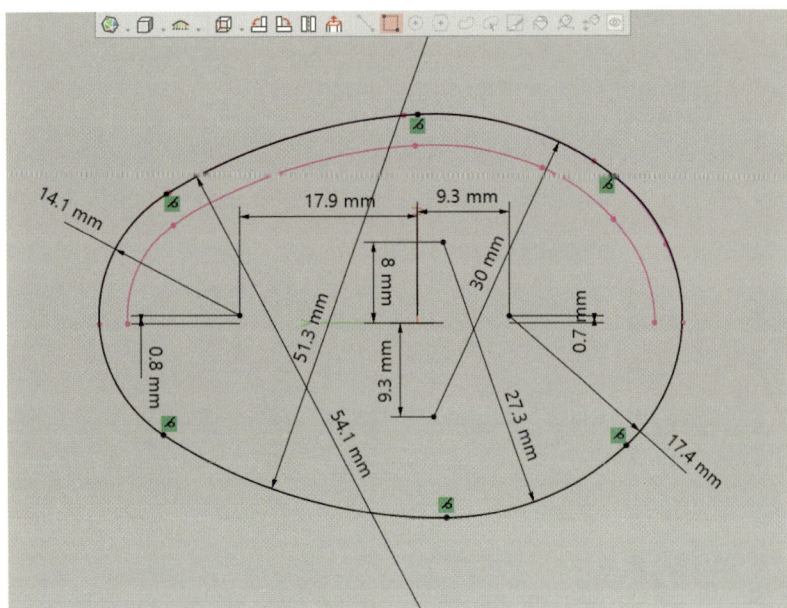

图 4-43　约束尺寸

尺寸全部约束后，单击软件界面左上角的"退出"按钮，退出草图，如图 4-44 所示。

图 4-44 退出草图

02 拉伸底座主体。选择"模型"→"创建实体"→"拉伸"命令,打开"拉伸"对话框,"轮廓"选择前面所做的底座外轮廓,距离设置为 1.7mm,勾选"拔模"复选框,设置"角度"为 5°,拉伸底座得到拉伸 1,如图 4-45 所示。完成后,使用"体偏差"命令检查底座造型是否在偏差允许的范围内,如图 4-46 所示。

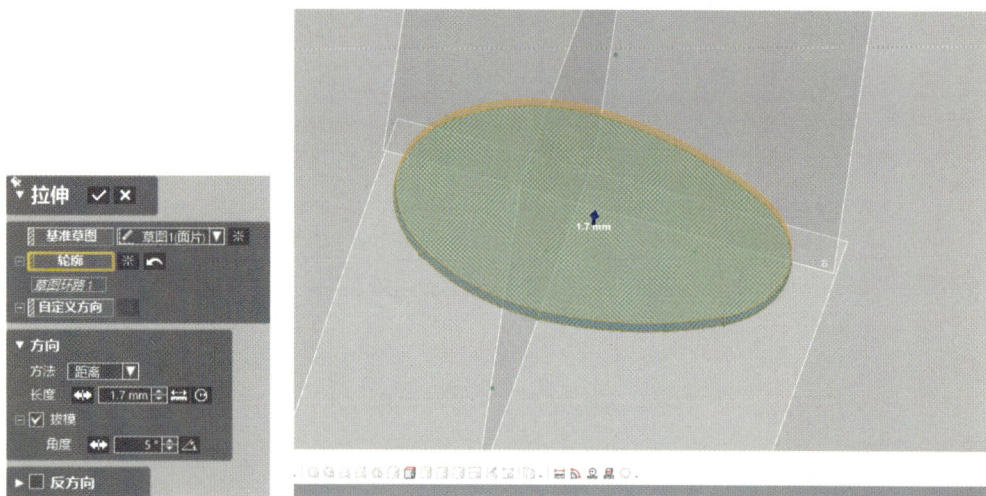

图 4-45 拉伸 1

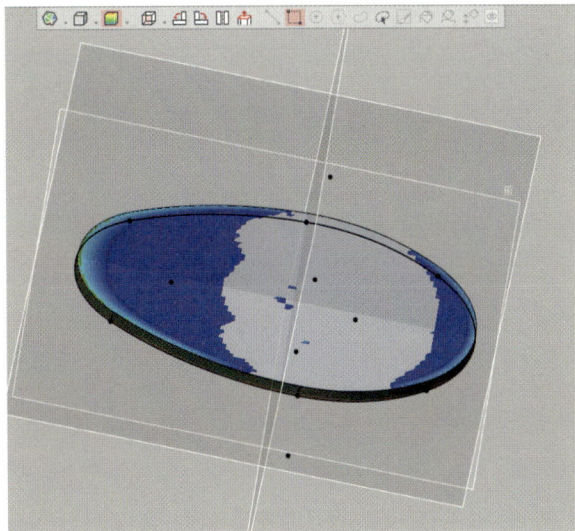

图 4-46　体偏差检查

2）绘制握把特征

握把形状类似椭圆柱，因为其上下两部分的轮廓线不完全一致，所以需要分别将上下两部分的轮廓绘制出来，通过放样曲面完成特征的创建。

视频：型技术项目实践-握把特征绘制

01 绘制上下两个部分轮廓曲线。

① 创建上下两个部分截取平面。选择"平面"命令，打开"追加平面"对话框，"要素"选择前视基准面，"方法"选择"偏移"，设置"距离"为 10mm。创建的平面 1 如图 4-47（a）所示。选择相同的命令，"要素"选择平面 1，设置"距离"为 33mm。创建的平面 2 如图 4-47（b）所示。

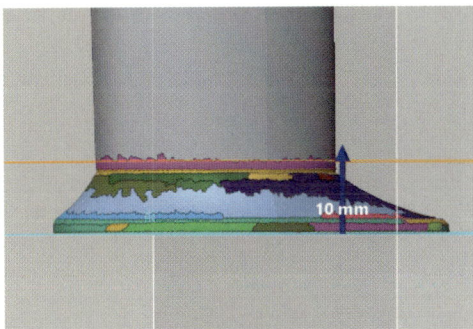

（a）平面 1

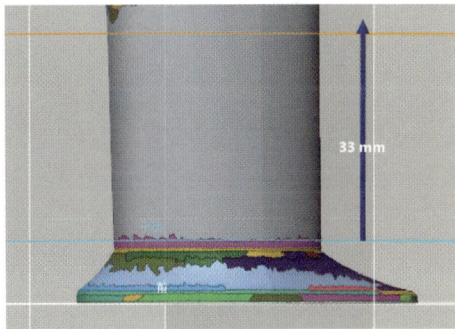

（b）平面 2

图 4-47　平面 1 和平面 2

② 创建上部轮廓曲线。选择"面片草图"命令，在平面 1 上创建草图，选择"椭圆"命令，打开"椭圆"对话框，勾选"拟合多段线"复选框，选择四段圆弧线，拟合成椭圆，使用"智能尺寸"命令约束尺寸。绘制面片草图 2 如图 4-48（a）所示。

③ 创建下部轮廓曲线。以平面 2 为草图平面创建面片草图，使用"3 点圆弧"命令做

出外轮廓，做好相切约束，使用"智能尺寸"命令约束尺寸。面片草图 3 如图 4-48（b）所示。

（a）面片草图 2 　　　　　　　　　　　　（b）面片草图 3

图 4-48　绘制面片草图 2 和面片草图 3

02 放样生成握把主体。

① 使用"放样"命令生成握把主体。选择"模型"→"创建实体"→"放样"命令，打开"放样"对话框，在"轮廓"选项区域中分别选择两组轮廓线（图 4-49 中箭头所选位置即环形轮廓线的起点，两条线的起点要尽量保持一致，这样可避免放样后的实体产生扭曲、变形等问题）。放样轮廓选择如图 4-49 所示，选择同侧节点进行放样。完成后检查体偏差是否符合偏差要求。

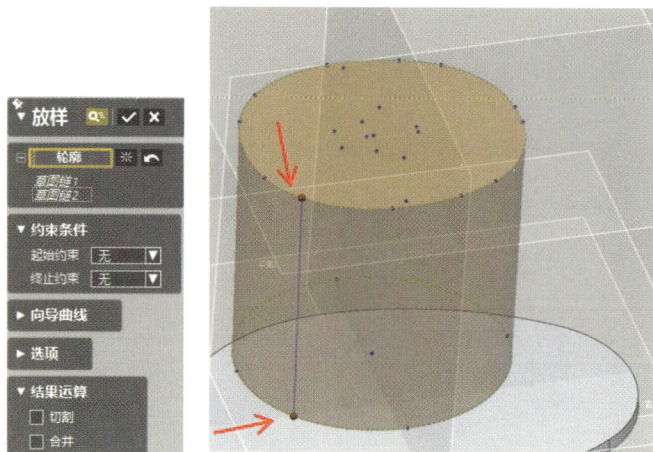

图 4-49　放样曲面 1

② 将握把主体两端面延伸至与其他部分的 stl 数据相交，为两部分的连接做准备。选择"模型"→"体/面"→"移动面"命令，打开"移动面"对话框，点选"移动"单选按钮，如图 4-50（a）所示，"面"选择放样体的顶面，"方向"也选择放样体的顶面（移动方向为顶面的法线方向），设置"距离"为 25mm，保证延伸后的握把顶面超过 stl 数据的曲面特征部分与握把的连接处，如图 4-50（b）所示。以相同的方法选择放样体的底面，设置"距离"为 1.5mm，使握把底面延伸至与 stl 数据的底部曲面相交，如图 4-50（c）所示。

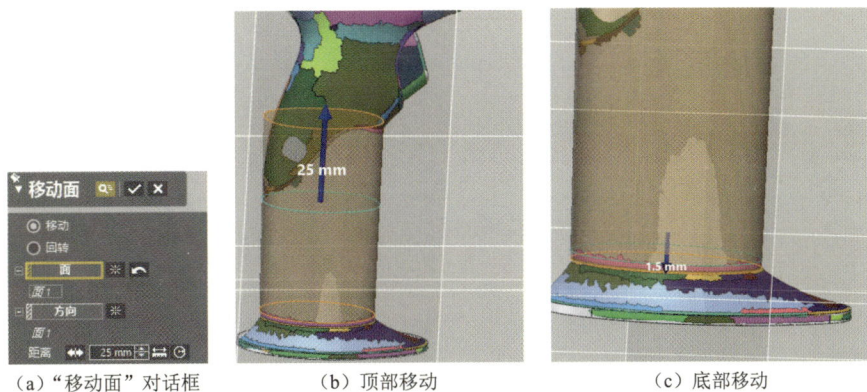

（a）"移动面"对话框　　　（b）顶部移动　　　（c）底部移动

图 4-50　"移动面"命令

3）绘制握把与底座连接部分的特征

01 创建连接面片。选择"模型"→"向导"→"面片拟合"命令，打开"面片拟合"对话框，"领域"选择底座曲面上的领域块，在"分辨率"选项区域中设置"许可偏差"为 0.1mm，其余采用默认设置，如图 4-51（a）所示；设置完成后可单击"预览"按钮预览拟合面片 1，单击"√"按钮使设置生效。使用"体偏差"命令检查拟合面片的偏差情况，如图 4-51（b）所示。若拟合后的面片不在允许的偏差范围内，则需要重新选择领域块进行拟合。这里的面片拟合 1 即所需创建的连接面片。

（a）"面片拟合"对话框　　　　　　（b）体偏差检查

图 4-51　拟合面片 1 的创建

02 将连接面片与底座连接。

① 提取底座实体外侧曲面。选择"模型"→"编辑"→"曲面偏移"命令，打开"曲面偏移"对话框，如图 4-52（a）所示，"面"选择底座实体外侧的六张面，设置"偏移距离"为 0mm，参数设置完成后单击"√"按钮使设置生效。曲面偏移 1 如图 4-52（b）所示。

视频：绘制握把与底座连接部分的特征

(a)"曲面偏移"对话框　　　　　　　　　　(b)曲面偏移 1

图 4-52　提取底座实体外侧曲面

② 延伸底座实体外侧曲面，使其与连接面片相交。选择"模型"→"编辑"→"延长曲面"命令，打开"延长曲面"对话框，选择曲面偏移 1 的上边线作为延长曲面的边线，在"终止条件"选项区域中点选"距离"单选按钮，在其后的数值选择框中输入 1mm，在"延长方法"选项区域中点选"同曲面"单选按钮，如图 4-53（a）所示；单击"√"按钮使设置生效，可见曲面偏移 1 超出连接面片范围，如图 4-53（b）所示。

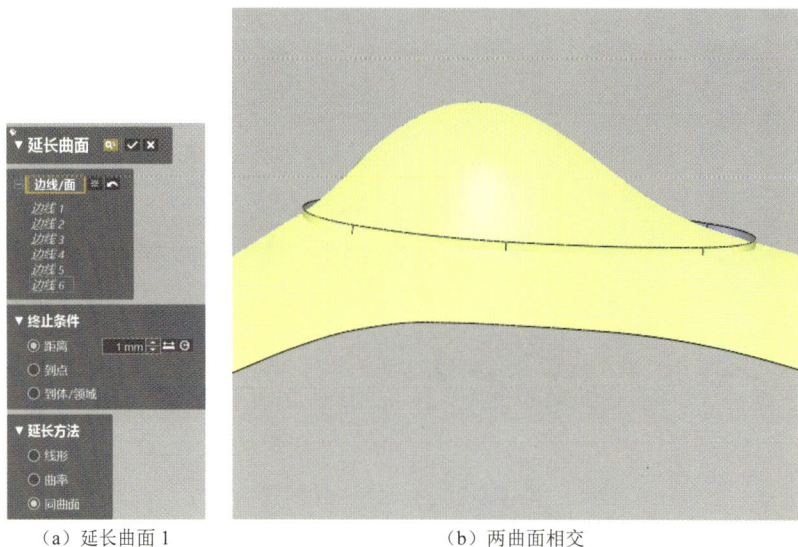

(a)延长曲面 1　　　　　　　　　　　　(b)两曲面相交

图 4-53　延伸底座实体外侧曲面

③ 修剪连接面片与底座实体外侧曲面相交的多余部分。选择"模型"→"编辑"→"剪切曲面"命令，打开"剪切曲面"对话框，"工具要素"选择曲面偏移 1，"对象体"选择连接面片（面片拟合 1），如图 4-54（a）所示；单击"→"按钮进入下一步，"结果"选项区域的"保留体"选择连接面片上的凸起部分，修剪后的连接面片为图 4-54（b）中高亮显示的部分。

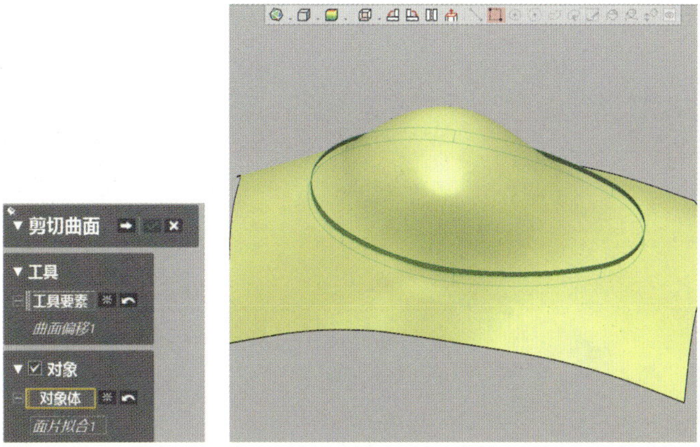

（a）选择对象体

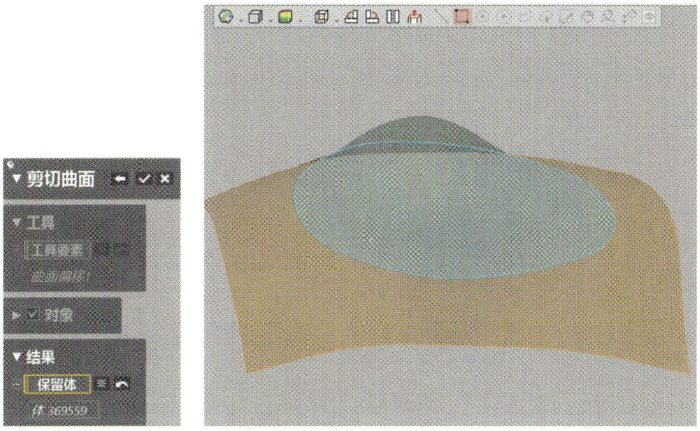

（b）选择保留体

图 4-54　剪切曲面 1

④ 提取底座的顶部平面。使用"曲面偏移"命令将底座的顶部平面提取出来，得到曲面偏移 2，如图 4-55 所示。

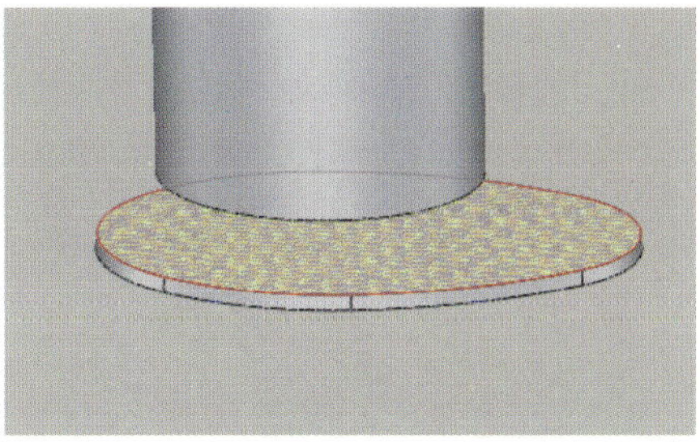

图 4-55　曲面偏移 2

观察发现，提取出的平面，面的法线方向与连接面片的法线方向不一致，须调整面的法线方向。选择"模型"→"编辑"→"反转法线"命令，打开"反转法线"对话框，"曲面体"选择所提取底座的顶部平面，如图 4-56（a）所示；单击"√"按钮，得到反转法线后的面，如图 4-56（b）所示。

| （a）选择曲面体 | （b）反转法线后的面 |

图 4-56　使用"反转法线"命令

⑤ 修剪底座实体外侧曲面，使其上部与连接面片相连、下部与底座顶部平面相连。选择"剪切曲面"命令，打开"剪切曲面"对话框，选择"工具要素"为连接曲面和底座顶部平面，"对象体"选择底座实体外侧曲面，如图 4-57（a）所示；单击"→"按钮进入下一步，"结果"选项区域中的"保留体"选择两个工具的中间部分（绿色高亮显示部分），如图 4-57（b）所示。单击"√"按钮使设置生效。修剪后的底座实体外侧曲面如图 4-57（c）所示。

| （a）参数设置 | （b）选择保留体 | （c）底座实体外侧曲面 |

图 4-57　剪切曲面 2

03 将连接面片与握把主体连接。

① 提取握把主体底部平面。选择"曲面偏移"命令，打开"曲面偏移"对话框，"面"选择放样生成的握把主体底部平面，设置"偏移距离"为 0mm，如图 4-58（a）所示；单击"√"按钮使设置生效，得到曲面偏移 3，即握把主体底部平面，如图 4-58（b）所示。

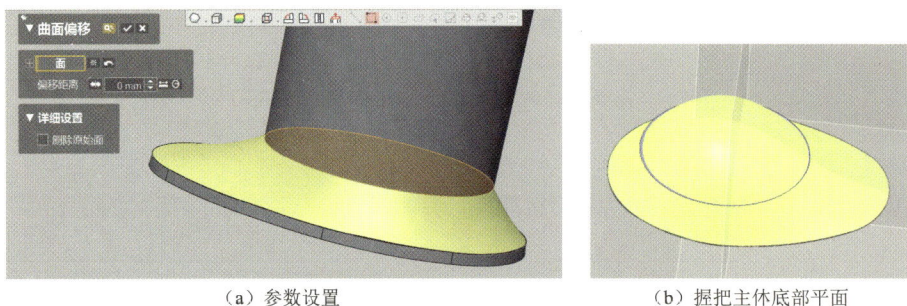

| （a）参数设置 | （b）握把主体底部平面 |

图 4-58　提取握把主体底部平面

使用"反转法线"命令将握把主体底部平面的法线方向反向，使其与连接面片的法线方向一致，如图 4-59 所示。

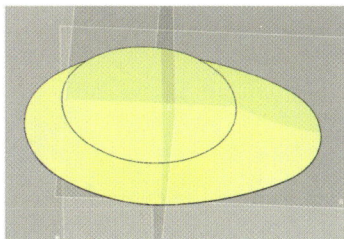

图 4-59　反转法线

② 修剪握把主体底面与连接曲面间的多余部分。选择"剪切曲面"命令，打开"剪切曲面"对话框，"工具要素"选择握把主体底面，"对象体"选择连接面片，"保留体"选择如图 4-60（a）所示的连接面片的下部（绿色高亮显示部分），将连接面片上部的多余部分修剪掉，完成曲面 3 剪切。再次选择"剪切曲面"命令，打开"剪切曲面"对话框，"工具要素"选择修剪后的连接面片（剪切曲面 3），"对象体"选择握把主体底面（曲面偏移 3），"保留体"选择握把主体底面中间部分（绿色高亮显示部分），将握把主体底面的多余部分修剪掉，得到剪切曲面 4，如图 4-60（b）所示。

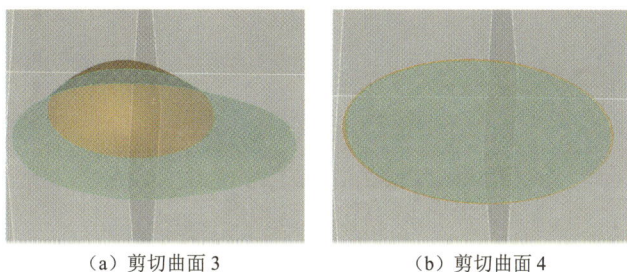

（a）剪切曲面 3　　　　　　　　（b）剪切曲面 4

图 4-60　修剪握把主体底面与连接曲面间的多余部分

底座握把连接曲面体如图 4-61 所示。

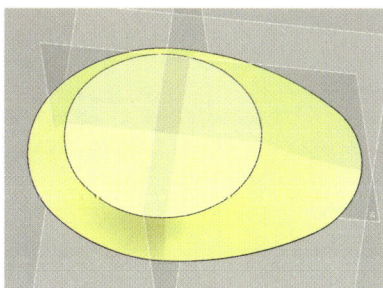

图 4-61　底座握把连接曲面体

04 将连接区域中闭合的多个片体缝合为实体。选择"模型"→"编辑"→"缝合"命令，打开"缝合"对话框，"曲面体"选择之前所做连接区域的全部曲面，如图 4-62（a）所示；单击"→"按钮进入下一步，查看曲面体是否已缝合为实体，如图 4-62（b）所示。转为实体时，面的颜色会转变为实体的颜色。连接区域转化为实体后的效果如图 4-62（c）所示。

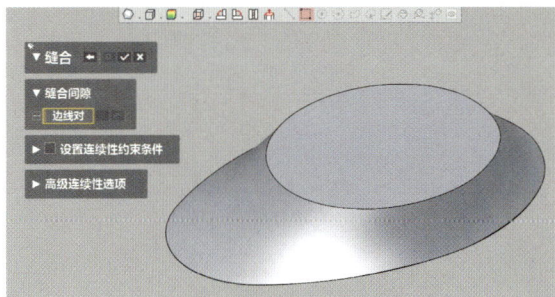

（a）选择曲面体

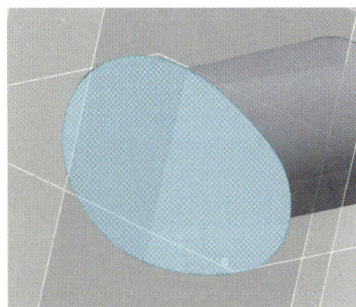

（b）缝合预览

（c）连接区域转化为实体后的效果

图 4-62　缝合实体 1

05 将底座、连接区域、握把主体三部分合并为一个整体。

① 将连接区域向下延伸，使其与底座实体相交。选择"草图"→"设置"→"草图"命令，选择缝合实体 1 的底面作为基准平面，如图 4-63（a）所示。使用"转换实体"命令将轮廓转换为实体，如图 4-63（b）所示。

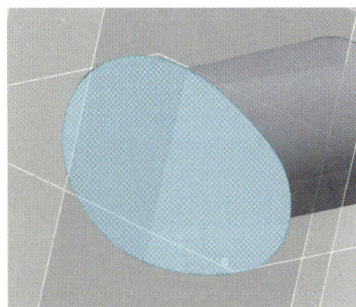

（a）设置草图

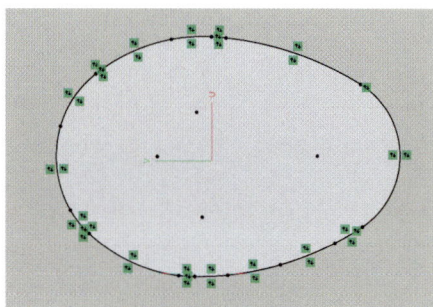

（b）转换实体

图 4-63　使连接区域与底座实体相交

转换实体完成后，选择"实体"→"拉伸"命令，打开"拉伸"对话框，设置"长度"

为 1mm，在"结果运算"选项区域中勾选"合并"复选框，以保证连接区域底部与底座相交，得到拉伸 2，如图 4-64（a）所示。

② 进行底座、连接区域、握把主体三部分的合并。选择"模型"→"编辑"→"布尔运算"命令，打开"布尔运算"对话框，在"操作方法"选项区域中点选"合并"单选按钮，"工具要素"选择需要合并的三个部分，单击"√"按钮使设置生效，如图 4-64（b）所示。

（a）拉伸 2　　　　　　　　　　　　　（b）合并 1

图 4-64　拉伸与布尔运算

06 绘制底部内侧结构。选择"面片草图"命令，打开"面片草图的设置"对话框，"基准平面"选择前视基准面，设置"偏移距离"为 0.5mm，勾选"拔模"复选框，设置"角度"为 20°，单击"反转"按钮，如图 4-65（a）所示，完成后进入草图。选择"实体转换"命令，打开"实体转换"对话框，将底座外轮廓线转换为实线，选择"草图"→"工具"→"偏移"命令，打开"偏移"

视频：底部内侧结构绘制

对话框，"轮廓"选择外轮廓，设置"距离"为 2mm，"方向"选择向内（方向 2），如图 4-65（b）所示，单击"√"按钮使设置生效。完成后退出草图。

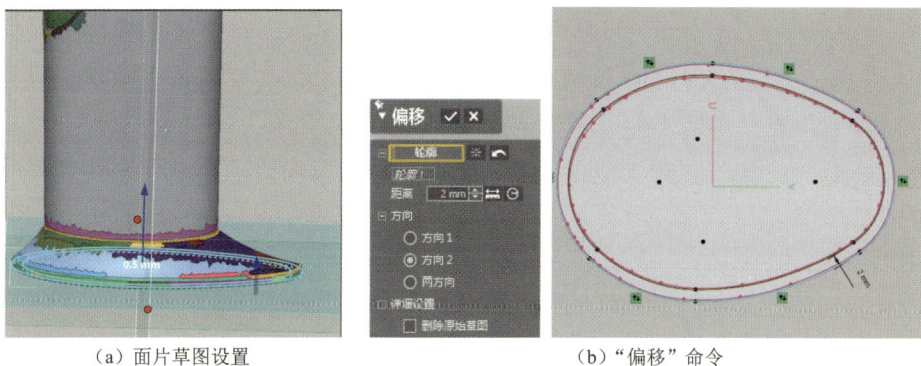

（a）面片草图设置　　　　　　　　　　（b）"偏移"命令

图 4-65　绘制面片草图 4

选择"拉伸"命令，打开"拉伸"对话框，"轮廓"选择面片草图4内轮廓，设置"长度"为1.5mm，勾选"拔模"复选框，设置"角度"为40°，在"结果运算"选项区域中勾选"切割"复选框，如图 4-66（a）所示。参数设置完成后，单击"√"按钮使设置生效，得到拉伸3，如图4-66（b）所示。

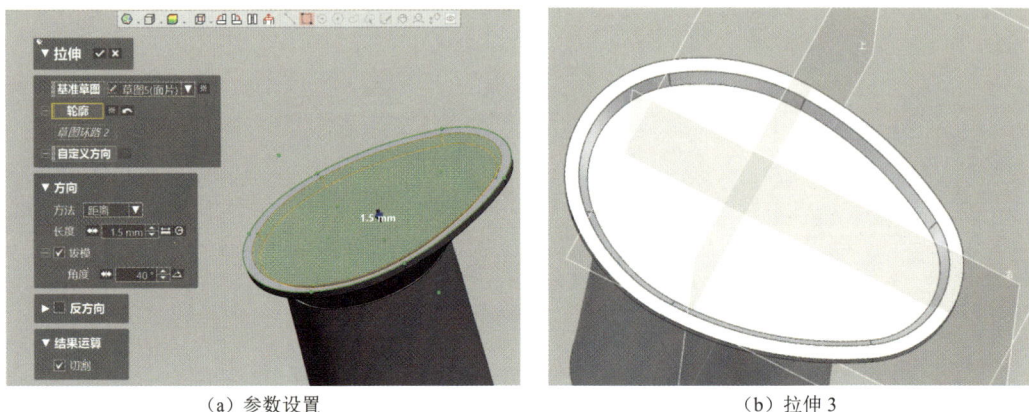

（a）参数设置　　　　　　　　　　　　　　　（b）拉伸3

图4-66　创建拉伸3

07　绘制底部充气孔。选择"面片草图"命令，打开"面片草图的设置"对话框，"基准平面"选择如图4-66所示的拉伸切割后的底面，移动截面至可截出点火枪充气孔的位置，进入面片草图5，如图4-67所示。

图4-67　面片草图5

选择"拉伸"命令，打开"拉伸"对话框，"轮廓"为两个小孔，设置"距离"为0.5mm，在"结果运算"选项区域中勾选"切割"复选框。拉伸4如图4-68（a）所示。再次选择"拉伸"命令，打开"拉伸"对话框，"轮廓"选择大孔，设置"距离"为2.5mm，在"结果运算"选项区域中勾选"切割"复选框。拉伸5如图4-68（b）所示，完成底座的创建。

（a）拉伸 4　　　　　　　　　　　　　　　　（b）拉伸 5

图 4-68　创建底座

Step4　绘制曲面特征

01 分割领域。曲面部分依据曲率变化，自动分割出不同的领域范围，每个色域代表一个不同的曲面元素，可以依据色域将曲面划分为不同的领域，如图 4-69 所示。对于具有凸起或凹陷趋势的领域面，为了满足曲面制作的需求，应将领域面做进一步的分割。

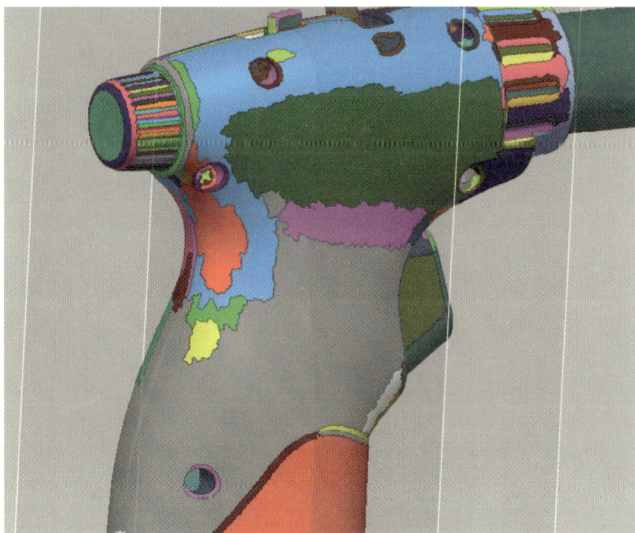

图 4-69　领域分割

视频：曲面特征绘制（一）

视频：曲面特征绘制（二）

选择"领域"→"编辑"→"分割"命令，打开"分割"对话框，"对象"选择领域组1，在软件界面上方工具栏中选择"画笔选择模式"命令，画出领域分割边界，得到领域分割 1、领域分割 2，如图 4-70（a）、（b）所示。

（a）领域分割 1　　　　　　　　　（b）领域分割 2

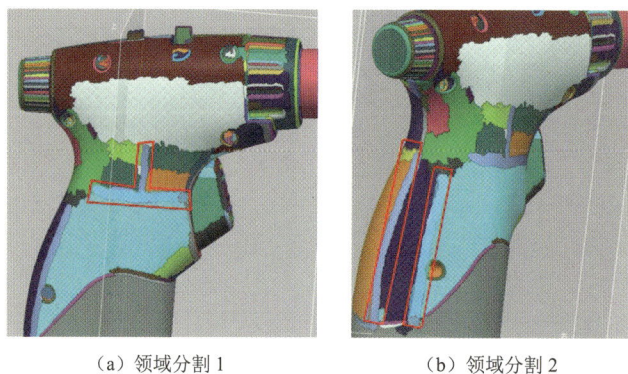

图 4-70　分割领域

02 制作腔体曲面。选择"面片拟合"命令，打开"面片拟合"对话框，"领域"选择如图 4-71（a）所示的淡绿色高亮显示部分，设置"许可偏差"为 0.05mm，单击"√"按钮使设置生效，得到面片拟合 2，即点火枪腔体部分曲面，如图 4-71（b）所示。

（a）面片拟合 2　　　　　　　　（b）点火枪腔体部分曲面

图 4-71　制作腔体曲面

03 制作握把与腔体连接曲面。

① 拟合握把与腔体间连接曲面。选择"面片拟合"命令，用相同的方法得到如图 4-72 所示的面片拟合 3 和面片拟合 4。

（a）面片拟合 3　　　　　　　　（b）面片拟合 4

图 4-72　面片拟合 3 与面片拟合 4

② 修剪两片连接曲面（面片拟合 3 与面片拟合 4）的连接部分。先隐藏面片拟合 2，选择"平面"命令，打开"平面属性"对话框，"方法"选择"绘制直线"，将视图调整至面片拟合 3 和面片拟合 4 的法线接近垂直于屏幕，在两面片相交处向一侧偏移一定距离的位置按住鼠标左键并拖动，绘制一条直线，如图 4-73（a）所示，单击"√"按钮，得到如图 4-73（b）所示的平面 3。

（a）绘制直线　　　　　　　　　　　　（b）平面 3

图 4-73　绘制平面 3

选择"平面"命令，打开"平面属性"对话框，"方法"选择"偏移"，"要素"选择平面 3，设置"距离"为 2mm，如图 4-74（a）所示；单击"√"按钮使设置生效，得到如图 4-74（b）所示的平面 4。

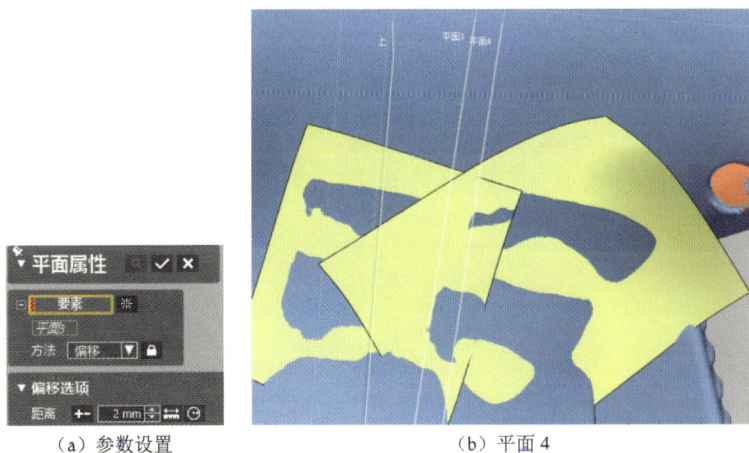

（a）参数设置　　　　　　　　　　　（b）平面 4

图 4-74　绘制平面 4

选择"剪切曲面"命令，打开"剪切曲面"对话框，"工具要素"选择之前创建的平面 3 与平面 4，"对象体"选择面片拟合 3 与面片拟合 4，单击"→"按钮进入下一步，"保留体"分别选择两个面片远离相交区域部分（绿色高亮显示部分），如图 4-75（a）所示，单击"√"按钮完成操作。将两个面片中间的部分修剪掉，剪切效果如图 4-75（b）所示，得到剪切曲面 5。

（a）选择对象体和保留体　　　　　　　　　（b）剪切效果

图 4-75　剪切曲面 5

③ 通过放样曲面，创建两片连接曲面（面片拟合 3 和面片拟合 4）的连接面。选择"模型"→"创建曲面"→"放样"命令，打开"放样"对话框，"轮廓"选择两张面靠近同一侧的边线，"起始约束"选择"与面相切"，"终止约束"选择"与面相切"，如图 4-76（a）所示；放样后的效果如图 4-76（b）所示。

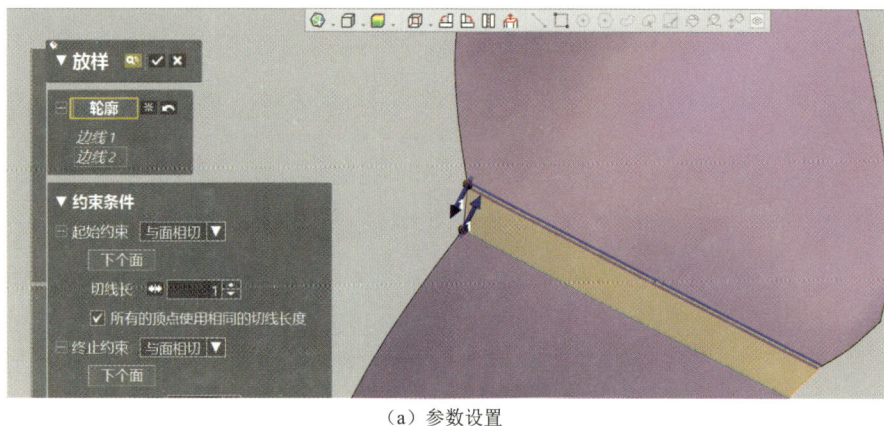

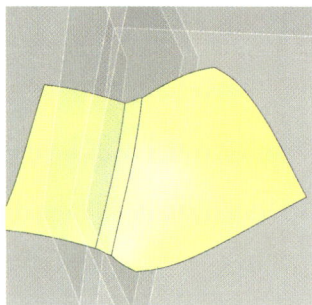

（a）参数设置

（b）放样后的效果

图 4-76　放样曲面 2

④ 将两片连接曲面与连接面缝合。选择"缝合"命令，打开"缝合"对话框，选择如图 4-77 所示的三个面片，单击"→"按钮进入下一步，单击"√"按钮，得到缝合曲面 1。

图 4-77　缝合曲面 1

⑤ 修剪缝合后的连接曲面左右两侧及与腔体曲面连接部分。选择"平面"命令，按照平面 3 与平面 4 的绘制方法绘制竖直方向的平面 5 和平面 6（平面 5 和平面 6 相互平行，用于修剪缝合曲面 2 的左右两侧），以及水平方向的平面 7、平面 8、平面 9（三个平面两两平行，用于修剪与腔体主体连接的部分），如图 4-78 所示。

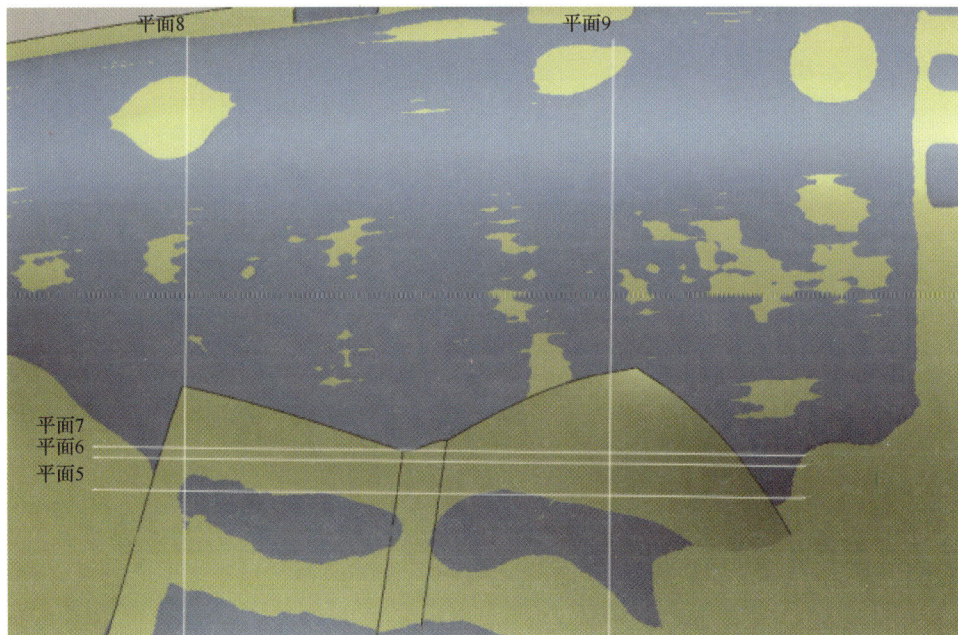

图 4-78　平面 5～平面 9

选择"剪切曲面"命令，打开"剪切曲面"对话框，"工具要素"选择上一步创建的 5 张平面，"对象体"选择腔体曲面（面片拟合 2）与缝合后的连接曲面（缝合曲面 2），单击"→"按钮进入下一步，"保留体"选择腔体主体和连接曲面的中间部分，如图 4-79（a）所示，单击"√"按钮完成操作。将连接曲面与腔体曲面的多余部分修剪掉，效果如图 4-79（b）所示。

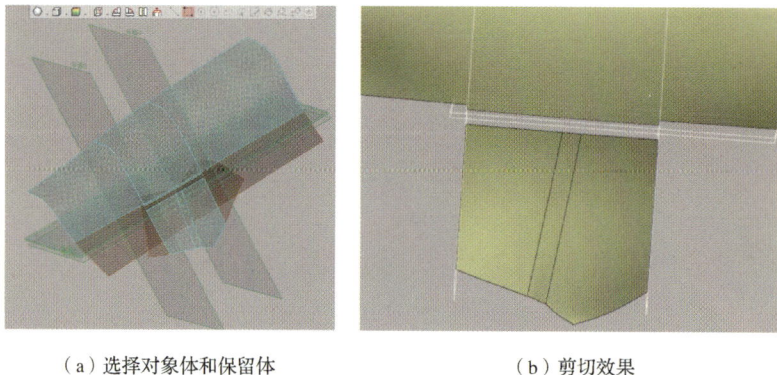

（a）选择对象体和保留体　　　　　　　（b）剪切效果

图 4-79　剪切曲面 6

⑥ 连接腔体与连接曲面。选择"创建曲面"→"放样"命令，打开"放样"对话框，分别选择腔体下边线与连接曲面上边线（此线由三条线段构成，在选择时，须按住 Shift 键从左往右依次选择边线，得到复合轮廓），"起始约束"与"终止约束"均选择"与面相切"，如图 4-80（a）所示。完成参数设置后，单击"√"按钮使设置生效，得到放样曲面 3，如图 4-80（b）所示。

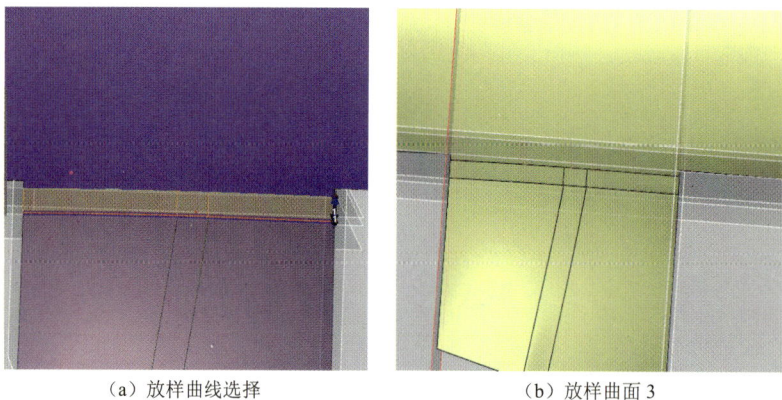

（a）放样曲线选择　　　　　　　（b）放样曲面 3

图 4-80　连接腔体与连接曲面

使用"缝合"命令将三张曲面缝合为一张面，得到缝合曲面 2，如图 4-81 所示。至此，腔体与握把主体的连接曲面制作完成。

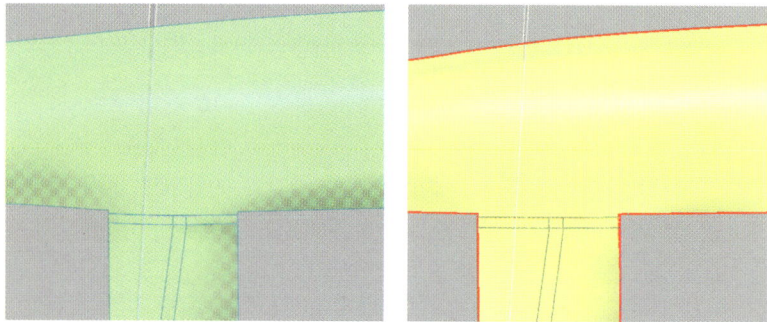

图 4-81　缝合曲面 2

04 制作尾部曲面。选择"面片拟合"命令，打开"面片拟合"对话框，"领域"选择如图 4-82（a）所示的尾部领域面（淡绿色高亮显示部分），设置"许可偏差"为 0.05mm，单击"√"按钮使设置生效，得到面片拟合 5，即尾部曲面，如图 4-82（b）所示。

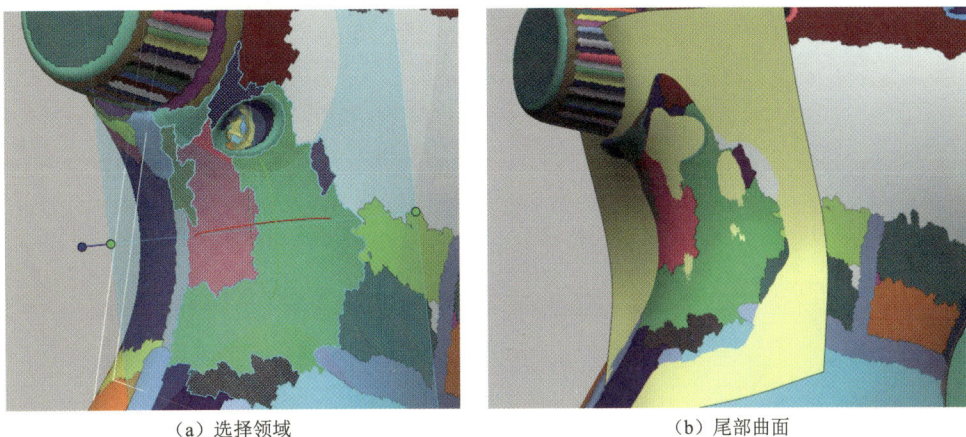

（a）选择领域　　　　　　　　　　　（b）尾部曲面

图 4-82　制作尾部曲面

05 制作尾部曲面与缝合曲面 2 的连接面。

① 绘制尾部曲面与缝合曲面 2 相交处的曲线。选择"草图"命令，打开"草图"对话框，"基准面"选择右视基准面，使用"3 点圆弧"命令沿两张曲面相交处的趋势绘制两条圆弧，得到面片草图 6，如图 4-83（a）所示，两条圆弧线的曲率趋势相近，并且圆弧线与两张曲面相交。完成后退出草图。

② 绘制用于修剪两张曲面相连部分的片体。选择"创建曲面"→"拉伸"命令，将两条圆弧线拉伸成两张片体，保证拉伸后的片体（即拉伸片体 1）穿过两张曲面，如图 4-83（b）所示。

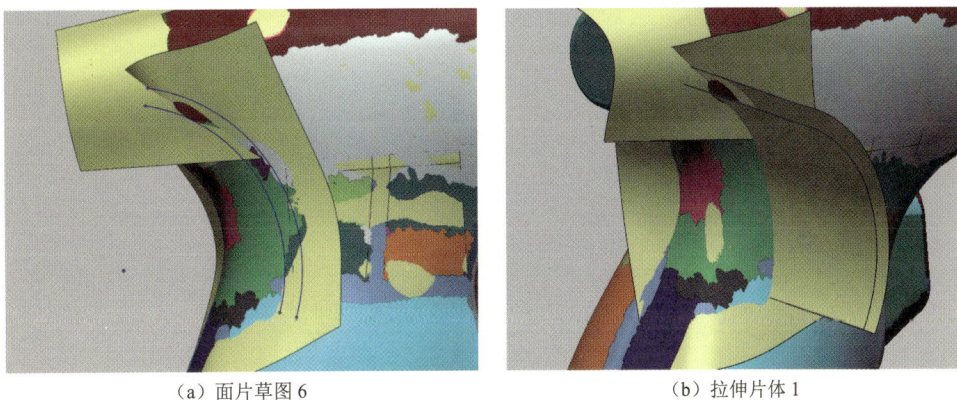

（a）面片草图 6　　　　　　　　　　（b）拉伸片体 1

图 4-83　面片草图 6 与拉伸片体 1

选择"延长曲面"命令，打开"延长曲面"对话框，"边线/面"选择如图 4-84（a）所示的缝合曲面 3 左侧水平和竖直的三条边线，"延长方法"选择"线性"，设置"距离"为 3mm，使缝合曲面 3 与拉伸片体 1 相交。单击"√"按钮使设置生效，得到延长曲面 2，如图 4-84（b）所示。

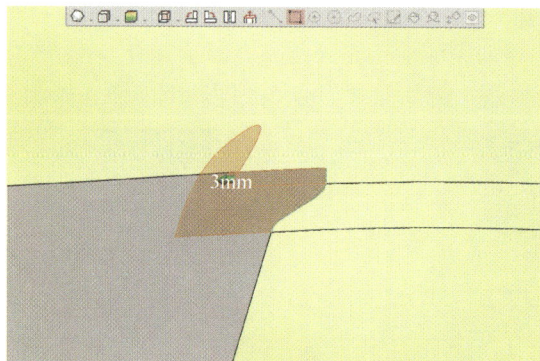

（a）选择延长曲线

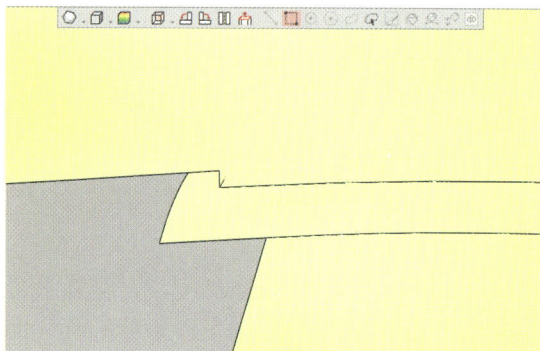

（b）延长曲面 2

图 4-84　绘制延长曲面 2

③ 修剪两张曲面连接区域的多余部分。选择"剪切曲面"命令，将尾部曲面（面片拟合 5）与腔体连接曲面（缝合曲面 3）作为对象体，选择拉伸出的两片片体（拉伸片体 1）作为工具要素进行剪切，得到剪切曲面 7，如图 4-85 所示。

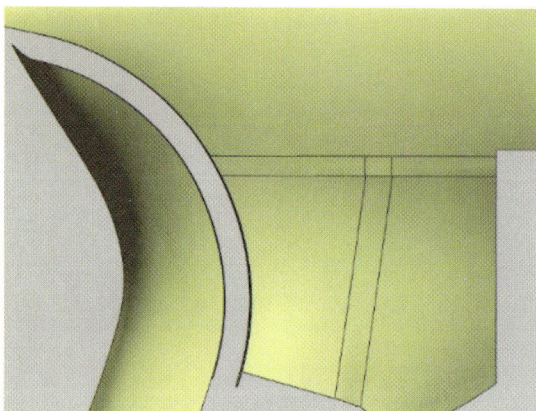

图 4-85　剪切曲面 7

④ 修剪腔体与尾部曲面的尾部多余部分。选择"平面"命令，用绘制直线的方法创建如图 4-86（a）所示的平面 10、平面 11，平面绘制区域选择超出 stl 数据范围及偏差过大的部分。平面创建完成后，以这两张平面为工具要素，使用"剪切曲面"命令将两张曲面的

尾部进行剪切，得到剪切曲面 8，如图 4-86（b）所示。

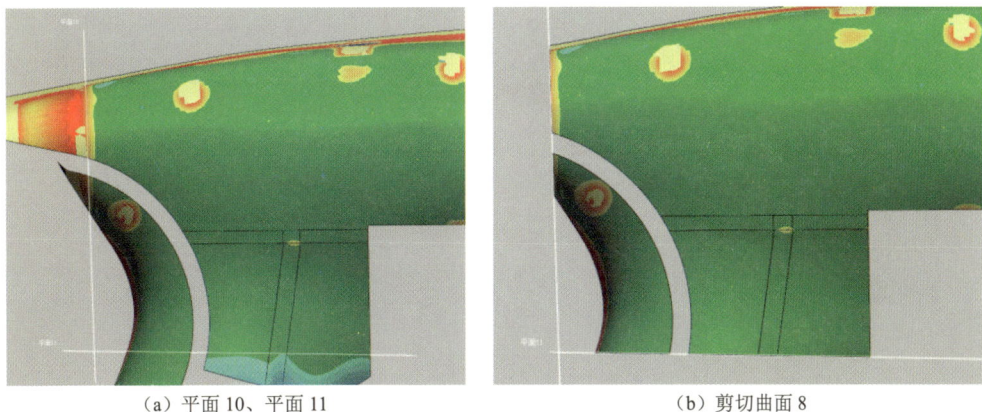

（a）平面 10、平面 11　　　　　　　　　（b）剪切曲面 8

图 4-86　绘制剪切曲面 8

　　⑤ 通过放样曲面连接修剪后的两张曲面。选择"创建曲面"→"放样"命令，打开"放样"对话框，分别选中尾部曲面的右侧边线和缝合曲面 3 的左侧边线（在选择时，按住 Shift 键从下往上依次选择三段边线，得到复合轮廓），"起始约束"与"终止约束"均选择"与面相切"，完成参数设置后，单击"√"按钮完成操作，得到放样曲面 4，如图 4-87（a）所示。将腔体和握把主体连接后的缝合曲面 3 与尾部曲面连接为一个整体，得到的缝合曲面 3 如图 4-87（b）所示。

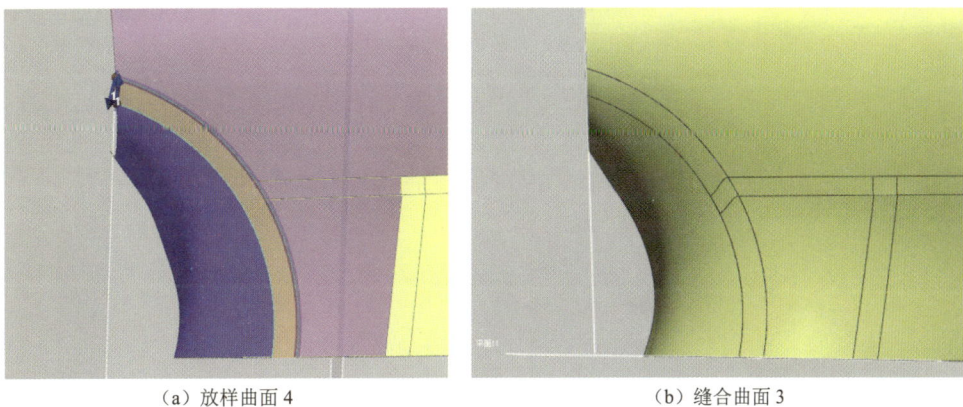

（a）放样曲面 4　　　　　　　　　（b）缝合曲面 3

图 4-87　放样曲面 4 与缝合曲面 3

06 绘制握把上部连接曲面。

　　① 创建握把上部连接曲面。选择"面片拟合"命令，打开"面片拟合"对话框，"领域"选择如图 4-88（a）所示的与对称平面相邻的领域面（蓝色高亮显示部分），设置"许可偏差"为 0.05mm，单击"√"按钮使设置生效，得到面片拟合 6。再次选择"面片拟合"命令，打开"面片拟合"对话框，"领域"选择如图 4-88（b）所示的握把主体与腔体相邻的较大领域面（蓝色高亮显示部分），设置"许可偏差"为 0.05mm，单击"√"按钮使设置生效，得到面片拟合 7。最后效果如图 4-89 所示。

视频：绘制握把上部连接曲面

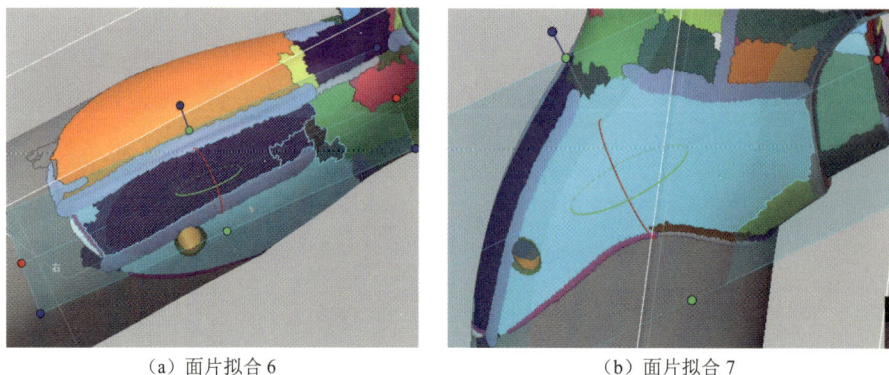

（a）面片拟合 6

（b）面片拟合 7

图 4-88　面片拟合 6 与面片拟合 7

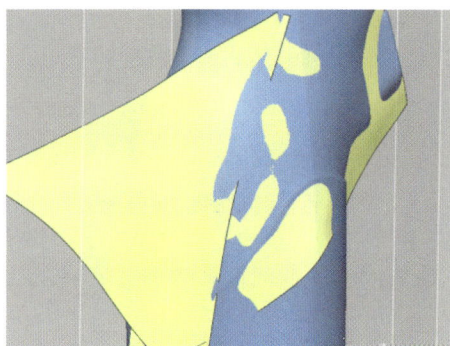

图 4-89　握把上部连接曲面

② 修剪两张曲面的相交部分。选择"平面"命令，用绘制直线的方法创建如图 4-90（a）所示的平面 12 与平面 13。平面创建完成后，以这两张平面为工具要素，使用"剪切曲面"命令将两张平面进行剪切，剪切后得到剪切曲面 9，如图 4-90（b）所示。

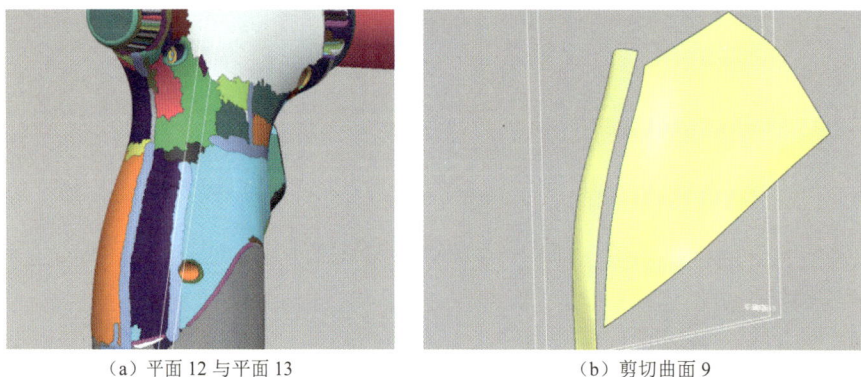

（a）平面 12 与平面 13

（b）剪切曲面 9

图 4-90　绘制剪切曲面 9

选择"剪切曲面"命令，打开"剪切曲面"对话框，以平面 11 为工具要素，"对象体"选择剪切曲面 9 中的两张曲面，"保留体"选择两张曲面下部（绿色高亮显示部分），如图 4-91（a）所示，得到剪切曲面 10，如图 4-91（b）所示。

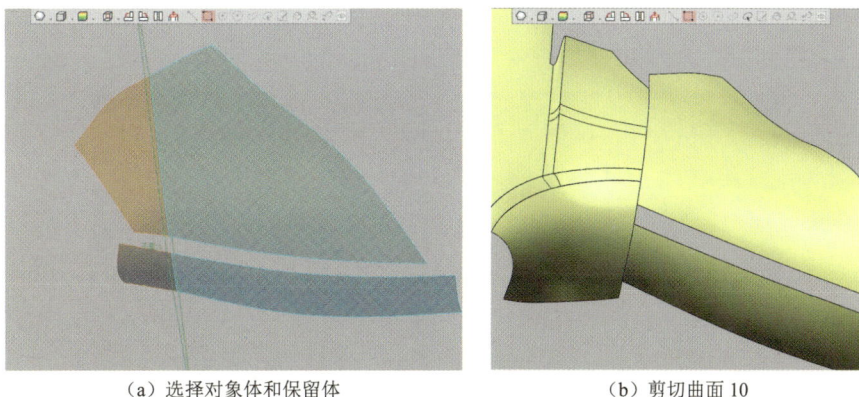

（a）选择对象体和保留体　　　　　　　（b）剪切曲面 10

图 4-91　绘制剪切曲面 10

③ 连接剪切曲面 10 的两张曲面。选择"创建曲面"→"放样"命令，在两张曲面之间进行放样，得到放样曲面 5，如图 4-92（a）所示。背面朝外时，选择"反转法线"命令，将曲面法线方向反转，并选择"缝合"命令将三张曲面缝合，得到缝合曲面 4，如图 4-92（b）所示。

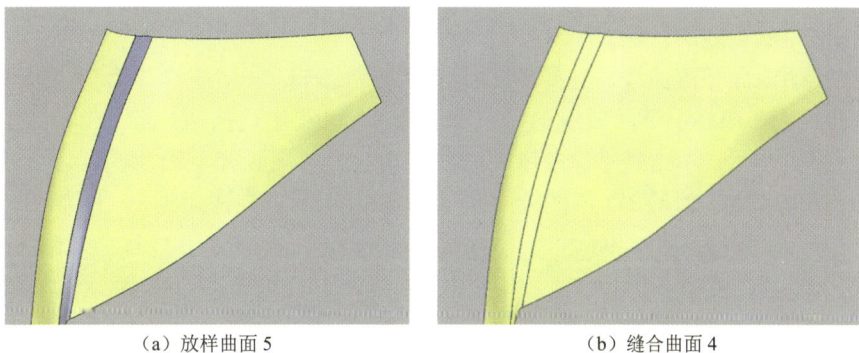

（a）放样曲面 5　　　　　　　　　（b）缝合曲面 4

图 4-92　放样曲面 5 和缝合曲面 5

07 绘制握把与握把上部曲面的连接面。

① 修剪上下两张曲面的连接区域。选择"平面"命令，用绘制直线的方法创建如图 4-93（a）所示的平面 14 与平面 15。平面创建完成后，以这两张平面为工具要素，使用"剪切曲面"命令修剪上下两大曲面，得到剪切曲面 11，如图 4-93（b）所示。

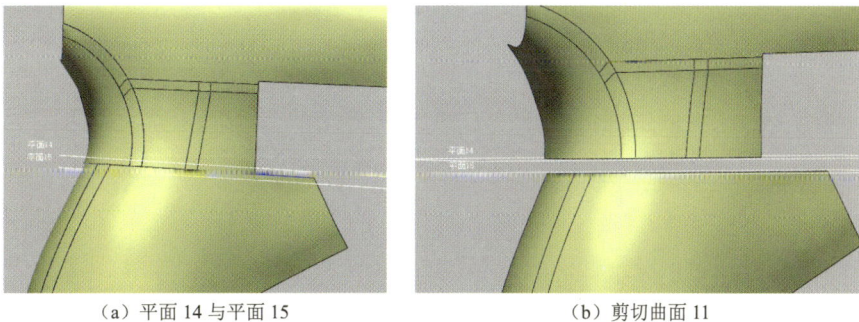

（a）平面 14 与平面 15　　　　　　　（b）剪切曲面 11

图 4-93　绘制剪切曲面 11

② 修剪上下两张曲面的左右两侧面。分别利用平面 9 与右视基准面修剪剪切曲面 11 的左右侧面，得到剪切曲面 12，如图 4-94 所示。

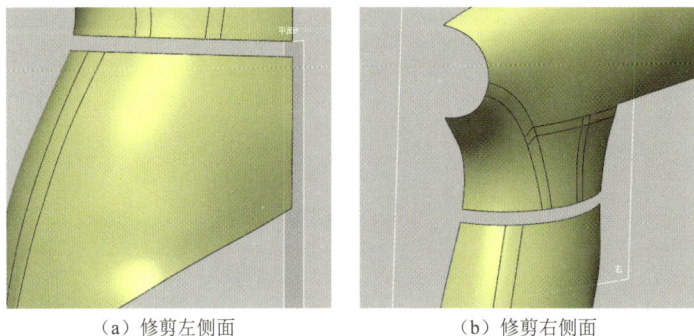

（a）修剪左侧面　　　　　　　　　　　　（b）修剪右侧面

图 4-94　绘制剪切曲面 12

③ 使用"面填补"命令绘制两张曲面的连接面。选择"3D 草图"→"设置"→"3D 草图"命令，进入 3D 草图，选择"转换实体"命令，打开"转换实体"对话框，"要素"选择如图 4-95（a）所示的剪切曲面 12 上下两曲面左右两侧边线（绿色高亮显示边线），单击"√"按钮完成边线的提取。

桥接上下两曲面相连曲线。选择"3D 草图"→"编辑"→"混合"命令，打开"混合"对话框，"曲线点"选择上下两曲线的端点，点选"相切"单选按钮，将"光顺"拉至最大，预览以黄色高亮显示，单击"√"按钮完成曲线桥接，如图 4-95（b）所示。另一侧用相同的方法进行处理。完成后的 3D 草图轮廓线如图 4-96 所示。完成后退出 3D 草图。

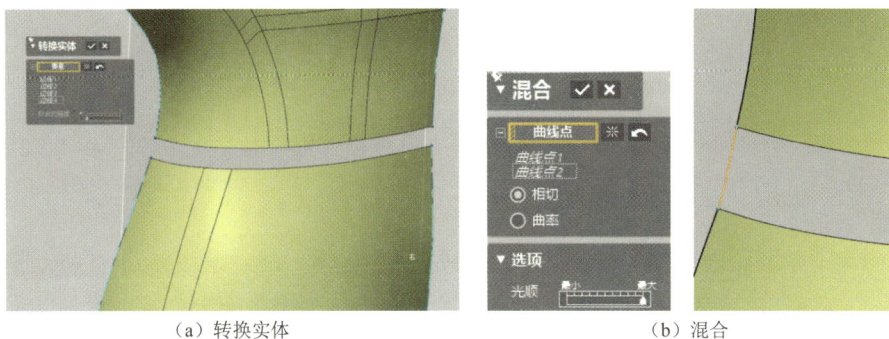

（a）转换实体　　　　　　　　　　　　（b）混合

图 4-95　3D 草图创建

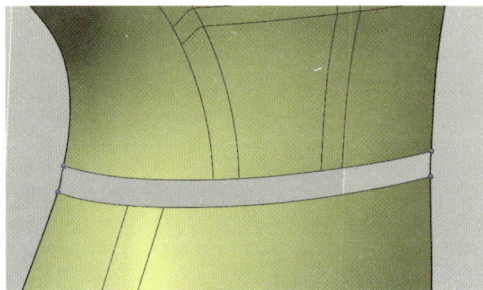

图 4-96　完成后的 3D 草图轮廓线

选择"模型"→"拟合"→"面填补"命令，打开"面填补"对话框，"边线"选择填补成一张面的全部边线（即 3D 草图中的两条混合曲线及上下面的边线），勾选"设置连续性约束条件"复选框，选择"相切（G1）"命令，单击"All"按钮，单击"√"按钮使设置生效，得到面填补 1，如图 4-97（a）所示。将面填补 1 与上下两张曲面缝合为一张面，得到缝合曲面 5，如图 4-97（b）所示。

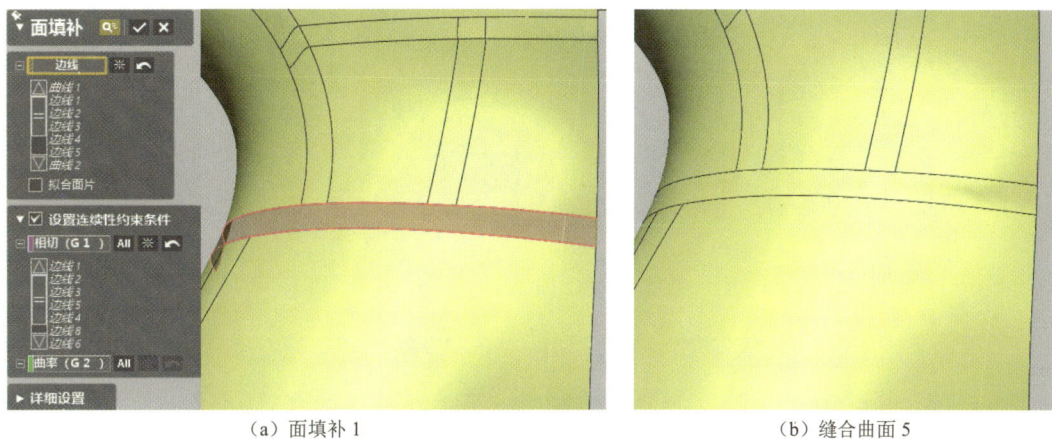

（a）面填补 1

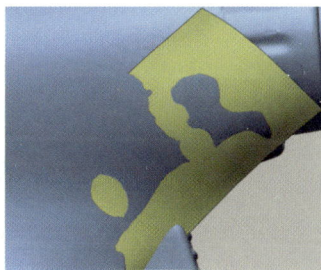

（b）缝合曲面 5

图 4-97　面填补 1 及缝合曲面 5

08 绘制主体与按钮间的过渡曲面。

① 拟合主体与按钮间的过渡曲面。在软件界面上方的功能栏中，选择"画笔选择"模式，用画笔在领域上选出需要拟合的数据范围，如图 4-98 所示。领域选择完成后，使用"面片拟合"命令进行拟合，得到面片拟合 8，此即拟合主体与按钮间的过渡曲面，如图 4-99 所示。使用"休偏差"命令检查拟合的面片是否满足偏差要求。

图 4-98　选择领域

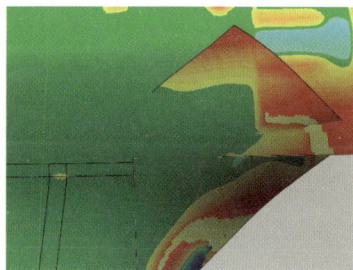

图 4-99　面片拟合 8

② 修剪主体面和过渡曲面的多余部分。选择"面片草图"命令，打开"面片草图的设置"对话框，以右视基准面为基准平面，设置"轮廓投影范围"为 15.2mm（截出按钮与枪体的接触截面），如图 4-100（a）所示；在草图中创建出草图轮廓，如图 4-100（b）所示。

完成面片草图 8 的创建后，选择"创建曲面"→"拉伸"命令，将草图拉伸，得到拉伸片体 2，如图 4-101（a）所示。拉伸完成后，若片体的法线方向是反的，则可以使用"反转法线"命令将法线方向反转，如图 4-101（b）所示。

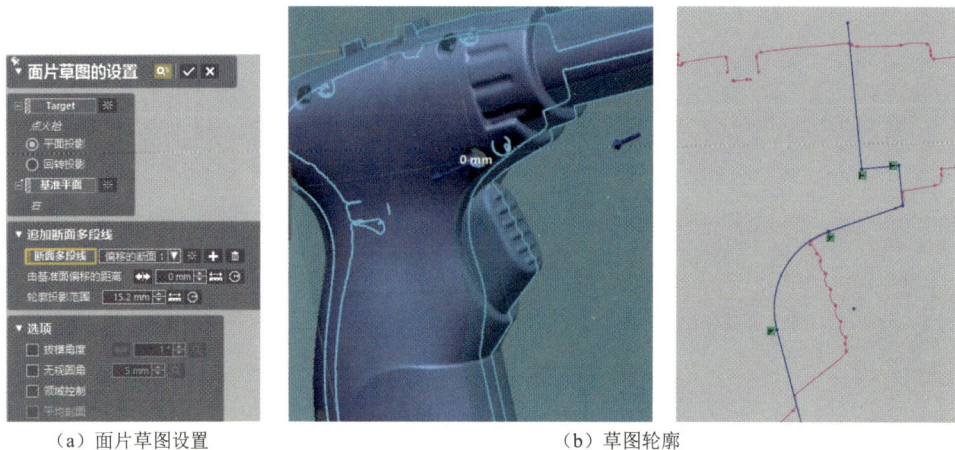

（a）面片草图设置　　　　　　　　　　（b）草图轮廓

图 4-100　创建面片草图 7

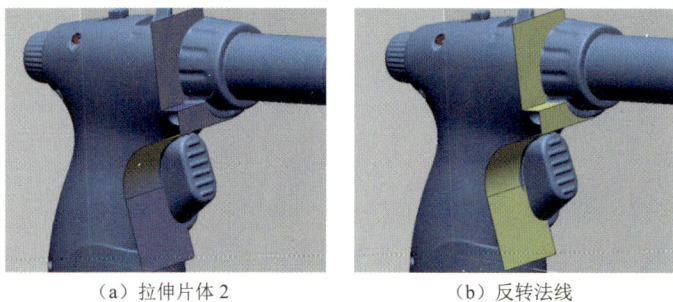

（a）拉伸片体 2　　　　　　　　　　（b）反转法线

图 4-101　拉伸片体 2 与反转法线

选择"剪切曲面"命令，打开"剪切曲面"对话框，"工具要素"选择拉伸片体 2，分别将主体面与过渡曲面进行裁剪，得到剪切曲面 13，如图 4-102 所示。

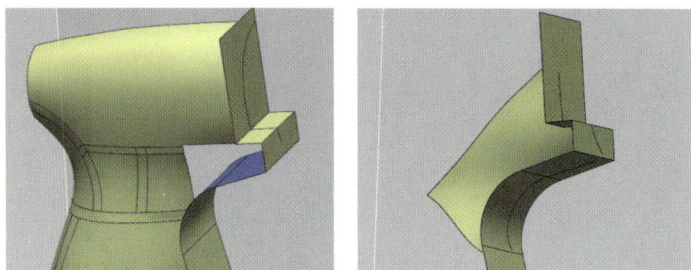

图 4-102　剪切曲面 13

③ 沿按钮轮廓边沿修剪过渡曲面。在右视基准面上创建草图，使用"直线"命令绘制草图，沿按钮轮廓绘制两直线（两直线均通过两张曲面相交处），得到面片草图 8，如图 4-103（a）所示。完成后退出草图。选择"创建曲面"→"拉伸"命令，将草图拉伸，得到拉伸片体 3，如图 4-103（b）所示。

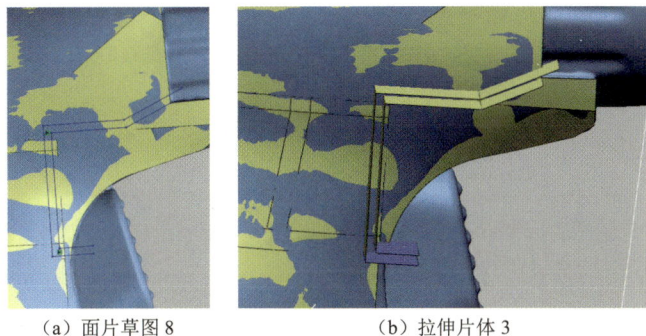

（a）面片草图 8　　　　　　　　　　（b）拉伸片体 3

图 4-103　面片草图 8 和拉伸片体 3

将主体延伸，使其与拉伸片体 3 相交。选择"延长曲面"命令，将图 4-104（a）所示的部分（延长曲面 3）进行延长，直至超出拉伸片体 3，单击"√"按钮完成操作，得到如图 4-104（b）所示的效果。选择"剪切曲面"命令，"工具要素"选择拉伸片体 3，将另外两张面作为"对象体"，"保留体"选择非相连区域，得到剪切曲面 14，如图 4-104（c）所示。

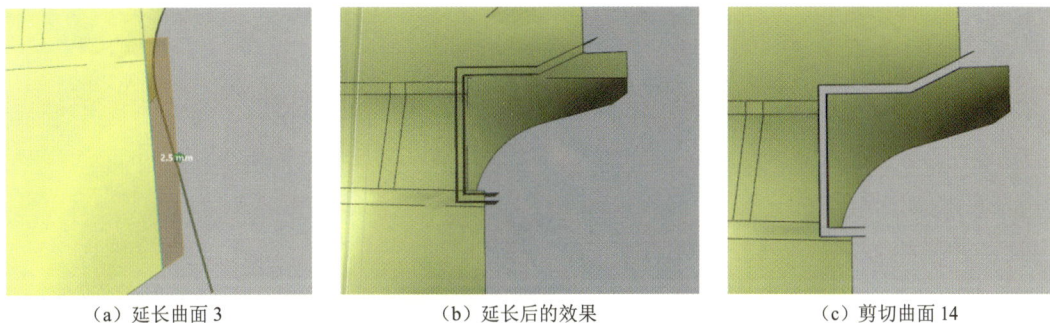

（a）延长曲面 3　　　　　　　（b）延长后的效果　　　　　　　（c）剪切曲面 14

图 4-104　绘制剪切曲面 14

④ 连接两张曲面。

首先，通过曲面放样，连接剪切曲面 14 中的两张曲面。选择"创建曲面"→"放样"命令，放样得到图 4-105（a）中箭头所指的三张曲面（放样曲面 6～放样曲面 8）。可以看出，左上角和左下角近似水平与竖直的两张曲面相交处存在缝隙，需要通过其他方式进行填补。

其次，重新构建左上角相交处的曲面。创建平面 16 和平面 17，利用平面 16 与平面 17 分别对两张曲面进行剪切，得到剪切曲面 15，如图 4-105（b）所示。选择"面填补"命令，打开"面填补"对话框，选中空洞的周围四条边线，勾选"设置连续性约束条件"复选框，选择"相切（G1）"命令，单击"All"按钮，得到如图 4-106 所示面填补 2。

最后，重新构建左下角相交处的曲面。使用"剪切曲面"命令对如图 4-107（a）所示的突出面进行修剪，得到剪切曲面 16，如图 4-107（b）所示。

选择"3D 草图"→"设置"→"3D 草图"命令，进入 3D 草图，使用"转换实体"命令将剪切曲面 16 右侧空缺处上下两条边线提取出来。选择"混合"命令，"曲线点"分别选择线段相邻的两端点，做出与上下两条边线相切的曲线，如图 4-108（a）所示，完成后退出 3D 草图。选择"面填补"命令，打开"面填补"对话框，选中空缺处面边线及相切曲线，勾选"设置连续性约束条件"复选框，选择"相切（G1）"命令，单击"All"按钮完成操作，得到面填补 3，如图 4-108（b）所示。

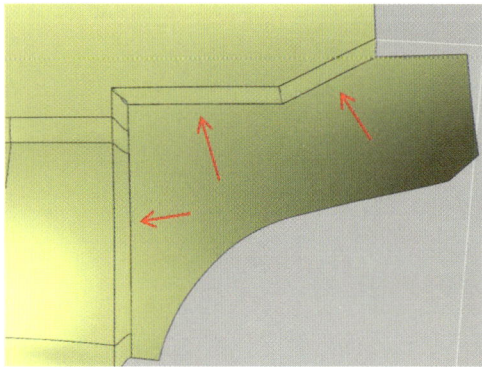 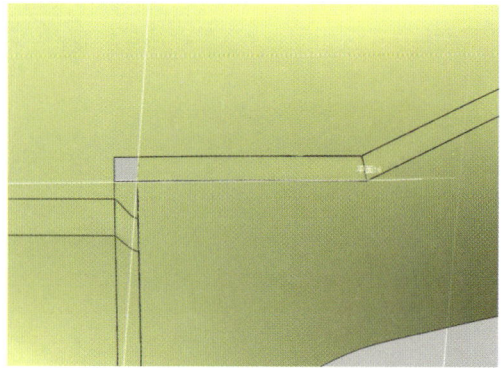

（a）放样曲面 6～放样曲面 8　　　　　　　　　　（b）剪切曲面 15

图 4-105　绘制剪切曲面 15

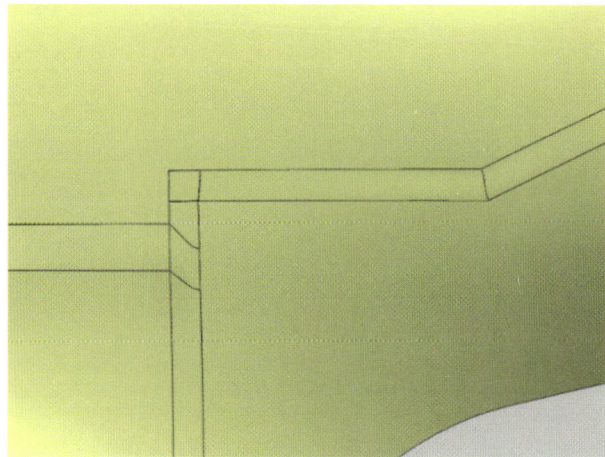

图 4-106　面填补 2

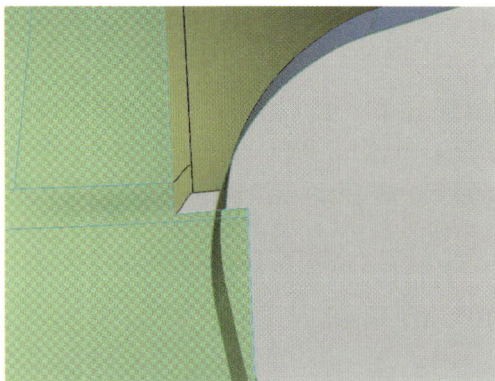 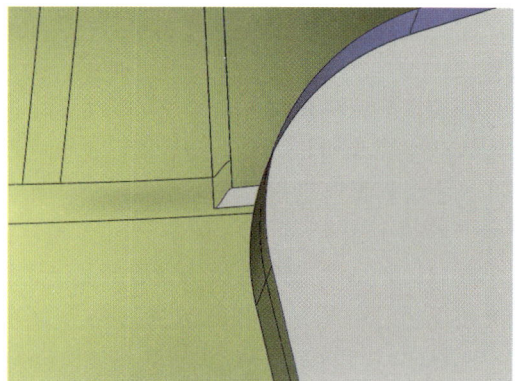

（a）突出面　　　　　　　　　　　　　　　（b）剪切曲面 16

图 4-107　绘制剪切曲面 16

(a) 面填补 3 边线选择 （b）面填补 3

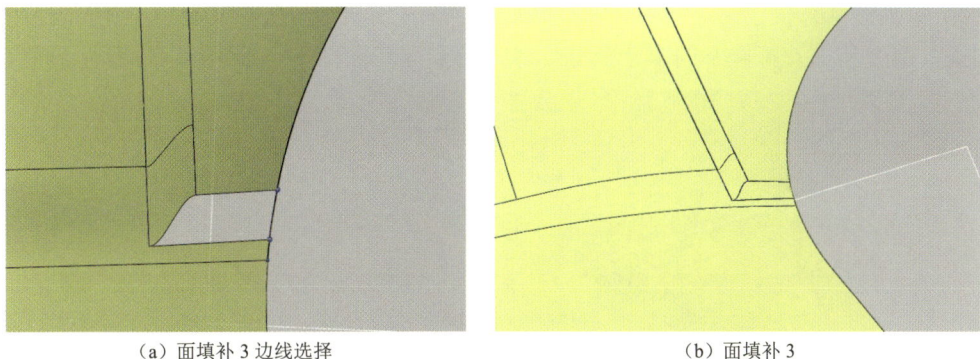

图 4-108 绘制面填补 3

⑤ 将过渡曲面与主体缝合为一个整体。使用"缝合"命令将上述过渡曲面缝合为一个整体，得到缝合曲面 6。使用"延长曲面"命令使缝合曲面 6 与拉伸片体 3 相交，将多余部分切除，得到延长曲面 4，如图 4-109 所示。

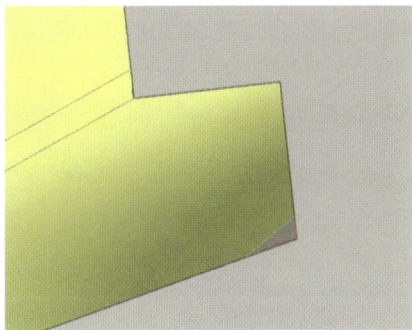

图 4-109 延长曲面 4

09 绘制握把与按钮底部连接面。

① 绘制连接曲面。选择"面片拟合"命令，打开"面片拟合"对话框，"领域"选择如图 4-110（a）所示的区域，设置"许可偏差"为 0.05mm。单击"√"按钮使设置生效，得到如图 4-110（b）所示的面片拟合 9。

视频：绘制握把与按钮底部连接面

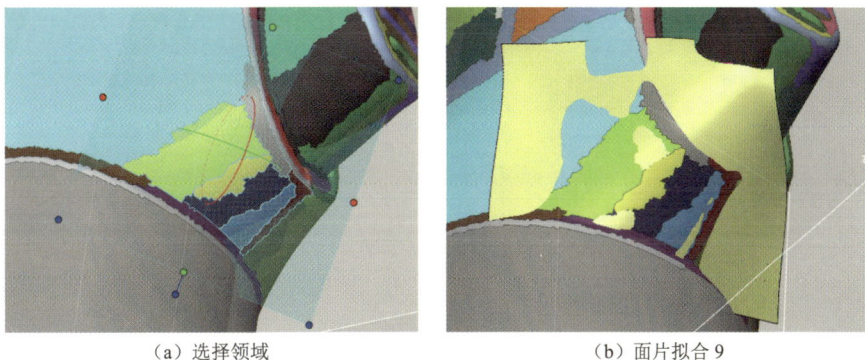

(a) 选择领域 （b）面片拟合 9

图 4-110 绘制连接曲面

② 修剪连接曲面的多余部分。以拉伸片体 3 为工具要素，如图 4-111（a）所示使用"剪切曲面"命令将面片拟合 9 的多余部分切除，得到剪切曲面 17，如图 4-111（b）所示。

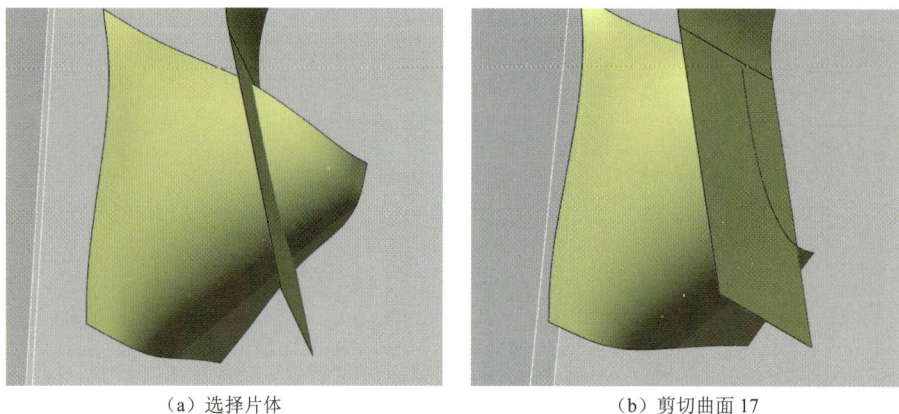

（a）选择片体　　　　　　　　　　（b）剪切曲面 17

图 4-111　修剪连接曲面的多余部分

③ 修剪连接曲面与主体面相邻的部分。使用"平面"命令绘制如图 4-112 所示的平面 18、平面 19、平面 20 三个平面。

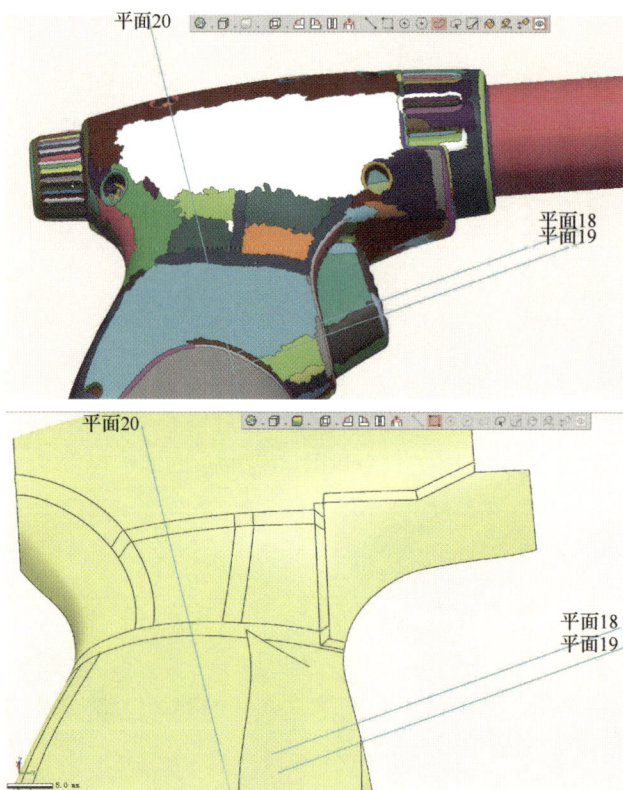

图 4-112　平面 18、平面 19、平面 20

选择"剪切曲面"命令，将平面 18、平面 19、平面 20 选为工具要素，"对象体"选择两张曲面，"保留体"选择两张曲面不相邻部分（绿色高亮显示部分），如图 4-113（a）所示，单击"√"按钮，得到剪切曲面 18，如图 4-113（b）所示。

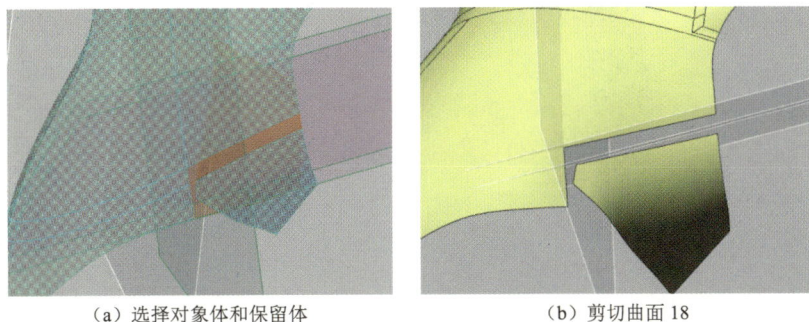

（a）选择对象体和保留体　　　　　　　　（b）剪切曲面 18

图 4-113　绘制剪切曲面 18

④ 放样连接修剪后的两张曲面。选择"创建曲面"→"放样"命令，在两张曲面之间构建放样曲面，"起始约束"和"终止约束"均选择"与面相切"，得到放样曲面 9，如图 4-114（a）所示。

⑤ 修剪连接曲面超过对称平面的部分。选择"剪切曲面"命令，打开"剪切曲面"对话框，"工具要素"选择右视基准面，"对象体"选择面片拟合 9，将面片拟合 9 超出对称平面的部分切除，得到剪切曲面 19，如图 4-114（b）所示。

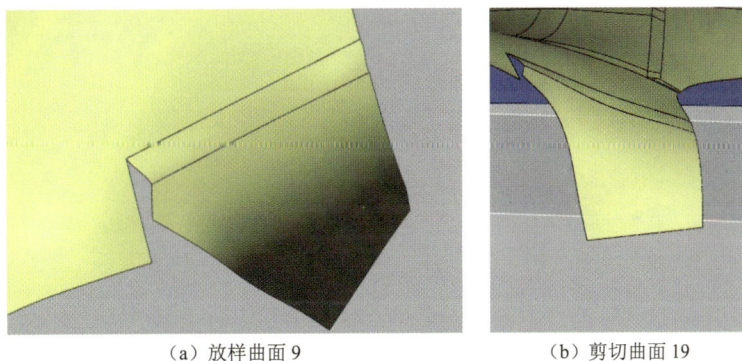

（a）放样曲面 9　　　　　　　　　　（b）剪切曲面 19

图 4-114　放样曲面 9 与剪切曲面 19

使用"缝合"命令将三张曲面缝合为一个整体，得到缝合曲面 7，如图 4-115 所示。

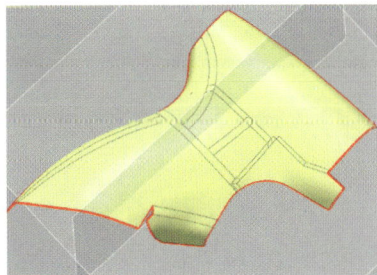

图 4-115　缝合曲面 7

10 处理主体与按钮所在曲面连接处。

① 修剪主体和按钮所在曲面连接处的多余部分。选择"剪切曲面"命令，分别选择两张曲面互为工具要素与对象体，互相进行剪切，得到剪切曲面 20，如图 4-116 所示。

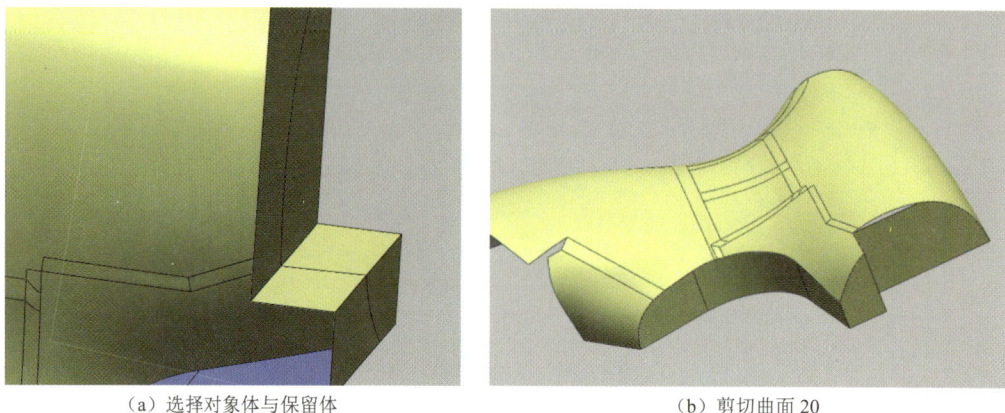

（a）选择对象体与保留体   （b）剪切曲面 20

图 4-116　绘制剪切曲面 20

② 创建面圆角细节特征。选择"模型"→"编辑"→"圆角"命令，在打开的"圆角"对话框中，点选"面圆角"单选按钮，第一组面选择如图 4-117（a）所示的主体面（粉色显示部分），第二组面选择按钮所在曲面（绿色显示部分），圆角半径设置为 1mm，利用面后面的"反转"按钮确定圆角的正确朝向，勾选"切线扩张"复选框，单击"√"按钮，得到面圆角 1，如图 4-117（b）所示。

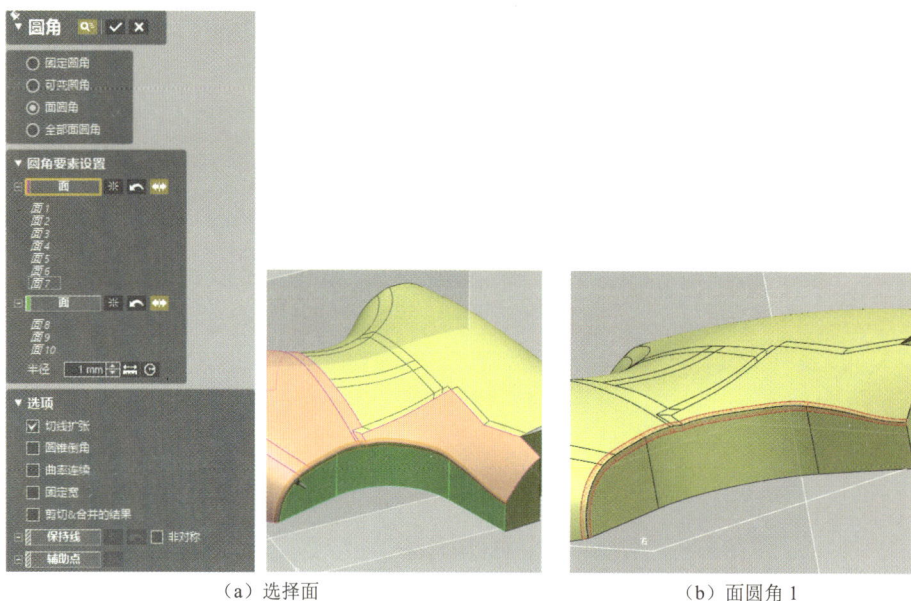

（a）选择面   （b）面圆角 1

图 4-117　绘制面圆角 1

③ 利用面圆角修剪主体和按钮所在曲面的多余部分。选择"剪切曲面"命令，打开"剪切曲面"对话框，以面圆角 1 为工具要素，"对象体"选择主体面，"保留体"选择主体部

分，将主体与面圆角 1 相邻的多余部分切除，得到面圆角 2 如图 4-118（a）所示。再次选择"剪切曲面"命令，打开"剪切曲面"对话框，以面圆角 2 为工具要素，"对象体"选择按钮所在曲面，"保留体"选择主体部分，将按钮所在曲面主体与面圆角 2 相邻的多余部分切除，得到剪切曲面 21，如图 4-118（b）所示。

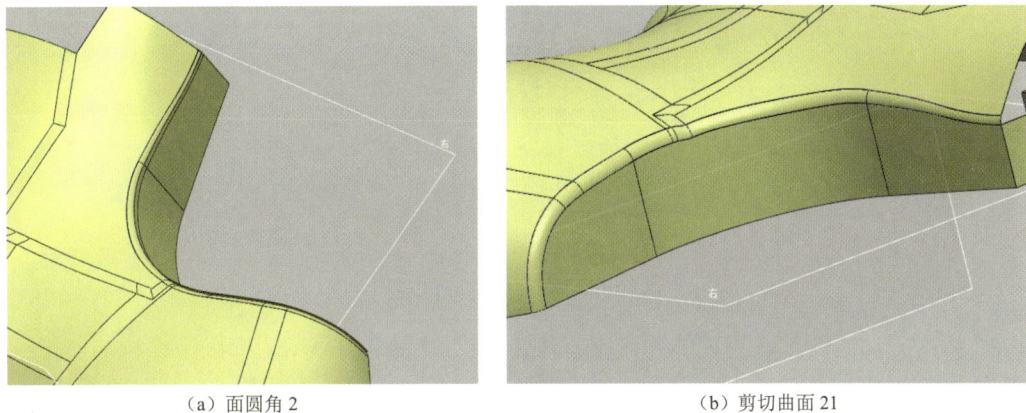

（a）面圆角 2　　　　　　　　　　　　　　　（b）剪切曲面 21

图 4-118　面圆角 2 和剪切曲面 21

11　制作按钮顶部大圆弧面。

① 绘制按钮顶部大圆弧面。选择"面片拟合"命令，打开"面片拟合"对话框，"领域"选择如图 4-119（a）所示的按钮顶部的领域范围，设置"许可偏差"为 0.05mm，单击"√"按钮，得到如图 4-119（b）所示的面片拟合 10。

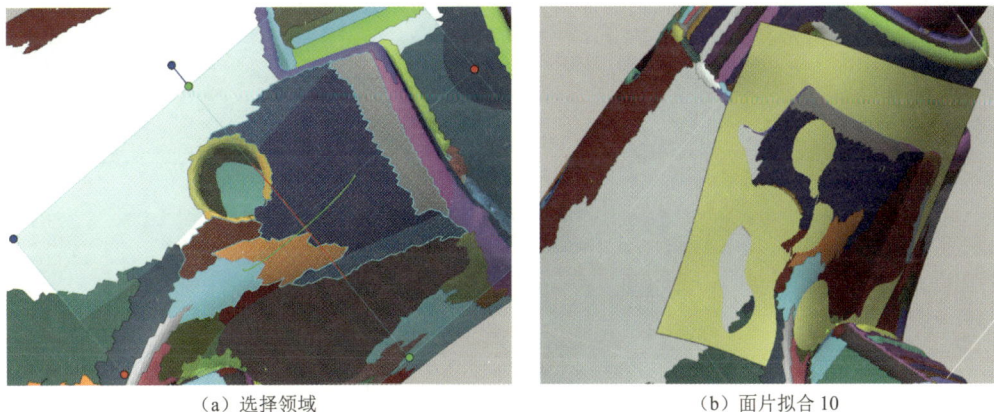

（a）选择领域　　　　　　　　　　　　　　　（b）面片拟合 10

图 4-119　绘制按钮顶部大圆弧面

② 修剪大圆弧面周围区域。选择"平面"命令，打开"追加平面"对话框，"方法"选择"视图方向"，旋转鼠标找到尽量正视于面片拟合 10 的视图方向，单击"√"按钮完成平面 21 的创建，如图 4-120（a）所示。以平面 21 创建草图，在草图上绘制出大圆弧周围轮廓，将主体面、大圆弧面（面片拟合 10）、按钮所在平面三张曲面互相相交部分包裹进去即可，得到面片草图 9，如图 4-120（b）所示。完成后退出草图。

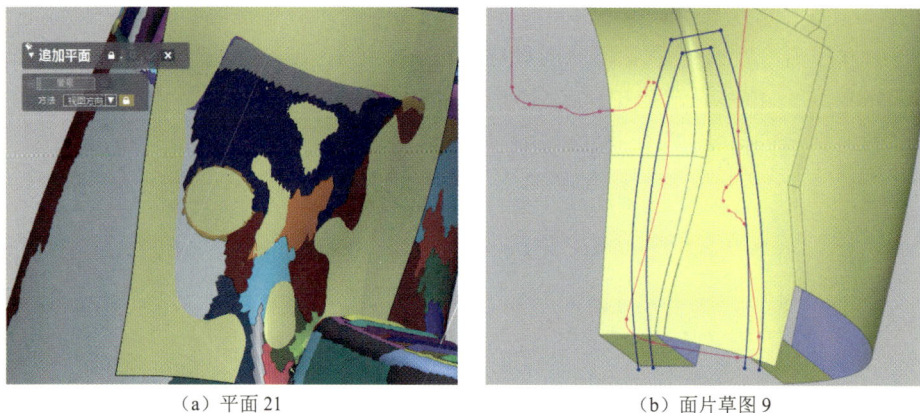

（a）平面 21　　　　　　　　　　（b）面片草图 9

图 4-120　平面 21 与面片草图 9

选择"创建曲面"→"拉伸"命令，对步骤 2 中完成的草图轮廓线进行拉伸，得到拉伸片体 4，如图 4-121（a）所示。完成后将拉伸片体 4 作为工具要素，对剪切曲面 21 中的三个平面和面片拟合 10 进行修剪，得到剪切曲面 22，如图 4-121（b）、（c）、（d）所示。

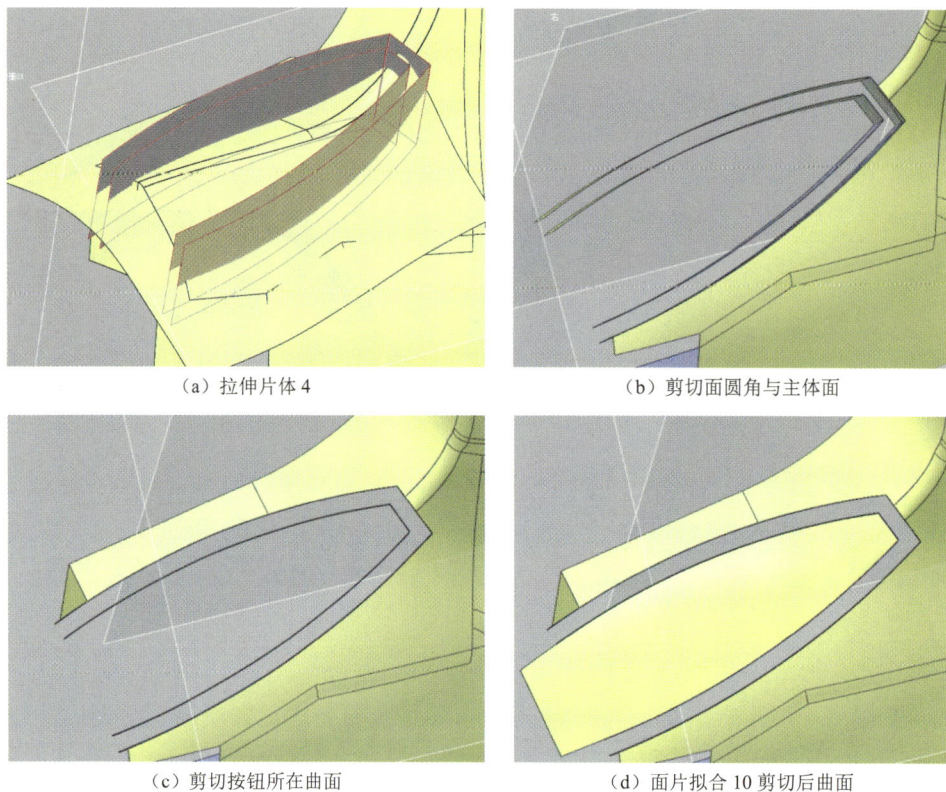

（a）拉伸片体 4　　　　　　　　　（b）剪切面圆角与主体面

（c）剪切按钮所在曲面　　　　　　（d）面片拟合 10 剪切后曲面

图 4-121　拉伸片体 4 和剪切曲面 22

③ 修剪大圆弧面底部。选择"平面"命令，打开"平面属性"对话框，"方法"选择"提取"，选择如图 4-122（a）所示的按钮顶部曲面（绿色高亮显示面），单击"√"按钮完

成平面 22 的创建。选择"剪切曲面"命令,打开"剪切曲面"对话框,以平面 22 为工具要素,对剪切后的面片拟合 10 进行修剪,得到剪切曲面 23,如图 4-122(b)所示。

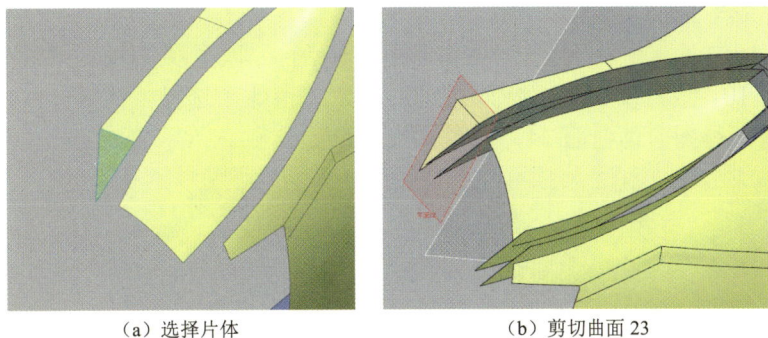

(a)选择片体   (b)剪切曲面 23

图 4-122   绘制剪切曲面 23

④ 通过放样曲面连接两张曲面。选择"创建曲面"→"放样"命令,打开"放样"对话框,选中两条边线,进行曲面放样,得到放样曲面 10 和放样曲面 11,如图 4-123(a)与图 4-123(b)所示。

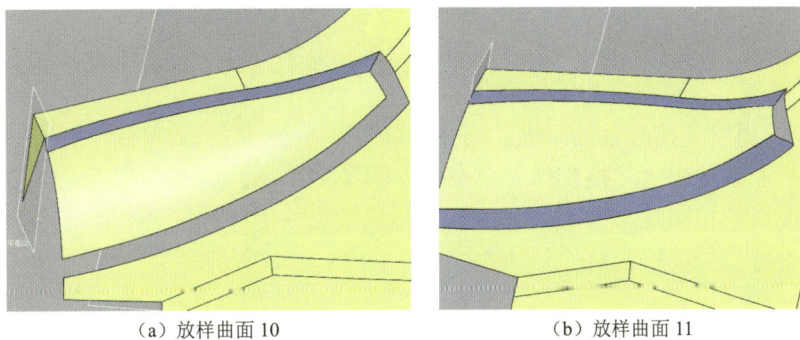

(a)放样曲面 10   (b)放样曲面 11

图 4-123   放样曲面 10 和放样曲面 11

如果两个放样曲面的法线方向是反的,则可以使用"反转法线"命令将放样曲面 10、放样曲面 11 的法线反转,如图 4-124(a)、(b)所示。

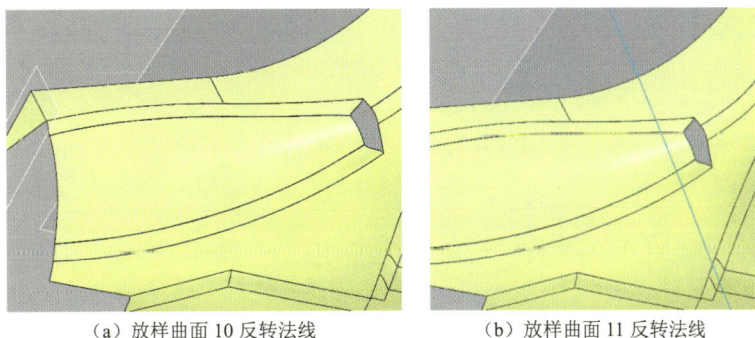

(a)放样曲面 10 反转法线   (b)放样曲面 11 反转法线

图 4-124   放样曲面 10、放样曲面 11 的反转法线

⑤ 修剪放样曲面 10、放样曲面 11 和面片拟合 10 的顶部。选择"平面"命令，打开"平面属性"对话框，"方法"选择绘制直线，绘制如图 4-124（b）中绿色高亮显示部分所示的直线，完成平面 23 的创建。

选择"剪切曲面"命令，打开"剪切曲面"对话框，以平面 23 为工具要素，"对象体"选择放样曲面 10、放样曲面 11 和剪切曲面 23，"保留体"选择主体部分，将与主体相交部分进行修剪，得到剪切曲面 24，如图 4-125 所示。

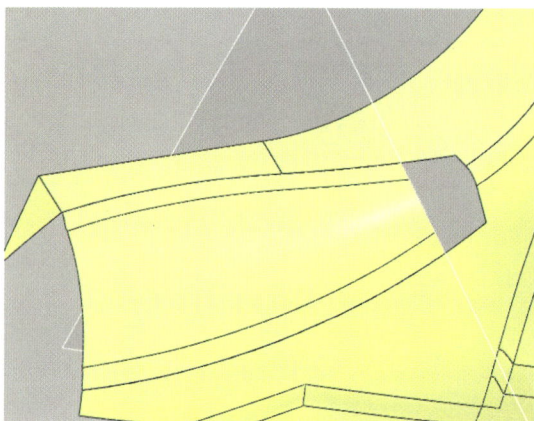

图 4-125　剪切曲面 24

⑥ 补全与枪管连接部分的平面。选择"草图"命令，打开"草图"对话框，以右视基准面为草图平面，使用"转换实体"命令将如图 4-126（a）所示的与枪管连接的边线转换为实体，完成后退出面片草图 10。选择"创建曲面"→"拉伸"命令，对图 4-126（a）中绘制的轮廓进行拉伸，得到拉伸片体 5，如图 4-126（b）所示。

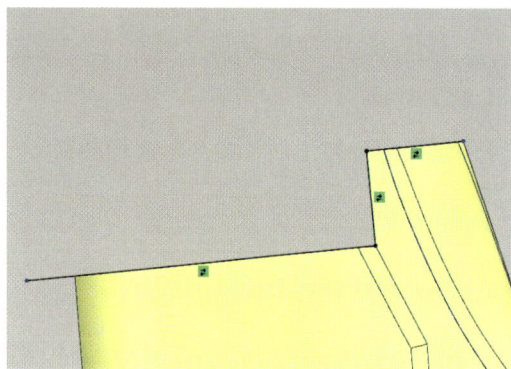

（a）面片草图 10

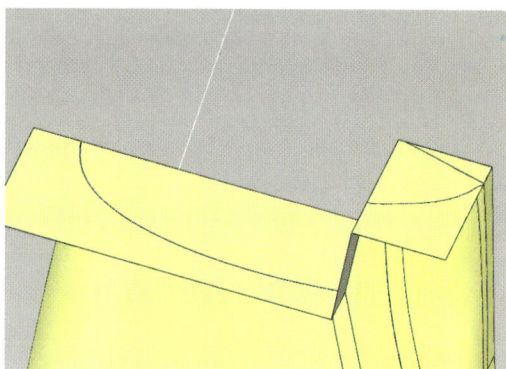

（b）拉伸片体 5

图 4-126　面片草图 10 与拉伸片体 5

⑦ 修剪枪管连接平面与主体面相交的多余部分。选择"延长曲面"命令，打开"延长曲面"对话框，将延长曲面 5 的边线延长，如图 4-127（a）所示。完成后使用"剪切曲面"命令对两张面互相修剪，得到剪切曲面 25，如图 4-127（b）所示。

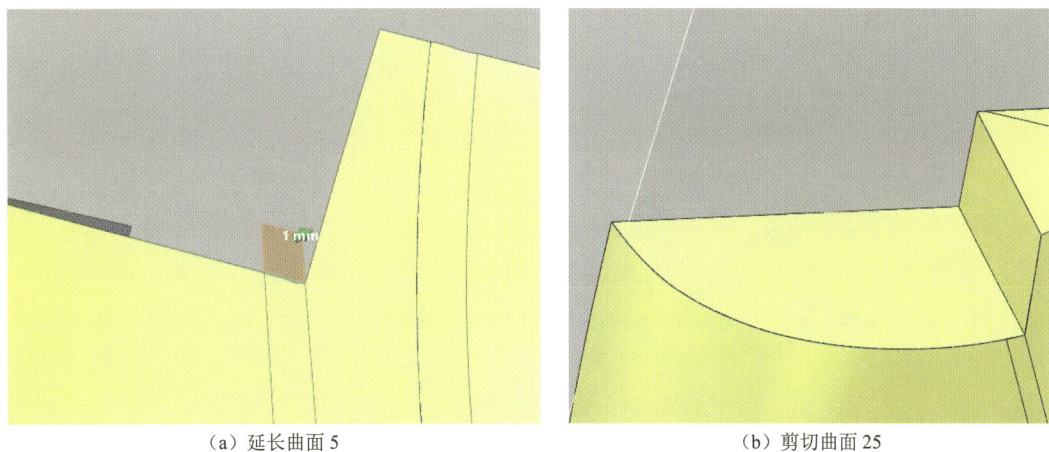

（a）延长曲面 5　　　　　　　　　　（b）剪切曲面 25

图 4-127　延长曲面 5 与剪切曲面 25

⑧ 删除多余片体。选择"模型"→"体/面"→"删除面"命令，打开"删除面"对话框，点选"删除"单选按钮，将剪切曲面 25 上的小三角面选中，单击"√"按钮完成操作，如图 4-128 所示。

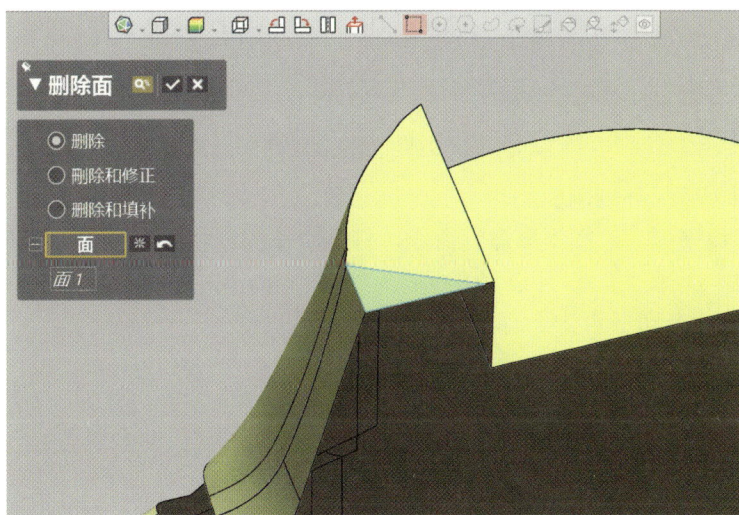

图 4-128　删除多余片体

⑨ 缝合已做的所有面。选择"缝合"命令，打开"缝合"对话框，将如图 4-129（a）所示的所有面缝合为一个面，得到缝合曲面 8。

⑩ 填补修剪的孔洞。选择"面填补"命令，打开"面填补"对话框，选择孔洞的周围边线，勾选"设置连续性约束条件"复选框，选择"相切（G1）"选项，单击"All"按钮，得到面填补 4，如图 4-129（b）所示。

⑪ 缝合填补好的孔洞与主体面。选择"缝合"命令，打开"缝合"对话框，将缝合曲面 8 与面填补 4 的面缝合为一张面，单击"√"按钮完成操作，得到缝合曲面 9，如图 4-130 所示。

（a）缝合曲面 8　　　　　　　　　　　　（b）面填补 4

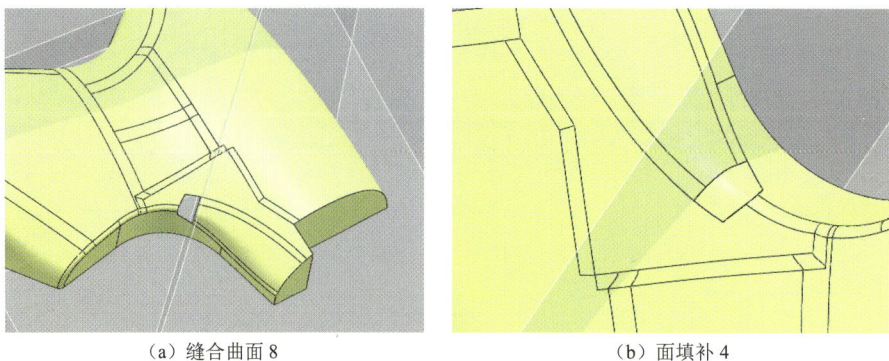

图 4-129　缝合曲面 8 与面填补 4

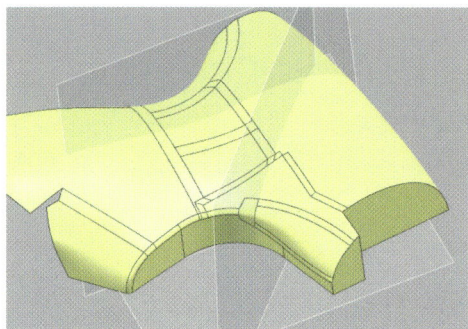

图 4-130　缝合曲面 9

12 镜像创建另外一侧曲面。

① 创建镜像平面。选择"平面"命令，打开"平面属性"对话框，"要素"选择右视基准面，"方法"选择"偏移"，设置"距离"为 0.2mm，如图 4-131（a）所示，单击"√"按钮使设置生效，得到平面 24，如图 4-131（b）所示。

视频：镜像创建
另外一侧曲面

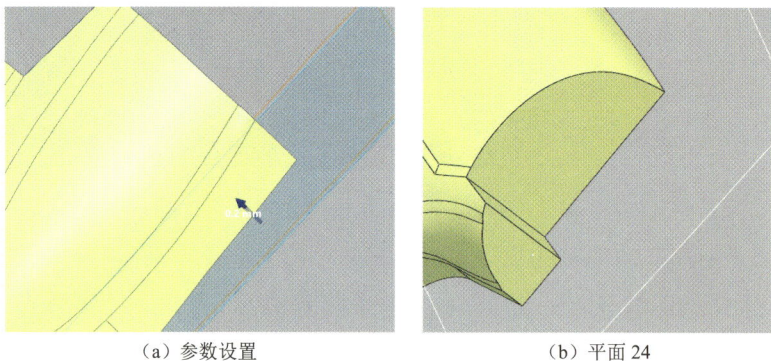

（a）参数设置　　　　　　　　　　　　（b）平面 24

图 4-131　创建镜像平面

② 镜像片体。选择"模型"→"阵列"→"镜像"命令，打开"镜像"对话框，如图 4-132（a）所示，"体"选择缝合后的主体面（缝合曲面 9），"对称平面"选择平面 24，如图 4-132（b）所示。单击"√"按钮使设置生效，效果如图 4-132（c）所示。

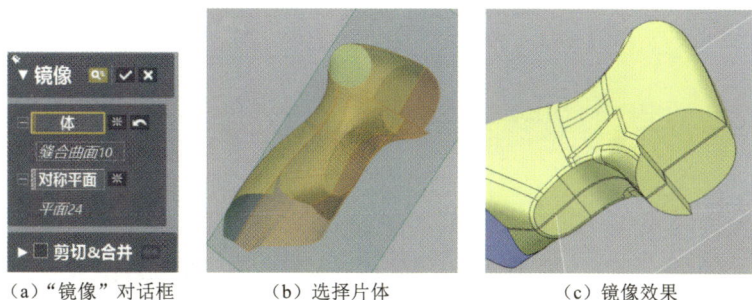

（a）"镜像"对话框　　　　（b）选择片体　　　　（c）镜像效果

图 4-132　镜像片体

③ 修剪左右两片体的连接部分。选择"平面"命令，打开"平面属性"对话框，以右视基准面为要素，"方法"选择"偏移"，分别以右视基准面向两侧各偏移 0.5mm，创建平面 25 与平面 26，如图 4-133（a）所示。完成后利用这两张平面剪切两个面片体，得到剪切曲面 26，如图 4-133（b）所示。

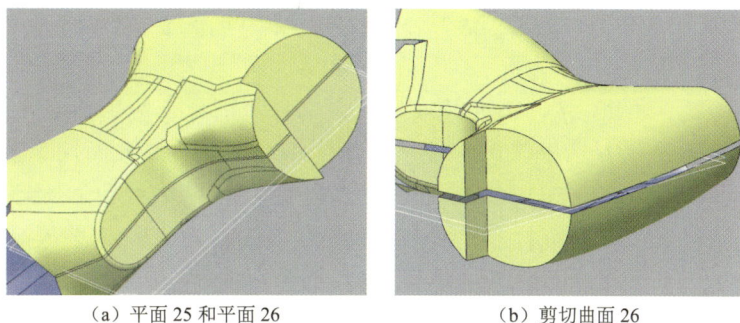

（a）平面 25 和平面 26　　　　　　（b）剪切曲面 26

图 4-133　平面 25、平面 26 与剪切曲面 26

④ 连接左右两片体。选择"放样"命令，在两片体之间进行放样，得到放样曲面 12 和放样曲面 13，如图 4-134 所示。

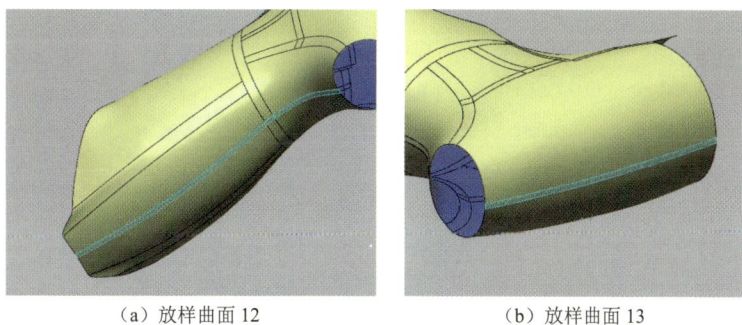

（a）放样曲面 12　　　　　　（b）放样曲面 13

图 4-134　放样曲面 12 与放样曲面 13

使用"放样"命令将如图 4-135（a）所示绿色高亮显示的四条空隙放样，得到放样曲面 14～放样曲面 17。

⑤ 缝合左右两面和连接部分。使用"缝合"命令将所有面缝合在一起，得到缝合曲面 10，如图 4-135（b）所示。

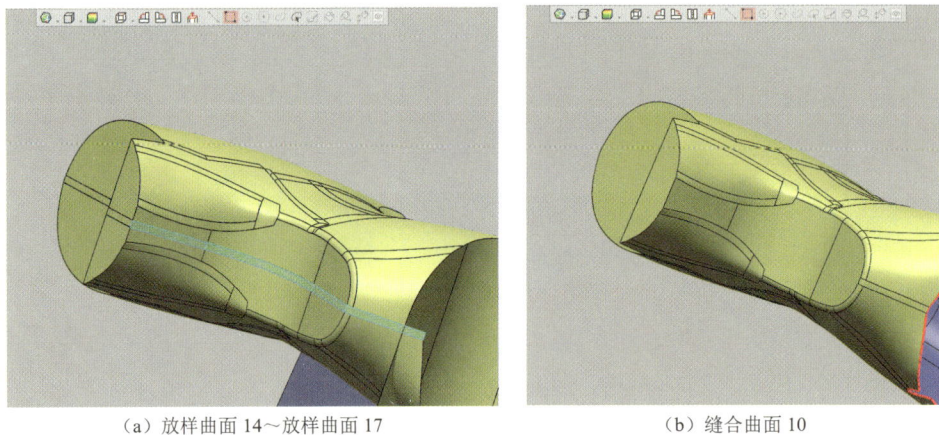

（a）放样曲面 14～放样曲面 17　　　　　　　（b）缝合曲面 10

图 4-135　放样曲面 14～放样曲面 17 与缝合曲面 10

13　创建腔体尾部和握把前端闭合曲面。完成缝合后，曲面体上还有两处未闭合的区域，分别位于腔体尾部和握把前端。需要绘制这两个部分的曲面，与缝合曲面 10 构成封闭的曲面。

视频：创建腔体尾部
和握把端闭合曲面

① 拉伸两处区域片体。选择"面片草图"命令，打开"面片草图"对话框，以右视基准面为基准平面，截取面片草图 11 轮廓，如图 4-136（a）所示。在面片草图中，使用"直线"命令绘制盖头处线段，使用"智能尺寸"命令将线段角度约束为 4.9°。线段绘制完成后，将 stl 数据显示出来，选择"3 点圆弧"命令，根据握把及曲面连接处的特征手动描绘出大概轮廓，如图 4-136（b）所示。完成草图绘制后，退出草图。

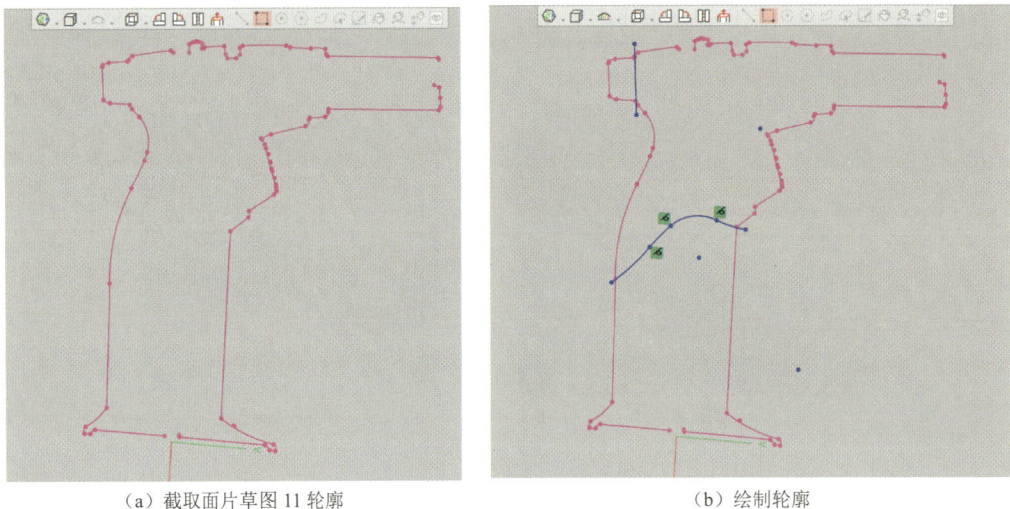

（a）截取面片草图 11 轮廓　　　　　　　（b）绘制轮廓

图 4-136　面片草图 11

选择"创建曲面"→"拉伸"命令，将面片草图 11 中绘制的两段草图线拉伸，超过缝合曲面 10 的范围即可，得到拉伸片体 6，如图 4-137 所示。

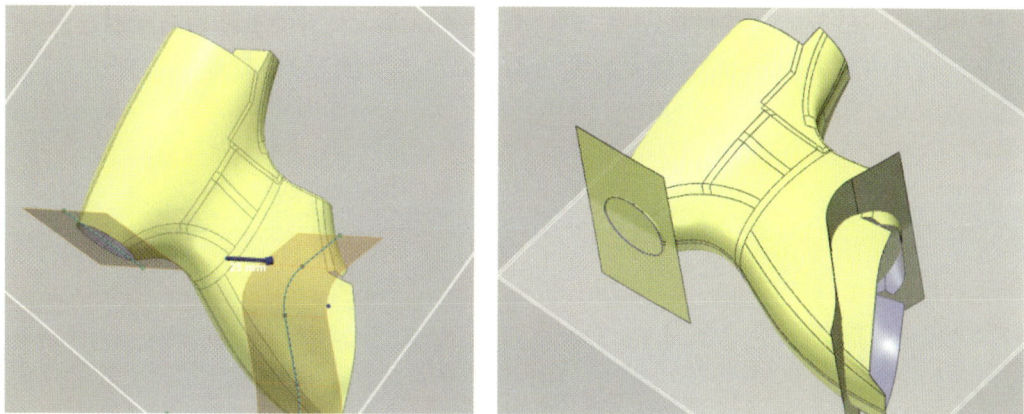

图 4-137　拉伸片体 6

② 修剪两片体的多余部分。完成拉伸片体 6 后，将握把实体显示出来，观察握把实体顶面高度是否超过拉伸片体 6 中的握把前端片体。若握把主体与握把前端不完全相交，则选择"移动面"命令，打开"移动面"对话框，使两者相交。在"移动面"对话框中，"面"选择握把实体的顶面，"方向"同样选择握把实体的顶面，"距离"设置为超出握把前端，如图 4-138（a）所示。

③ 用缝合曲面 10 完成握把实体顶部轮廓的修剪。选择"模型"→"编辑"→"切割"命令，打开"切割"对话框，"工具要素"选择握把前端，"对象体"选择握把，单击"→"按钮进入下一步，"保留体"选择握把主体部分（绿色高亮显示部分），单击"√"按钮，得到切割 1，如图 4-138（b）所示。

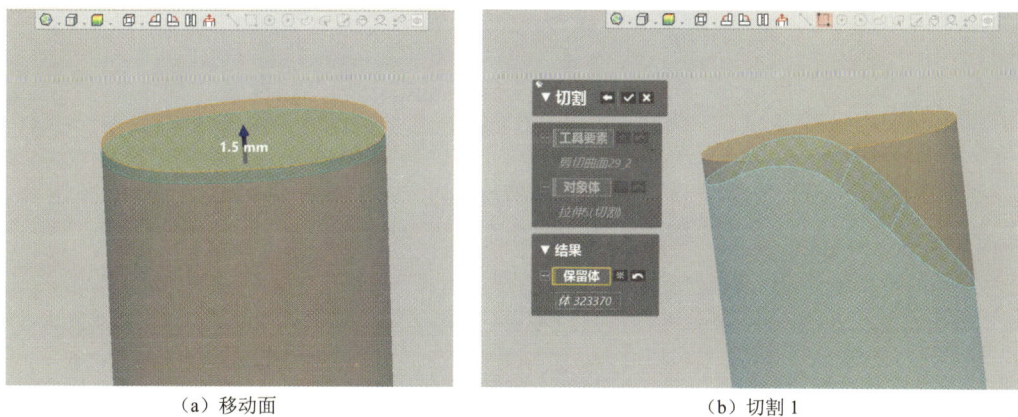

（a）移动面

（b）切割 1

图 4-138　移动面与切割 1

④ 修剪拉伸片体 6 的两片体的多余部分。选择"剪切曲面"命令，打开"剪切曲面"对话框，"工具要素"选择缝合曲面 10，"对象体"选择拉伸片体 6 的两片体，"保留体"选择中间部分，单击"√"按钮完成操作，如图 4-139（a）所示。

⑤ 修剪主体面的多余部分。选择"剪切曲面"命令，打开"剪切曲面"对话框，"工具要素"选择修剪完成的拉伸片体 6 的两片体，"对象体"选择缝合曲面 10，"保留体"选择中间主体部分，如图 4-139（b）所示。单击"√"按钮，得到剪切曲面 27，如图 4-139（c）所示。

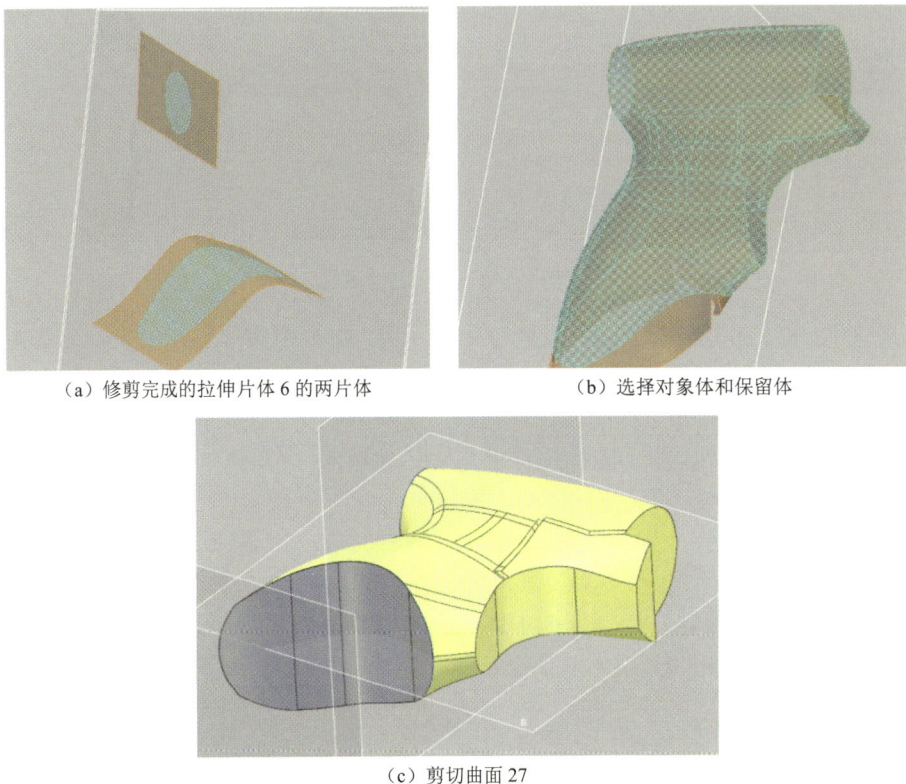

（a）修剪完成的拉伸片体 6 的两片体 　　　（b）选择对象体和保留体

（c）剪切曲面 27

图 4-139　绘制剪切曲面 27

选择"反转法线"命令，"曲面体"选择剪切曲面 27，如图 4-140（a）所示。单击"√"按钮完成操作，反转后的法线朝向如图 4-140（b）所示。

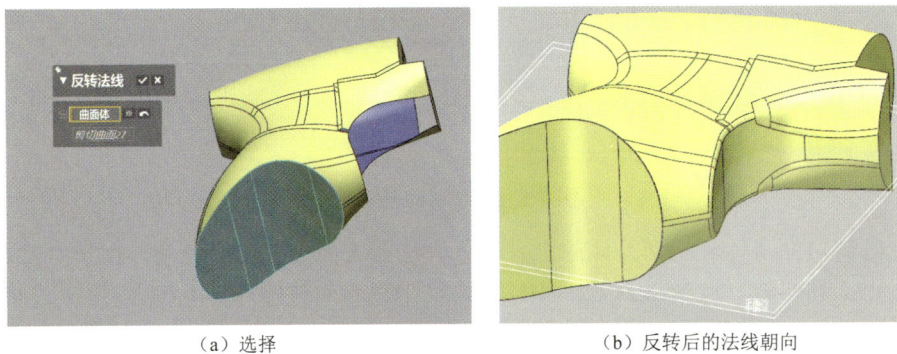

（a）选择 　　　　　　　　　　　　　（b）反转后的法线朝向

图 4-140　反转法线

14 将握把上部缝合为实体。选择"缝合"命令，将所有曲面体选中，如图 4-141（a）所示，单击"→"按钮进入下一步，当片体由曲面状态变为实体状态时，说明缝合成功，没有缝隙存在，单击"√"按钮完成缝合，得到缝合实体 2，如图 4-141（b）所示。至此，曲面主体创建完成。

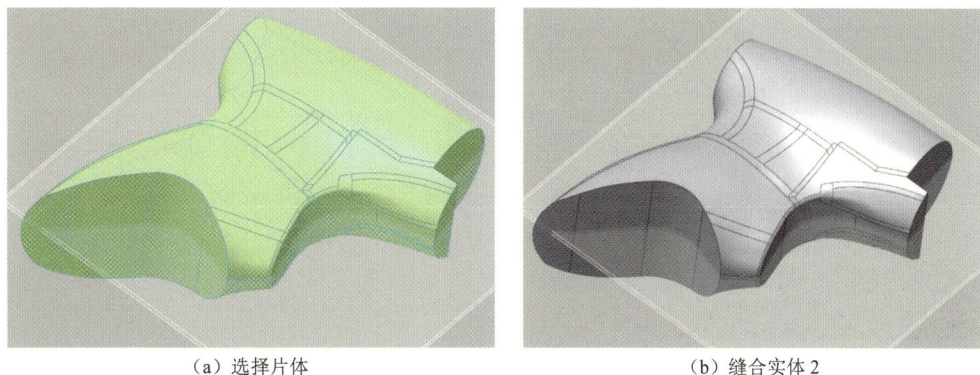

(a) 选择片体   (b) 缝合实体 2

图 4-141　将握把上部缝合为实体

Step5　绘制枪管

01 绘制枪管底部主体。点火枪主体创建完成后，使用"体偏差"命令检查腔体前端的偏差情况，如图 4-142（a）所示，可见台阶面呈蓝色状，这说明前端顶面比采集数据偏小。将鼠标指针放置在此面上时，显示偏差的距离为-0.23mm，可将腔体前端顶面移动一定距离，使其满足精度要求。

视频：枪管特征
绘制（一）

选择"移动面"命令，面与方向均选择腔体前端台阶面的顶面（高亮显示部分），"距离"设置为 0.2mm，单击"√"按钮使设置生效，得到移动面 4，如图 4-142（b）所示。

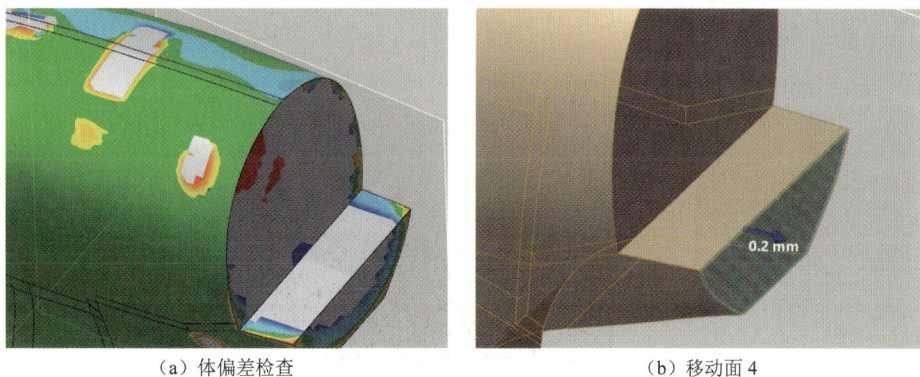

(a) 体偏差检查   (b) 移动面 4

图 4-142　体偏差检查与移动面 4

选择"面片草图"命令，打开"面片草图的设置"对话框，"基准平面"选择如图 4-143（a）所示的腔体前端台阶面的底面（绿色高亮显示的面），单击"√"按钮进入草图绘制界面，绘制如图 4-143（b）所示的草图轮廓。

视频：枪管特征
绘制（二）

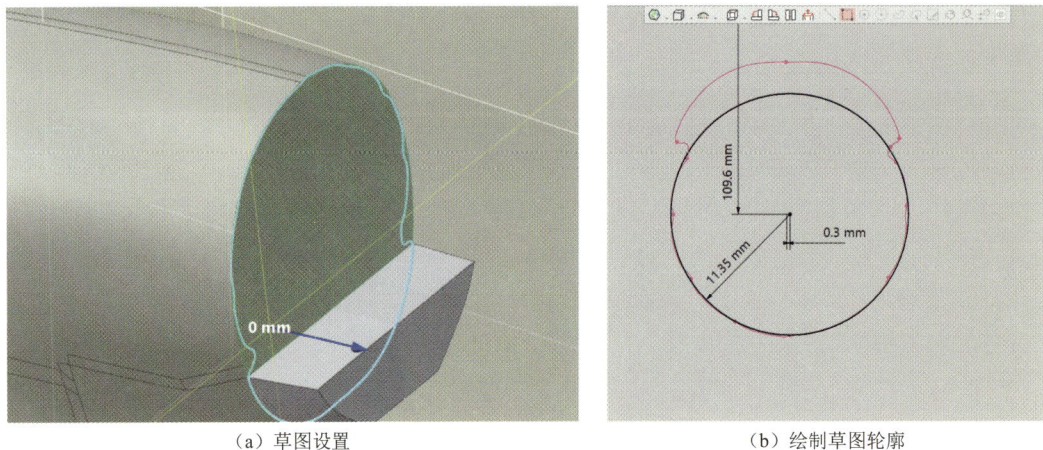

（a）草图设置　　　　　　　　　　　　　　（b）绘制草图轮廓

图 4-143　面片草图 12

选择"创建实体"→"拉伸"命令，打开"拉伸"对话框，选中面片草图 12 的轮廓，设置"长度"为 12mm，勾选"拔模"复选框，设置"角度"为 4°，勾选"合并"复选框，如图 4-144（a）所示，单击"√"按钮使设置生效，得到拉伸实体 1，如图 4-144（b）所示。

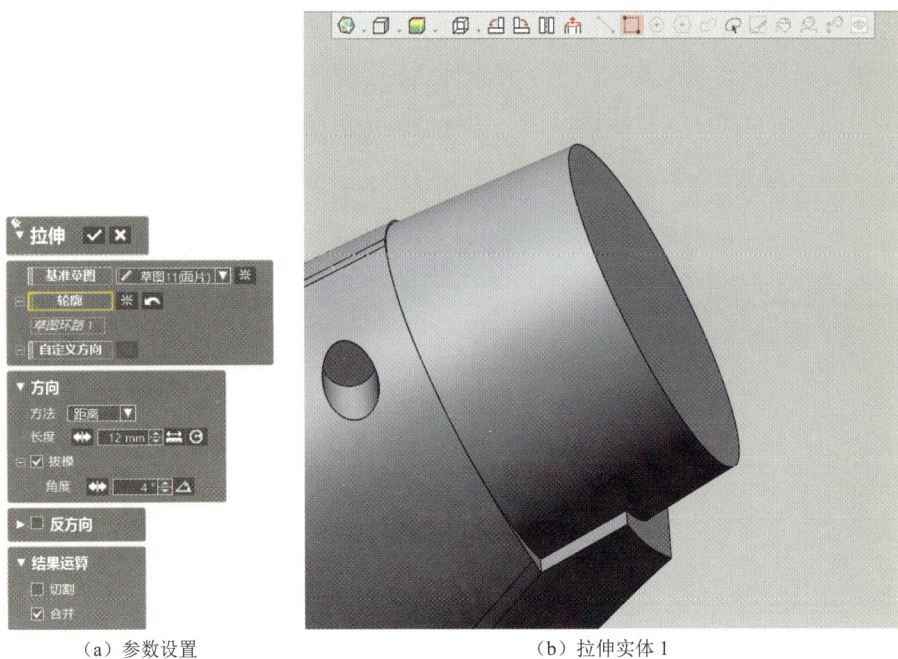

（a）参数设置　　　　　　　　　　　　　　（b）拉伸实体 1

图 4-144　创建拉伸实体 1

02　绘制枪管底部细节特征。选择"面片草图"命令，打开"面片草图的设置"对话框，"基准平面"选择右视基准面，进入草图，绘制如图 4-145（a）所示的面片草图 13，完成后退出草图。

选择"模型"→"创建实体"→"回转"命令，打开"回转"对话框，"轮廓"选择面片草图 13 的轮廓，"轴"选择偏移 1.5mm 的曲线，"方法"选择"平面中心对称"，设置"角度"为 90°。不勾选任何结果运算,单击"√"按钮完成回转操作,得到回转 1,如图 4-145(b)所示。

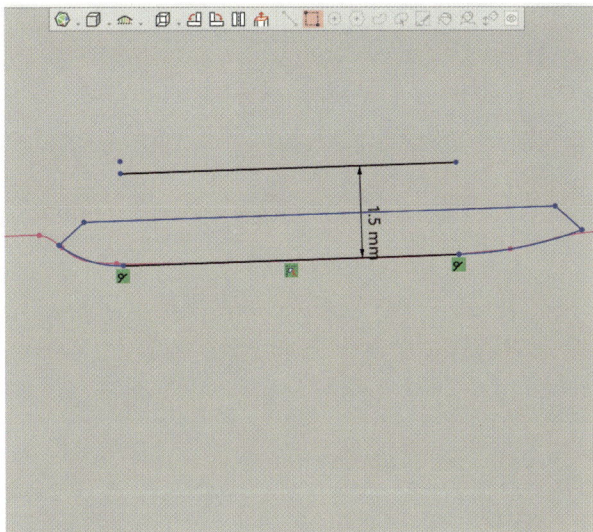

(a)面片草图 13

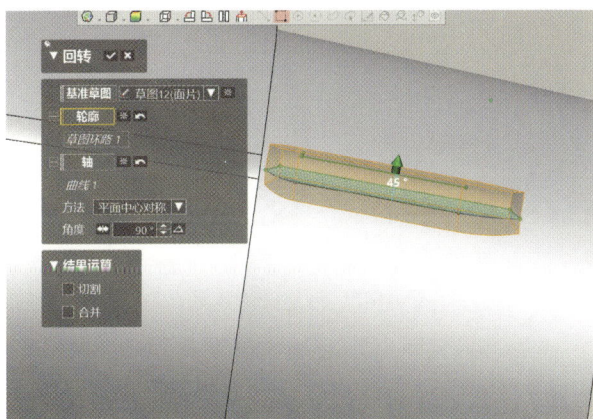

(b)回转 1

图 4-145　面片草图 13 与回转 1

选择"模型"→"阵列"→"圆形阵列"命令,打开"圆形阵列"对话框,"体"选择回转出的回转 1,"回转轴"选择拉伸实体 1 的圆面,如图 4-146(a)中的绿色高亮显示面,"要素数"设置为 2,"交差角"设置为 2.5°。单击"√"按钮使设置生效,得到如图 4-146(b)所示的圆形阵列 1 和回转 1,将回转 1 隐藏,保留圆形阵列 1。

选择"圆形阵列"命令,打开"圆形阵列"对话框,"体"选择圆形阵列 1,"回转轴"选择拉伸实体 1 的圆面 [图 4-147(a)中的绿色高亮显示面],"要素数"设置为 12,勾选"等间距"复选框,"合计角度"设置为 360°。单击"√"按钮使设置生效,得到如图 4-147(b)所示的圆形阵列 2。

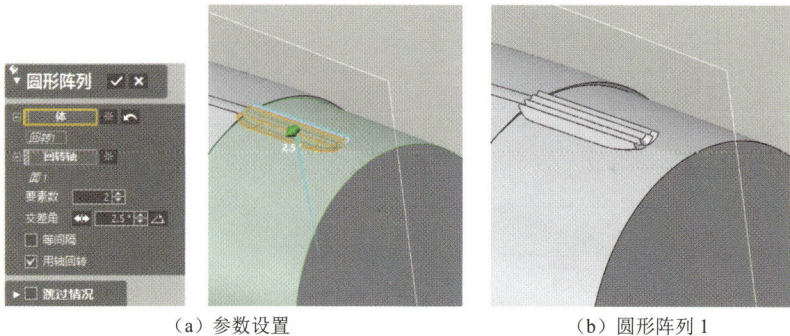

（a）参数设置   （b）圆形阵列 1

图 4-146 创建圆形阵列 1

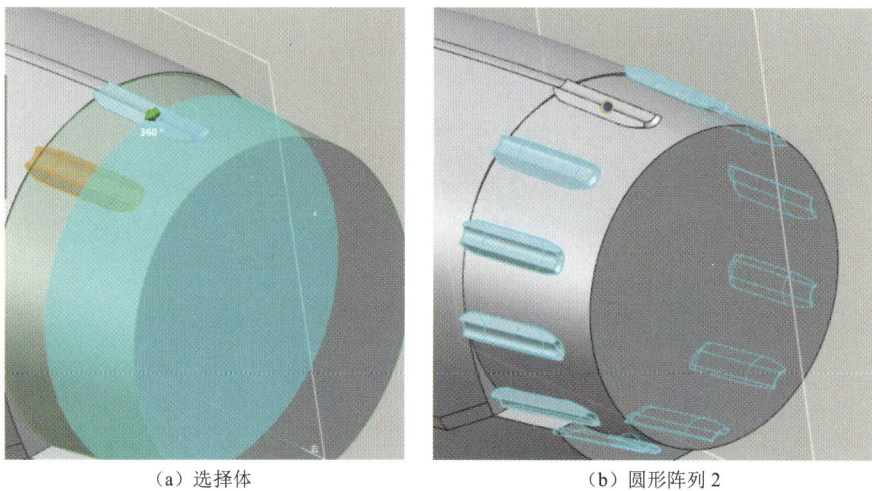

（a）选择体   （b）圆形阵列 2

图 4-147 创建圆形阵列 2

　　选择"布尔运算"命令，打开"布尔运算"对话框，"操作方法"点选"切割"单选按钮，"工具要素"选择圆形阵列 2 的部分实体，"对象体"选择拉伸实体 1 的圆面，如图 4-148（a）所示。选择完成后单击"√"按钮，得到切割 2，如图 4-148（b）所示。

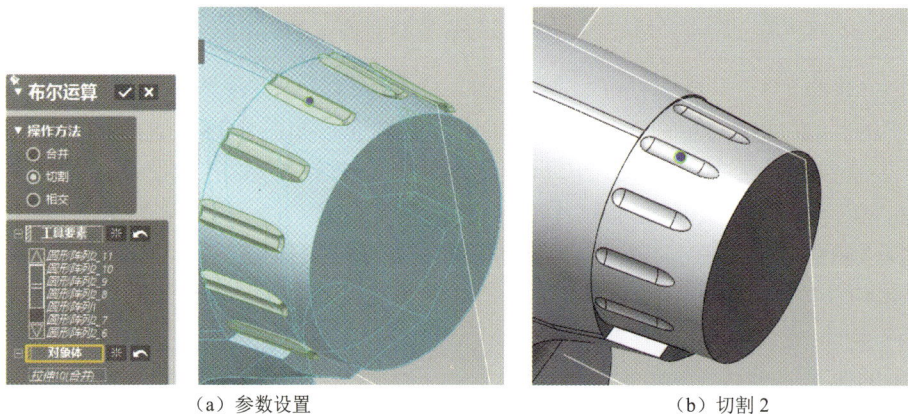

（a）参数设置   （b）切割 2

图 4-148 创建切割 2

选择"模型"→"编辑"→"圆角"命令,打开"圆角"对话框,选择如图 4-149 所示的边线,"半径"设置为 1mm,单击"√"按钮使设置生效,得到圆角 1。

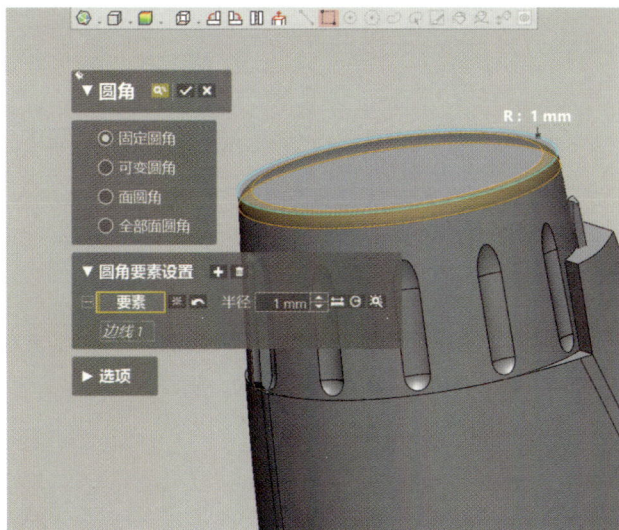

图 4-149　圆角 1

选择"平面"命令,打开"平面属性"对话框,"要素"选择如图 4-150(a)所示的枪头平面领域,"方法"选择"提取",单击"√"按钮完成平面 25 的创建。以平面 25 创建面片草图 14。打开"面片草图"对话框,按住鼠标左键并拖动鼠标,使细长蓝色箭头移至如图 4-150(b)所示位置,单击"√"按钮进入草图。

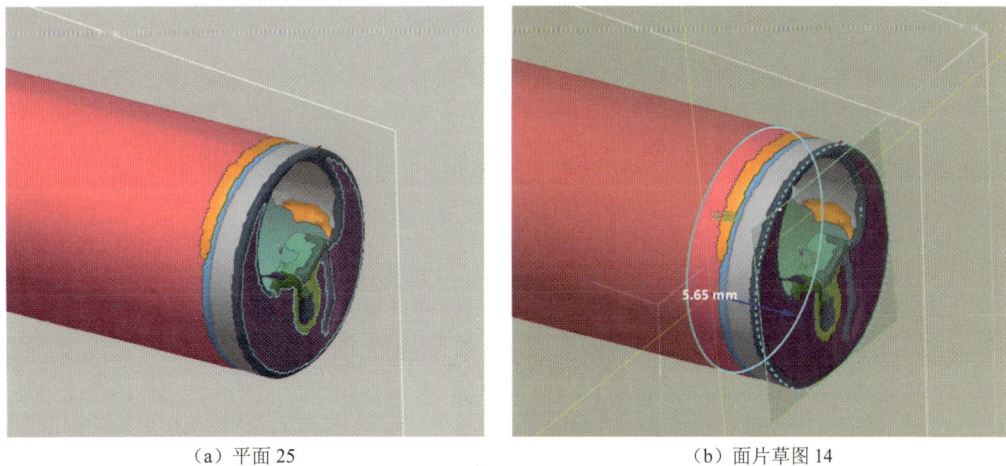

（a）平面 25　　　　　　　　　　（b）面片草图 14

图 4-150　平面 25 与面片草图 14

03　绘制枪管点火端。使用"圆"命令拟合出圆,尺寸约束如图 4-151(a)所示,约束完成后退出草图。选择"创建实体"→"拉伸"命令,打开"拉伸"对话框,"轮廓"选择圆轮廓,拖动蓝色箭头至实体内部即可,勾选"拔模"复选框,设置"角度"为 0.5°,

在"结果运算"下拉列表中勾选"合并"复选框，参数设置完成后，单击"√"按钮使设置生效，得到拉伸实体2，如图4-151（b）所示。

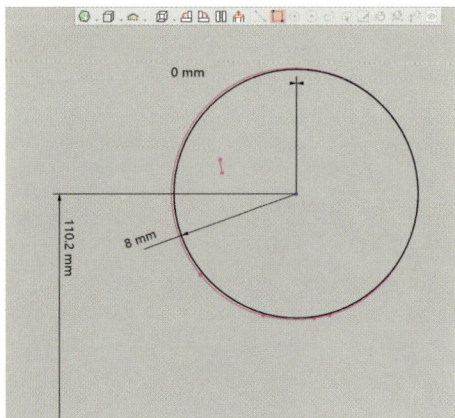

（a）尺寸约束

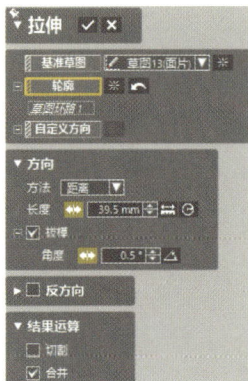 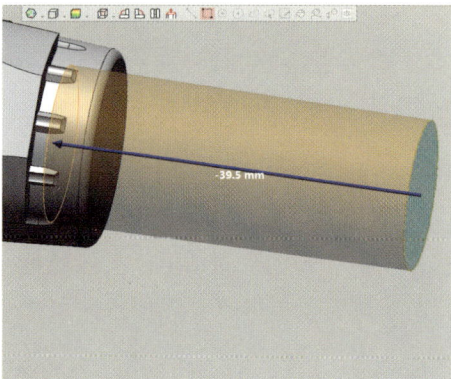

（b）拉伸实体2

图4-151　创建拉伸实体2

选择"平面"命令，打开"平面属性"对话框，"要素"选择平面25，按住鼠标左键并拖动，将蓝色箭头移至槽所在位置，得到平面26，如图4-152所示。

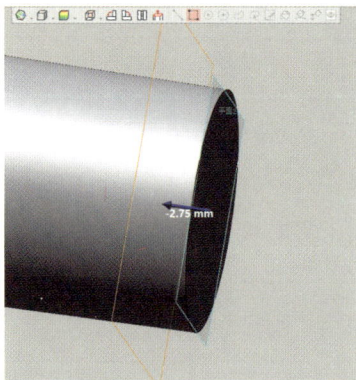

图4-152　平面26

以平面 26 为截取平面，选择"面片草图"命令，打开"面片草图"对话框，进入草图界面，绘制两个圆，对这两个圆进行尺寸约束，完成面片草图 15 的绘制。完成后退出草图，选择"创建实体"→"拉伸"命令，"轮廓"选择面片草图 15，"方法"选择"平面中心对称"，"长度"设置为 0.5mm，在"结果运算"选项区域中勾选"切割"复选框，单击"√"按钮使设置生效，得到拉伸实体 3，如图 4-153（b）所示。

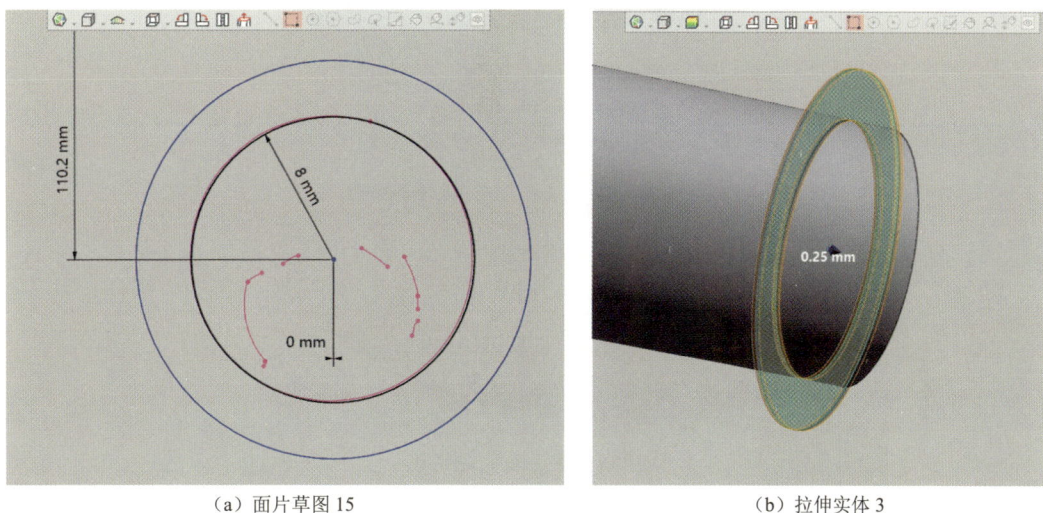

（a）面片草图 15　　　　　　　　　　　　（b）拉伸实体 3

图 4-153　面片草图 15 与拉伸实体 3

选择"面片草图"命令，打开"面片草图"对话框，基准平面选择枪管顶面，参数设置如图 4-154（a）所示，由基准面偏移 0.85mm，截出枪口孔的轮廓，单击"√"按钮进入草图。在草图中绘制如图 4-154（b）所示的圆并进行尺寸约束，完成草图 16 的创建。完成后退出草图。

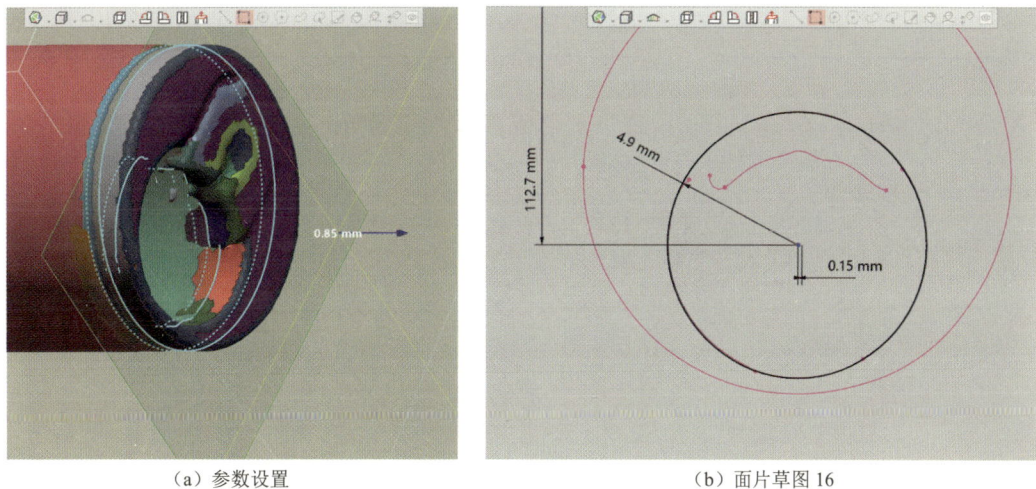

（a）参数设置　　　　　　　　　　　　　（b）面片草图 16

图 4-154　绘制面片草图 16

选择"创建实体"→"拉伸"命令，打开"拉伸"对话框，选择面片草图 16 的轮廓，"长度"设置为 6mm，"方向"设置为反向，在"结果运算"选项区域中勾选"切割"复选框，单击"√"按钮使设置生效，得到拉伸实体 4，如图 4-155 所示。

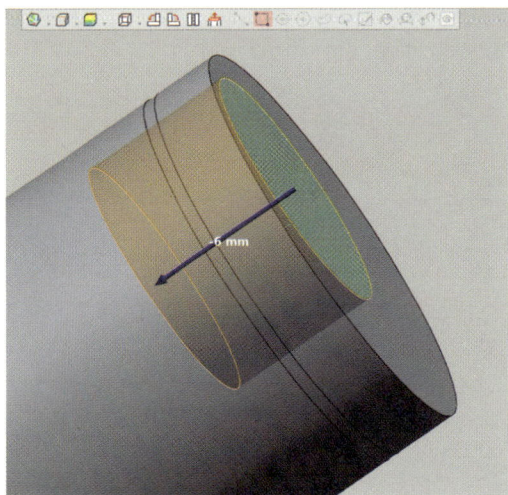

图 4-155　拉伸实体 4

至此，枪管前半部分特征创建完成。

Step6　绘制枪管尾部特征

01 尾部主体绘制。选择"平面"命令，打开"平面属性"对话框，选择如图 4-156（a）所示的领域，单击"√"按钮完成平面 27 的创建。选择"面片草图"命令，打开"面片草图"对话框，以平面 27 为基准平面绘制面片草图 17，参数设置如图 4-156（b）所示，单击"√"按钮进入草图界面。

视频：尾部特征绘制

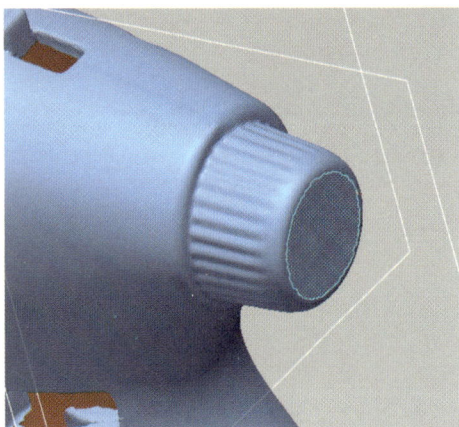

（a）平面 27

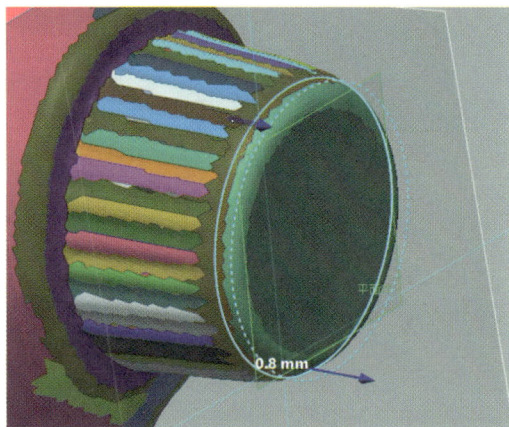

（b）面片草图 17

图 4-156　平面 27 与面片草图 17

进入草图界面后，绘制如图 4-157（a）所示的圆，并使用"智能尺寸"命令进行约束。完成后退出草图。选择"创建实体"→"拉伸"命令，打开"拉伸"对话框，按住鼠标左键并拖动，将蓝色箭头移至实体内部即可，勾选"拔模"复选框，"角度"设置为 5°，"方向"设置为反转，不勾选任何结果运算，单击"√"按钮完成拉伸操作，得到拉伸实体 5，如图 4-157（b）所示。

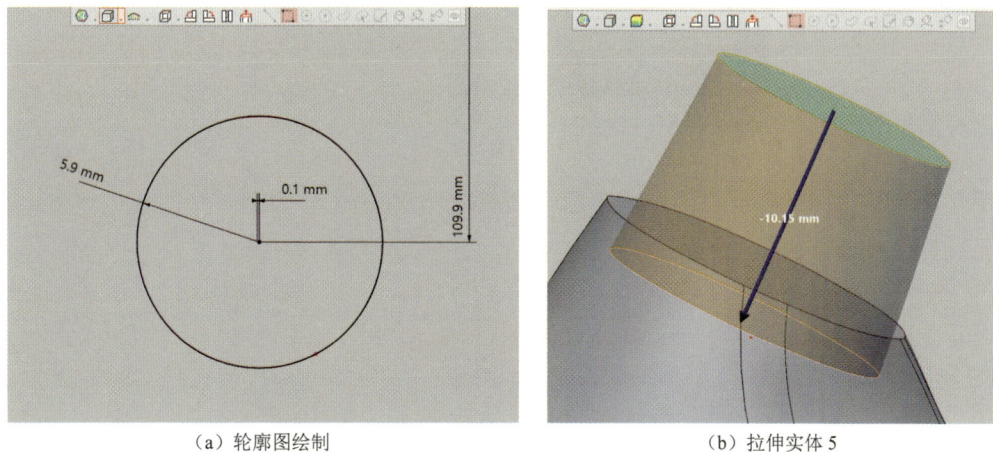

（a）轮廓图绘制　　　　　　　　　　　　　（b）拉伸实体 5

图 4-157　轮廓图绘制与拉伸实体 5

选择"圆角"命令，打开"圆角"对话框，"要素"选择如图 4-158 所示的圆边线，"半径"设置为 1.5mm，单击"√"按钮完成圆角 2 的创建。

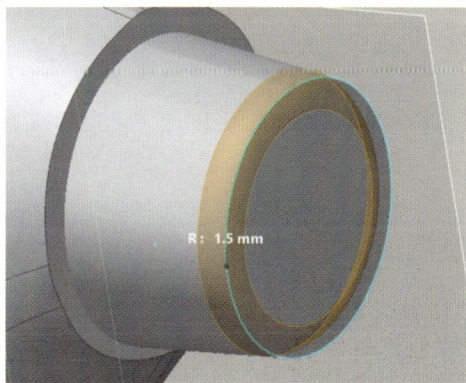

图 4-158　圆角 2

02 尾部细节特征绘制。选择"面片草图"命令，打开"面片草图"对话框，点选"回转投影"单选按钮，"中心轴"选择拉伸实体 5 的圆锥面，"基准平面"选择右视基准面，"由基准平面偏移角度"设置为 5°，法线方向反转，如图 4-159（a）所示，截取凹槽最深处。单击"√"按钮进入草图绘制界面，绘制如图 4-159（b）所示的草图轮廓并进行尺寸约束。

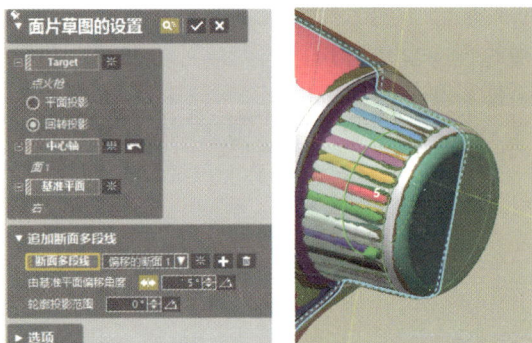

（a）参数设置

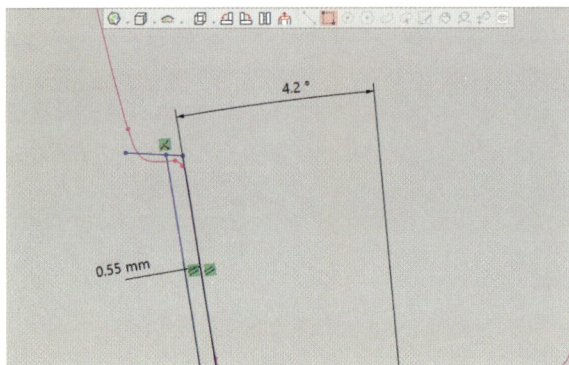

（b）面片草图 18

图 4-159　绘制面片草图 18

完成面片草图 18 的创建后，选择"创建实体"→"回转"命令，参数设置如图 4-160（a）所示，单击"√"按钮完成回转，得到回转 2。选择"圆形阵列"命令，打开"圆形阵列"对话框，"体"选择回转 2，"回转轴"选择拉伸实体 5 的圆锥面，"要素数"设置为 2，"交差角"设置为 5°，单击"√"按钮完成圆形阵列，得到圆形阵列 3，如图 4-160（b）所示。

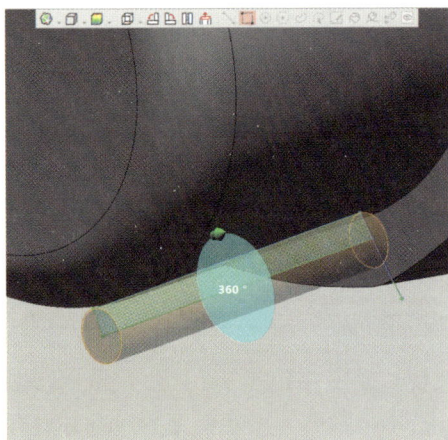

（a）回转 2

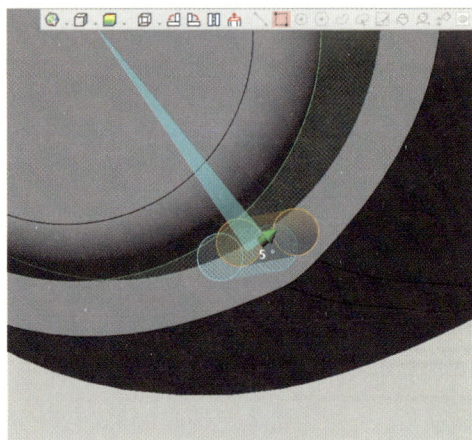

（b）圆形阵列 3

图 4-160　回转 2 与圆形阵列 3

完成圆形阵列 3 的创建后，将回转 2 隐藏，只显示圆形阵列 3。再次选择"圆形阵列"命令，打开"圆形阵列"对话框，"体"选择圆形阵列 3，"回转轴"选择拉伸实体 5 的圆锥面，"要素数"设置为 30，"合计角度"设置为 360°，勾选"等间隔"复选框，如图 4-161（a）所示。参数设置完成后，单击"√"按钮使设置生效，得到圆形阵列 4 如图 4-161（b）所示。

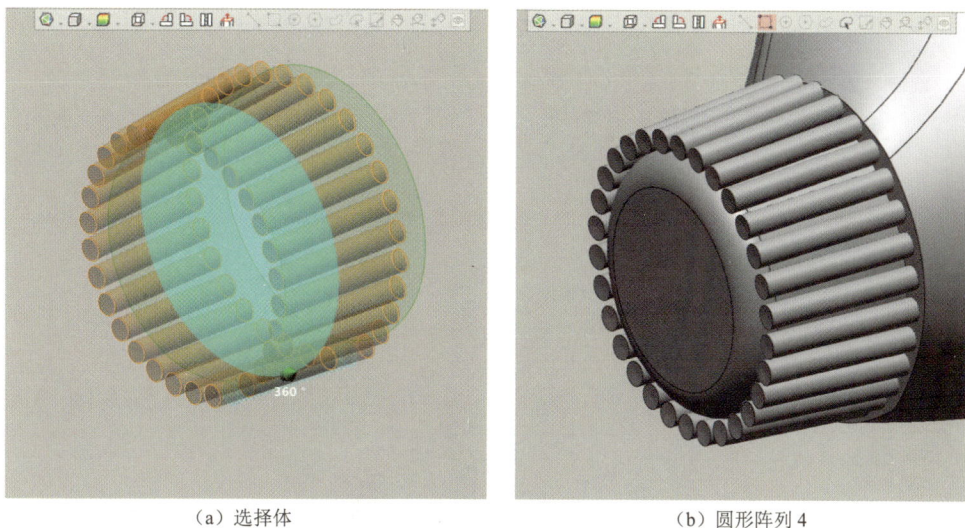

（a）选择体　　　　　　　　　　　　　（b）圆形阵列 4

图 4-161　创建圆形阵列 4

选择"布尔运算"命令，打开"布尔运算"对话框，"操作方法"选择"切割"，"工具要素"选择圆形阵列 3 和圆形阵列 4，"对象体"选择拉伸实体 5，如图 4-162（a）所示。选择完成后单击"√"按钮完成布尔运算，得到切割 3，如图 4-162（b）所示。

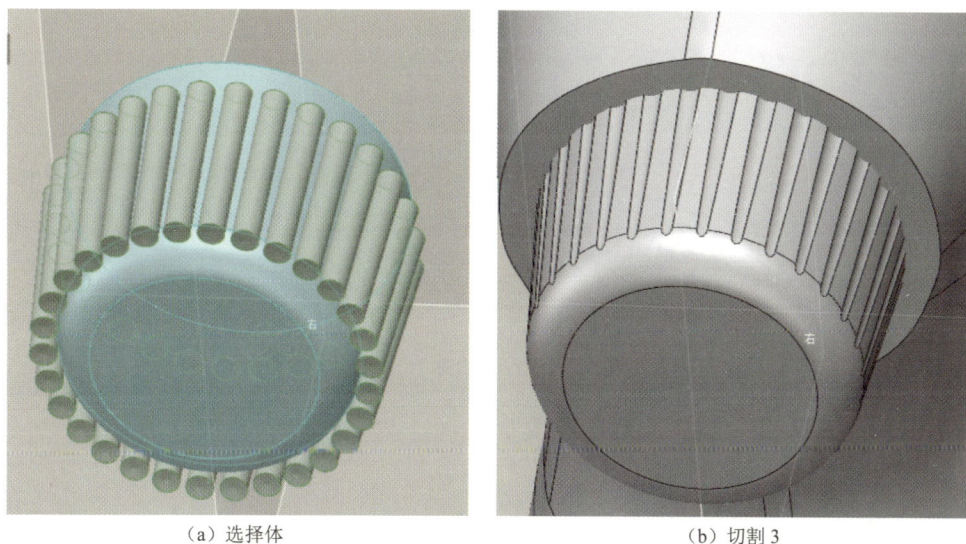

（a）选择体　　　　　　　　　　　　　（b）切割 3

图 4-162　创建切割 3

Step7　绘制按钮特征

01 绘制按钮主体。选择"平面"命令，打开"平面属性"对话框，"要素"选择如图 4-163 所示的按钮顶面上的平面领域，其余参数采用默认设置，单击"√"按钮完成平面 28 的创建。

视频：按钮特征绘制

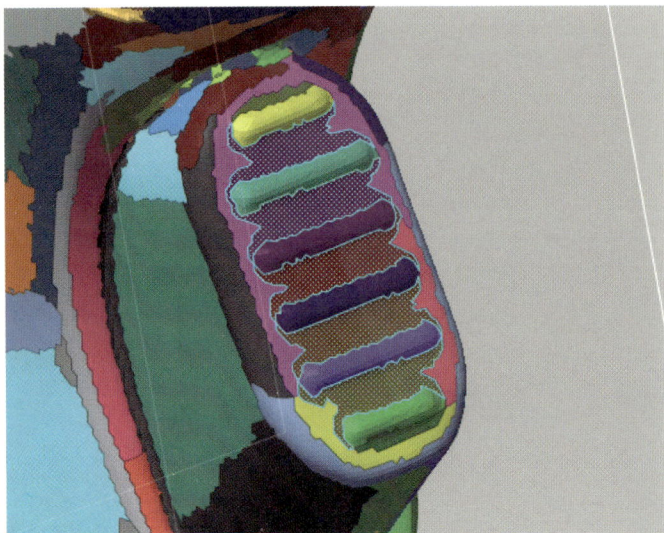

图 4-163　平面 28

选择"平面"命令，打开"平面属性"对话框，以平面 28 为"要素"，"距离"设置为 1.5mm，如图 4-164（a）所示，单击"√"按钮完成平面 29 的创建。以平面 29 为基准平面，创建面片草图 19，绘制如图 4-164（b）所示的轮廓并进行尺寸约束，完成草图绘制后退出草图界面。

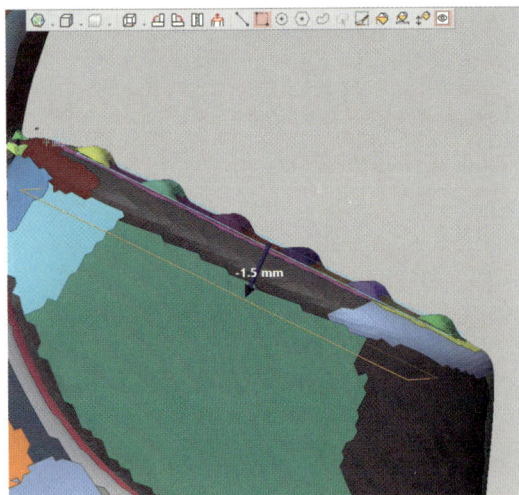

（a）平面 29

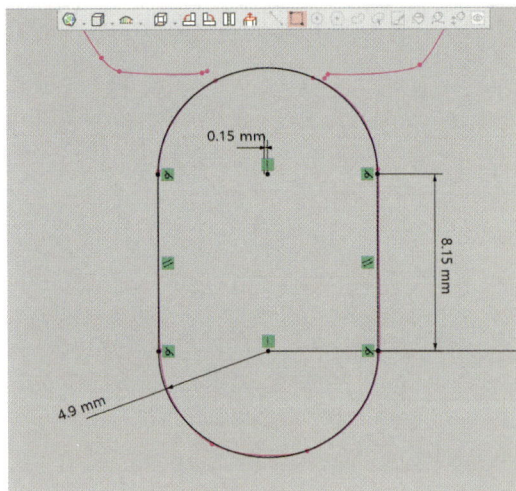

（b）面片草图 19

图 4-164　平面 29 与面片草图 19

选择"平面"命令，打开"平面属性"对话框，以平面 28 为"要素"，"距离"设置为 4.5mm，如图 4-165（a）所示，单击"√"按钮完成平面 30 的创建。以平面 30 为基准平面，创建面片草图 20，绘制如图 4-165（b）所示的轮廓并进行尺寸约束，完成草图绘制后退出草图界面。

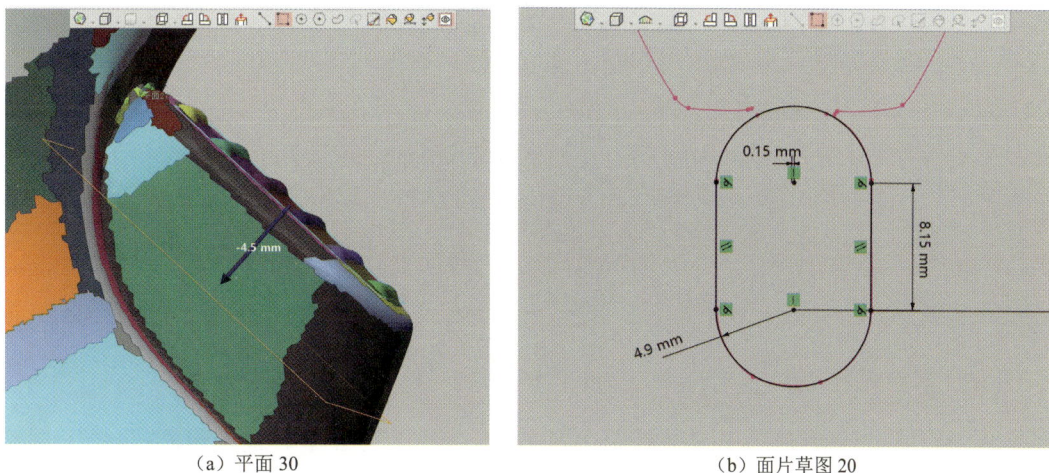

（a）平面 30　　　　　　　　　　　　　　（b）面片草图 20

图 4-165　平面 30 与面片草图 20

选择"创建实体"→"放样"命令，打开"放样"对话框，"轮廓"依次选择面片草图 19 及面片草图 20 的轮廓，如图 4-166（a）所示。选择完成，确认预览图无误后，单击"√"按钮完成放样体 1 的创建。选择"移动面"命令，打开"移动面"对话框，"面"选择放样体的底面，如图 4-166（b）所示，"方向"同样选择放样体 1 的底面，按住鼠标左键并拖动，将鼠标指针移至超过实体面即可，单击"√"按钮完成移动面操作，得到移动面 5。

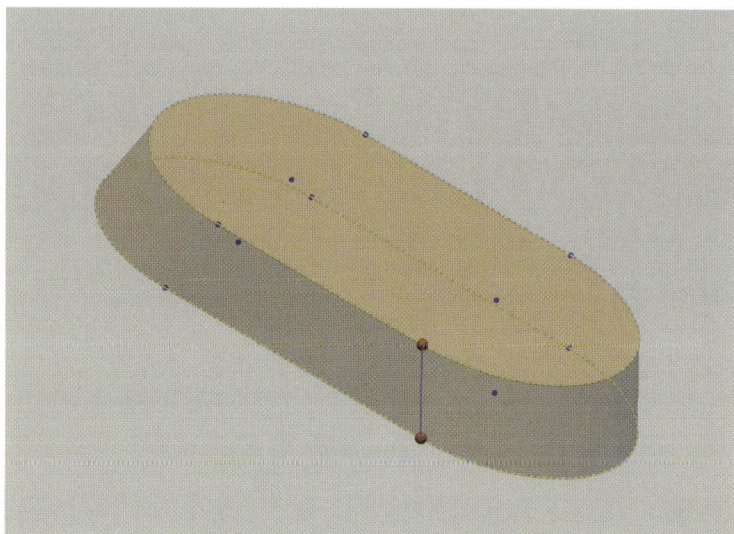

（a）放样体 1

图 4-166　放样体 1 与移动面 5

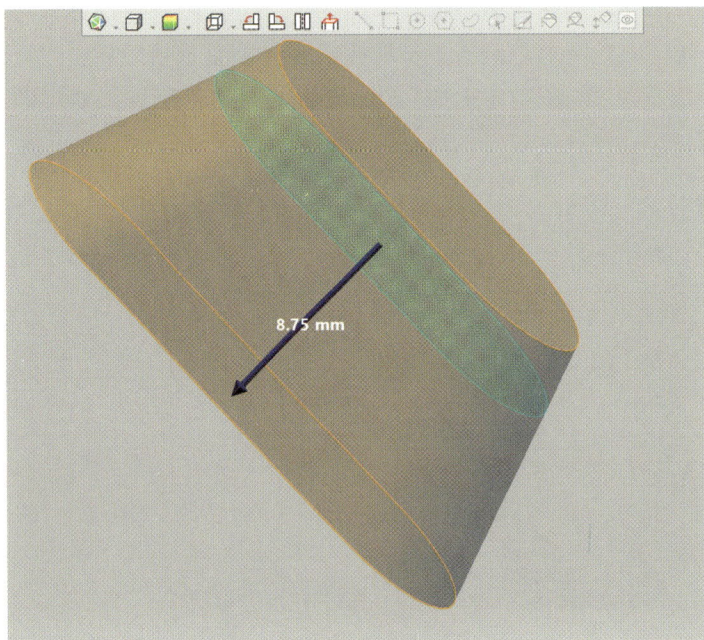

（b）移动面 5

图 4-166（续）

选择"移动面"命令，打开"移动面"对话框，"面"选择放样体 1 的顶面，如图 4-167（a）所示，"方向"同样选择顶面，"距离"为 1.5mm，单击"√"按钮完成移动面 6 的创建。选择"布尔运算"命令，打开"布尔运算"对话框，"操作方法"选择"合并"，选择如图 4-167（b）所示的三个实体，将这三个实体合并为一个实体，单击"√"按钮完成操作，得到合并 1。

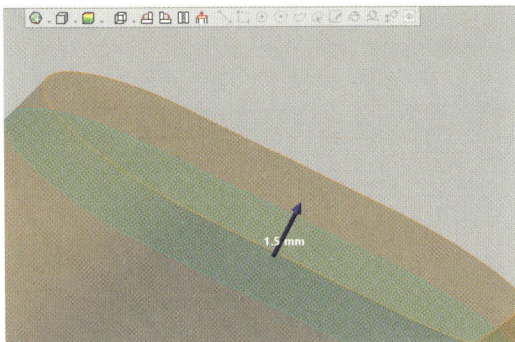

（a）移动面 6

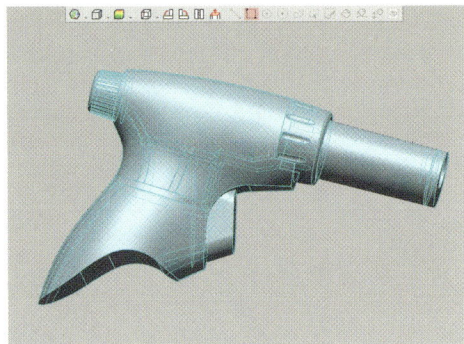

（b）合并 1

图 4-167　移动面 6 与合并 1

02 绘制按钮细节特征。选择"面片草图"命令，打开"面片草图"对话框，以右视基准面为基准平面创建面片草图 21，在草图中绘制如图 4-168 所示的圆，使用"转换实体"命令对顶部边线进行转换，从圆心绘制一条直线，使用"智能尺寸"命令使直线与边线垂直。完成后退出草图。

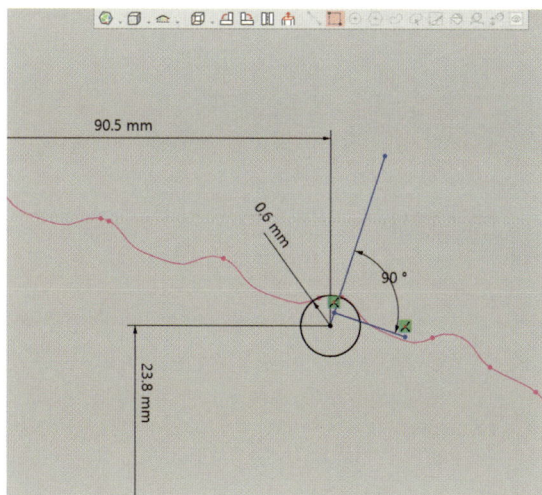

图 4-168　面片草图 21

选择"创建实体"→"拉伸"命令，打开"拉伸"对话框，选中面片草图 21 中绘制的圆，拉伸时勾选"反方向"复选框，两个方向长度数值分别设置为 3.7mm、3mm，不勾选任何结果运算，单击"√"按钮完成拉伸操作，得到拉伸实体 5，如图 4-169（a）所示。完成后，选择"圆角"命令，打开"圆角"对话框，对圆柱两边线创建半径为 0.6mm 的圆角，得到圆角 3，如图 4-169（b）所示。

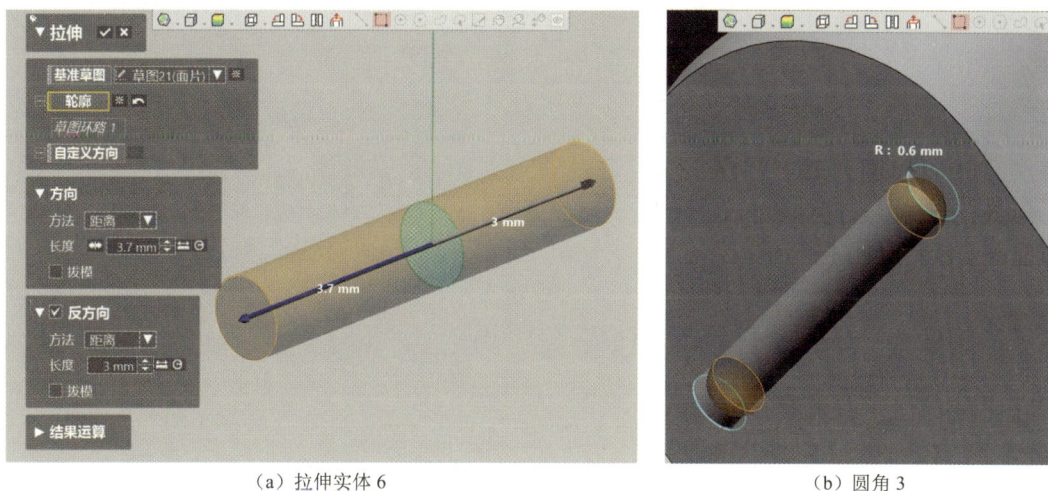

（a）拉伸实体 6

（b）圆角 3

图 4-169　拉伸实体 6 与圆角 3

选择"创建曲面"→"拉伸"命令，打开"拉伸"对话框，"轮廓"选择面片草图 21 中从圆心创建出的直线段，长度任意即可，得到拉伸片体 7，如图 4-170（a）所示，此片体作为线形阵列时的方向面片。选择"模型"→"阵列"→"线形阵列"命令，打开"线形阵列"对话框，"体"选择圆角后的圆柱体，"方向"选择拉伸片体 7，"要素数"设置为 4，"距离"设置为 2.45mm，如图 4-170（b）所示，参数设置完成后，单击"√"按钮完成线形阵列操作。

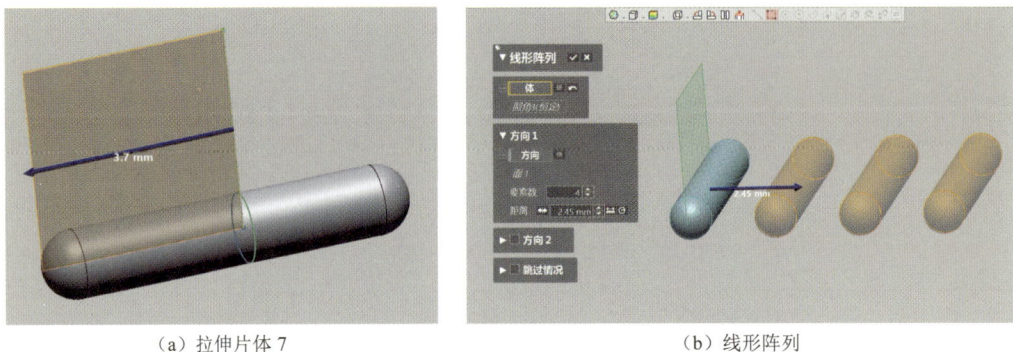

（a）拉伸片体 7

（b）线形阵列

图 4-170　拉伸片体 7 与线形阵列

选择"面片草图"命令，打开"面片草图"对话框，以右视基准面为草图基准平面创建面片草图 22，在草图中绘制如图 4-171（a）所示的轮廓，其中尺寸约束基准圆用转换实体的圆边线得出。完成后退出草图，选择"创建实体"→"拉伸"命令，打开"拉伸"对话框，勾选"反方向"复选框，两方向长度分别设置为 2.7mm、2.2mm，在"结果运算"选项区域中勾选"合并"复选框，如图 4-171（b）所示，参数设置完成后，单击"√"按钮使设置生效，得到拉伸实体 7。

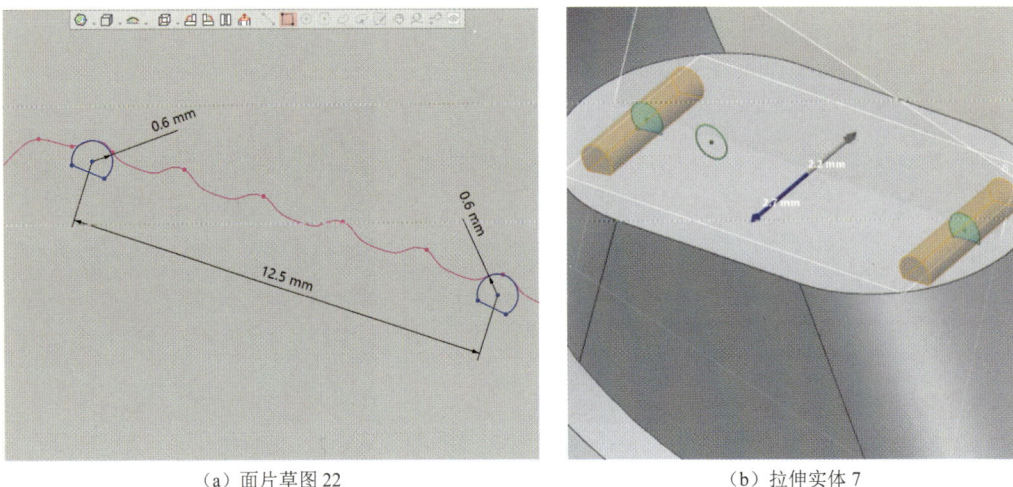

（a）面片草图 22

（b）拉伸实体 7

图 4-171　面片草图 23 与拉伸实体 7

选择"圆角"命令，打开"圆角"对话框，选中拉伸实体 7 的四条边线，"半径"设置为 0.6mm，单击"√"按钮完成圆角 4 的创建，如图 4-172（a）所示。选择"布尔运算"命令，打开"布尔运算"对话框，"操作方法"选择"合并"，"工具要素"选择如图 4-172（b）所示的五个实体，选择完成后单击"√"按钮完成合并操作，得到合并 2。

（a）圆角 4　　　　　　　　　　　　　　　　（b）合并 2

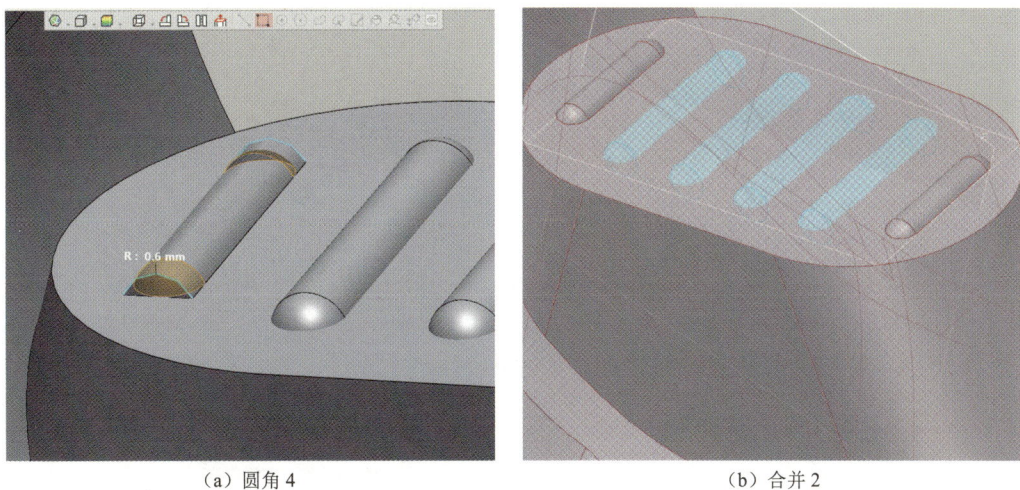

图 4-172　圆角 4 与合并 2

选择"圆角"命令，打开"圆角"对话框，对如图 4-173（a）所示的按钮顶部四周创建半径为 1.3mm 的圆角，对如图 4-173（b）所示凸起边线创建半径为 0.3mm 的圆角，分别得到圆角 5、圆角 6。至此，按钮特征创建完成。

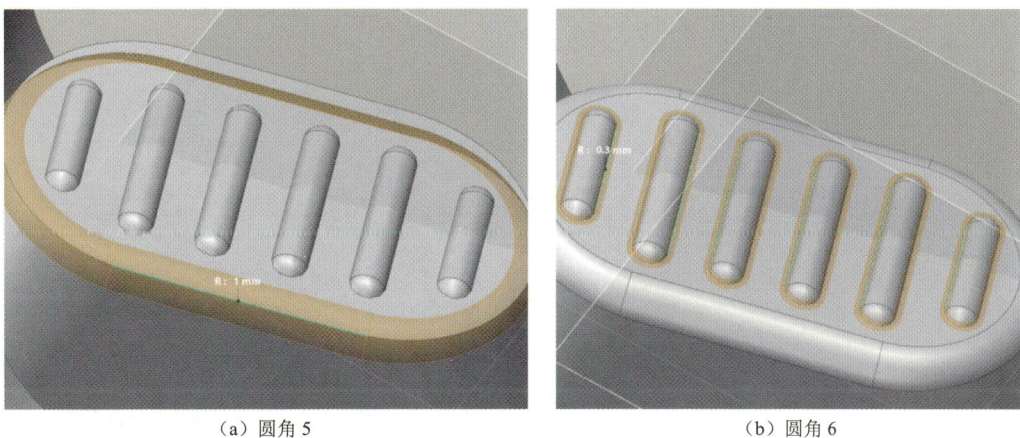

（a）圆角 5　　　　　　　　　　　　　　　　（b）圆角 6

图 4-173　圆角 5 与圆角 6

Step8　绘制其余特征

01　绘制螺栓孔特征。接下来做孔位的特征，选择"平面"命令，打开"平面属性"对话框，以右视基准面为基准平面，"方法"选择"偏移"，设置"距离"为 5.5mm，得到平面 31，如图 4-174（a）所示。完成平面 31 的创建后，以此平面为基准平面，创建偏移距离为 0.4mm、可截至如图 4-174（b）所示的三个孔位轮廓位置的面片草图 23。

视频：其余特征绘制

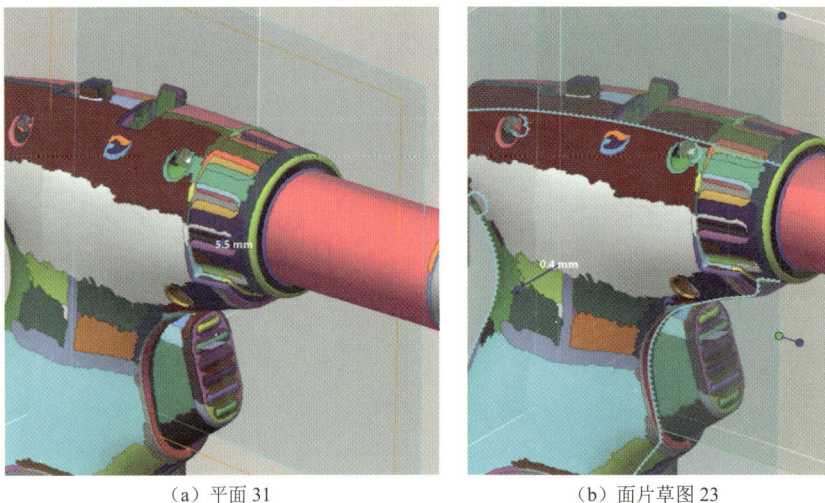

（a）平面 31　　　　　　　　　　　（b）面片草图 23

图 4-174　平面 31 与面片草图 23

　　进入面片草图 23 后，绘制如图 4-175（a）所示的轮廓并进行尺寸约束。退出草图后，选择"创建实体"→"拉伸"命令，打开"拉伸"对话框，勾选"拔模"复选框，"角度"设置为 0.5°，在"结果运算"选项区域中勾选"切割"复选框，如图 4-175（b）所示，设置完成后单击"√"按钮完成拉伸操作，得到拉伸实体 8。

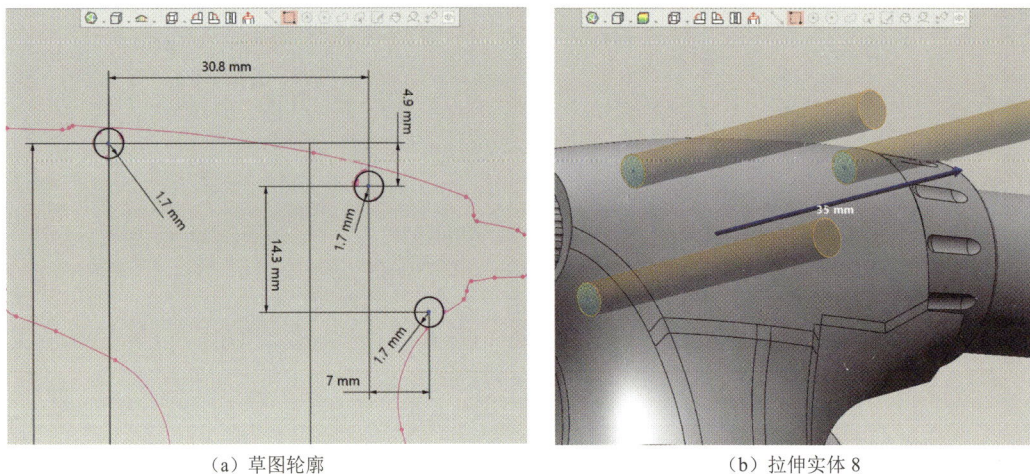

（a）草图轮廓　　　　　　　　　　（b）拉伸实体 8

图 4-175　创建拉伸实体 8

　　选择"面片草图"命令，打开"面片草图"对话框，以平面 31 为基准平面，创建偏移距离为 3.75mm、可截至如图 4-176 所示的最后两个孔位轮廓位置的面片草图 24。

　　进入面片草图 24 后，绘制如图 4-177（a）所示的轮廓并进行尺寸约束。退出草图后，选择"创建实体"→"拉伸"命令，打开"拉伸"对话框，勾选"拔模"复选框，"角度"设置为 0.5°，在"结果运算"选项区域中勾选"切割"复选框，如图 4-177（b）所示，设置完成后单击"√"按钮完成拉伸操作，得到拉伸实体 9。

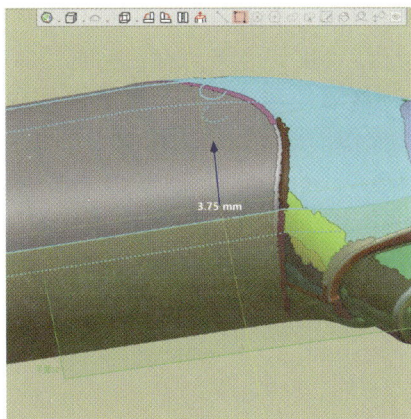

图 4-176　面片草图 24

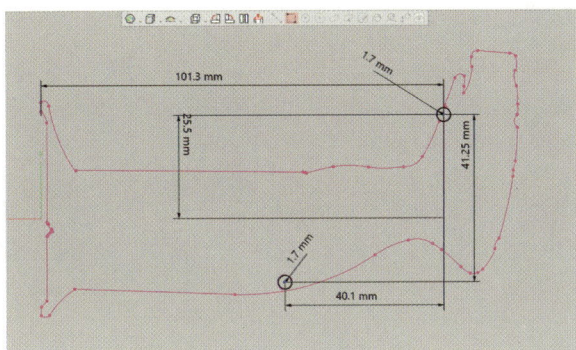

（a）草图轮廓

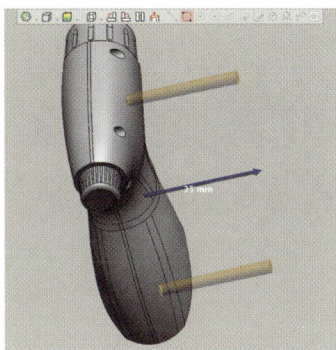

（b）拉伸实体 9

图 4-177　拉伸实体 9

02 绘制开关特征。选择"平面"命令，打开"平面属性"对话框，以前视基准面为基准平面，将其向上偏移 118mm，如图 4-178（a）所示，单击"√"按钮完成平面 32 的创建。以平面 32 为基准平面创建面片草图 25，截取如图 4-178（b）所示的横向开关孔截面，单击"√"按钮进入草图界面。

（a）平面 32

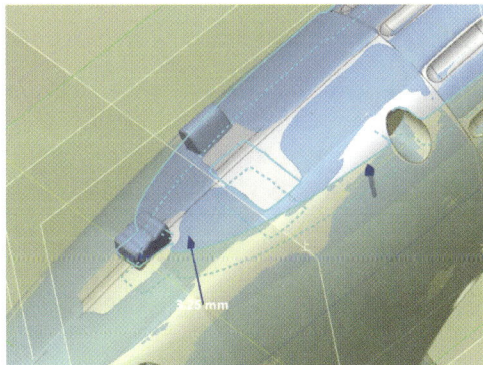

（b）面片草图 25

图 4-178　平面 32 与面片草图 25

进入草图后，绘制如图 4-179（a）所示的轮廓并进行尺寸约束。退出草图后，选择"创建实体"→"拉伸"命令，打开"拉伸"对话框，勾选"拔模"复选框，设置"角度"为 0.5°，在"结果运算"选项区域勾选"切割"复选框，如图 4-179（b）所示，设置完成后单击"√"按钮完成拉伸操作，得到拉伸实体 10。

以相同的方法创建可截取至点火枪顶部另一个小开关的孔轮廓的面片草图 26，进入草图后，绘制如图 4-179（c）所示的轮廓并进行尺寸约束。退出草图后，选择"创建实体"→"拉伸"命令，打开"拉伸"对话框，勾选"拔模"复选框，"角度"设置为 0.5°，在"结果运算"选项区域中勾选"切割"复选框，如图 4-179（d）所示，设置完成后，单击"√"按钮完成拉伸操作，得到拉伸实体 11。

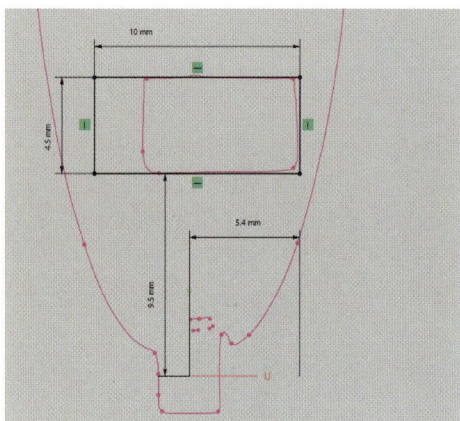

（a）面片草图 25

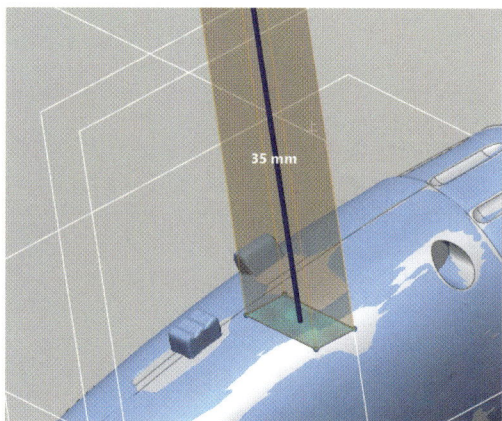

（b）拉伸实体 10

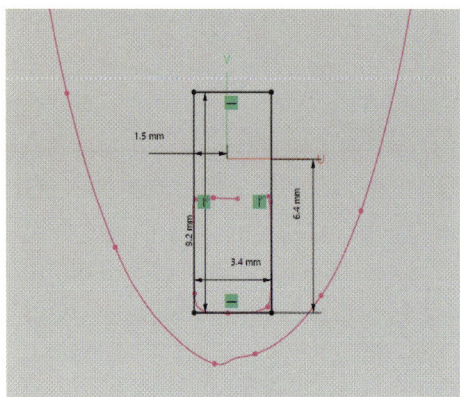

（c）面片草图 26

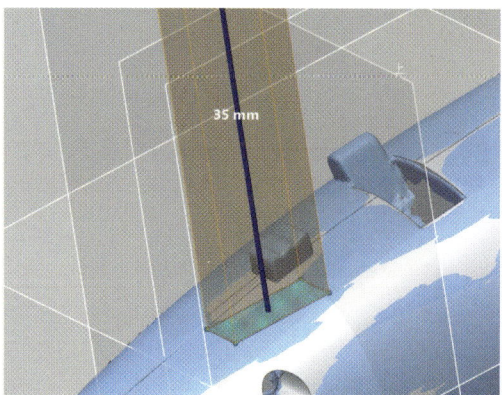

（d）拉伸实体 11

图 4-179　面片草图 25、拉伸实体 10、面片草图 26 与拉伸实体 11

选择"平面"命令，打开"平面属性"对话框，以右视基准面为基准平面，"方法"选择"偏移"，"距离"设置为 6.5mm，得到平面 33，如图 4-180（a）所示。然后以此平面为基准平面，创建偏移距离为 2mm、可截至如图 4-180（b）所示的孔位轮廓的面片草图 27。

（a）平面 33

（b）面片草图 27

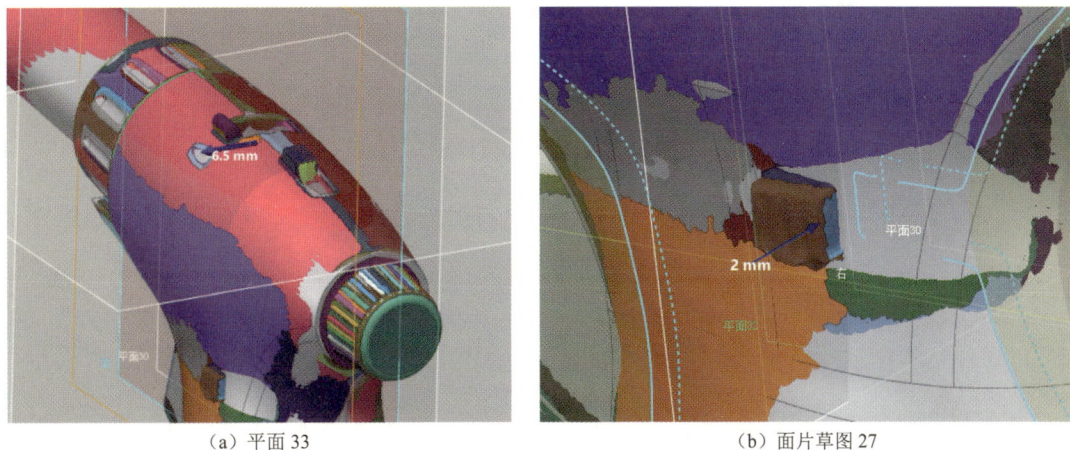

图 4-180　平面 33 与面片草图 27

进入草图后，绘制如图 4-181（a）所示的轮廓并进行尺寸约束。退出草图后，选择"创建实体"→"拉伸"命令，打开"拉伸"对话框，勾选"拔模"复选框，"角度"设置为 0.5°，在"结果运算"选项区域中勾选"切割"复选框，如图 4-181（b）所示，设置完成后，单击"√"按钮完成拉伸操作，得到拉伸实体 12。

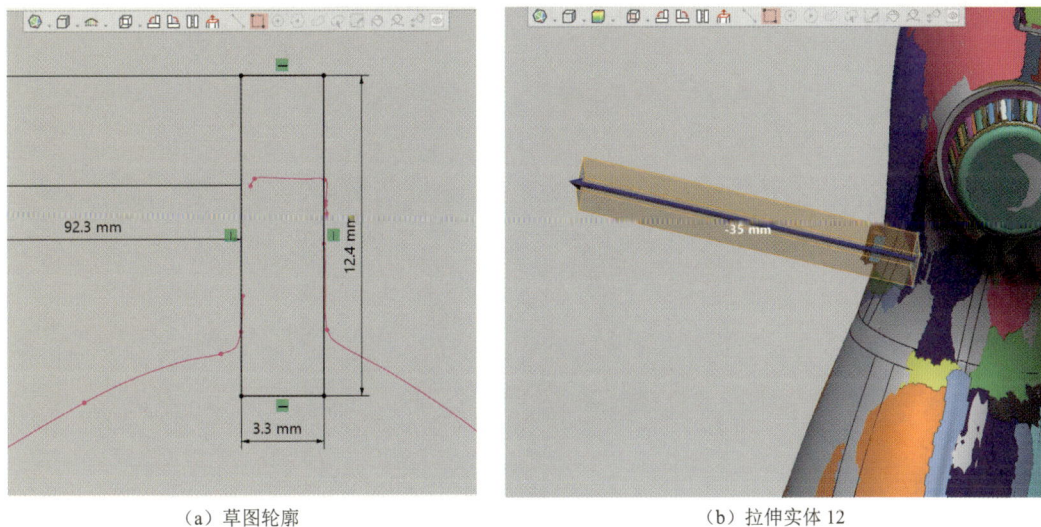

（a）草图轮廓

（b）拉伸实体 12

图 4-181　拉伸实体 12

选择"面片草图"命令，打开"面片草图"对话框，以拉伸实体 12 中的孔顶面为基准平面，如图 4-182（a）所示，创建截至开关截面的面片草图 28，单击"√"按钮进入草图，绘制如图 4-182（b）所示的轮廓。

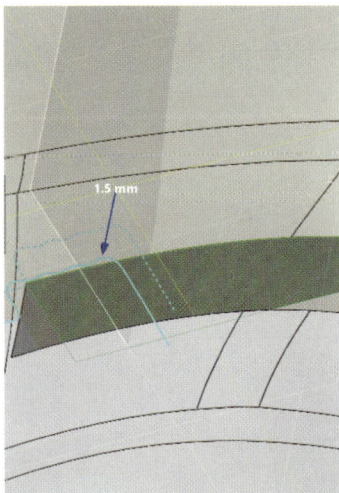

（a）草图设置

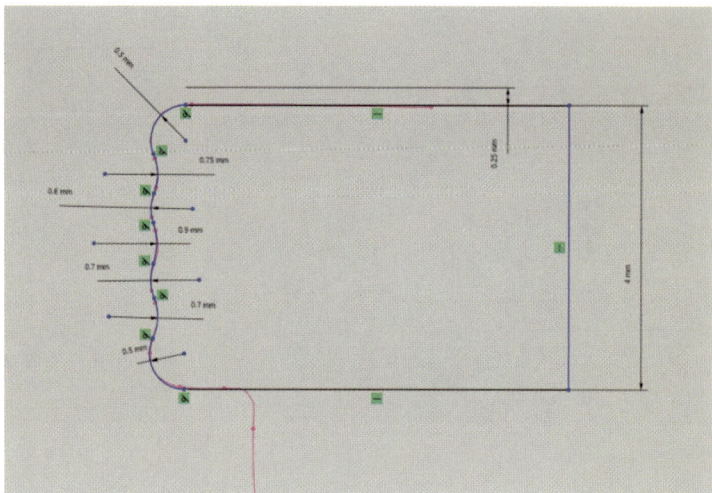

（b）草图轮廓

图 4-182   创建面片草图 28

选择"创建实体"→"拉伸"命令，打开"拉伸"对话框，"轮廓"选择面片草图 28，"方法"选择"到曲面"，"选择要素"选择如图 4-183 所示的绿色高亮显示面，在"结果运算"选项区域中勾选"合并"复选框，设置完成后，单击"√"按钮完成拉伸操作，得到拉伸实体 13。

图 4-183   拉伸实体 13

选择"面片草图"命令，打开"面片草图"对话框，以右视基准面为基准平面，草图设置如图 4-184（a）所示，创建面片草图 29，单击"√"按钮进入草图，绘制如图 4-184（b）所示的轮廓，并使用"智能尺寸"命令进行约束。完成后退出草图。

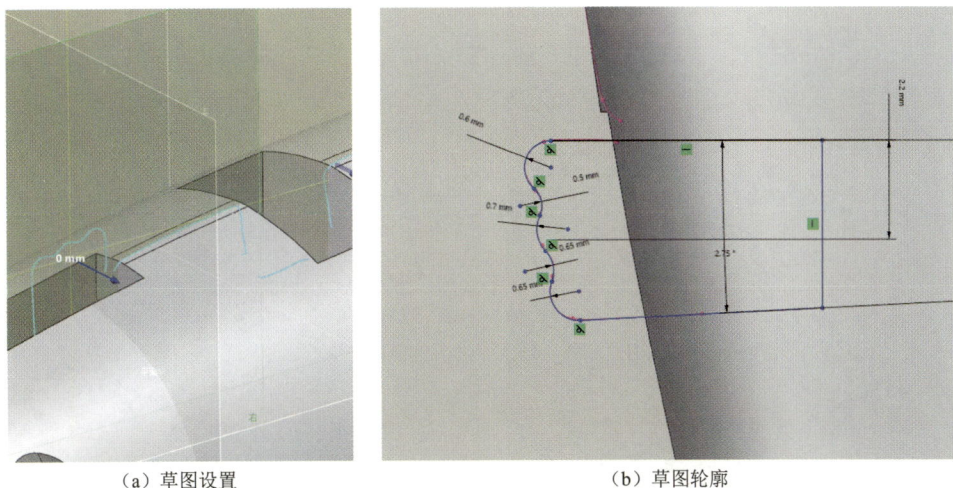

（a）草图设置　　　　　　　　　　（b）草图轮廓

图 4-184　创建面片草图 29

　　选择"创建实体"→"拉伸"命令，打开"拉伸"对话框，"轮廓"选择面片草图 29，"方法"选择"到曲面"，"选择要素"选择如图 4-185 所示的绿色高亮显示面，勾选"反方向"复选框，长度设置为 1.5mm，在"结果运算"选项区域中勾选"合并"复选框，设置完成后，单击"√"按钮完成拉伸操作，得到拉伸实体 14。

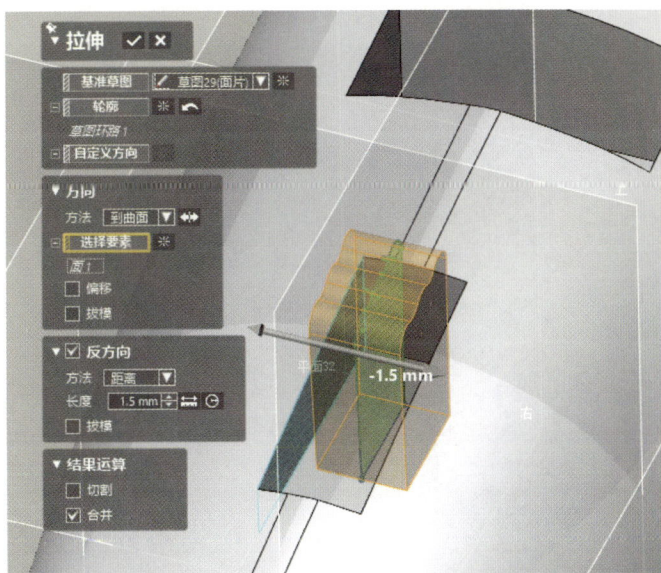

图 4-185　拉伸实体 14

　　选择"平面"命令，打开"平面属性"对话框，以上视基准面为基准平面，"偏移"设置为 11mm，如图 4-186（a）所示，使平面处于开关所处的领域中，单击"√"按钮完成平面 34 的创建。以平面 34 为基准平面创建面片草图，单击"√"按钮进入草图界面。在草图中选择"腰形孔"命令，打开"腰形孔"对话框，根据截出的轮廓拟合多段线，拟合出腰形孔，并使用"智能尺寸"命令进行尺寸约束，如图 4-186（b）所示。完成后退出草图。

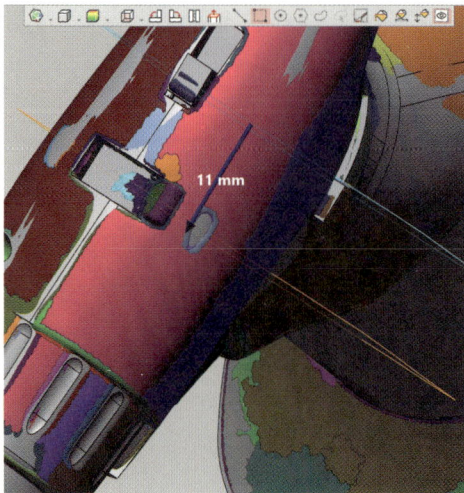

（a）平面 34

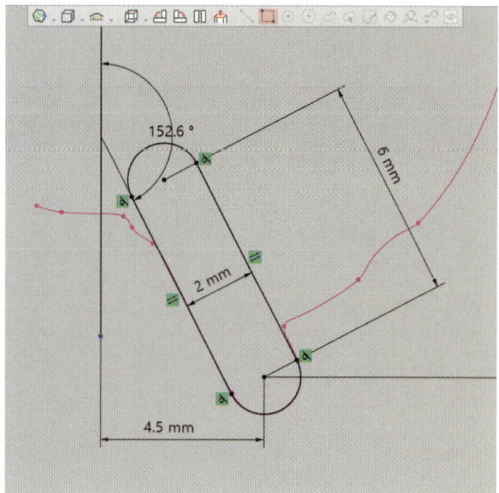

（b）面片草图 30

图 4-186　平面 34 与面片草图 30

选择"创建实体"→"拉伸"命令，打开"拉伸"对话框，"轮廓"选择面片草图 29，"方法"选择"到曲面"，"选择要素"选择如图 4-187 所示的绿色高亮显示面；勾选"反方向"复选框，"方法"选择"到曲面"，"选择要素"选择另一面，在"结果运算"选项区域中勾选"合并"复选框，设置完成后单击"√"按钮完成拉伸操作，得到拉伸实体 15。

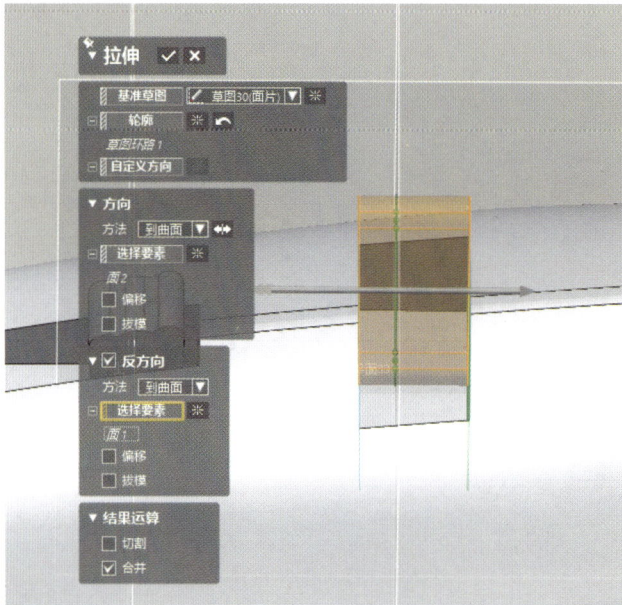

图 4-187　拉伸实体 15

至此，点火枪整体及各特征创建完成，将剩余圆角处予以补充。完成后的产品效果如图 4-188 所示。

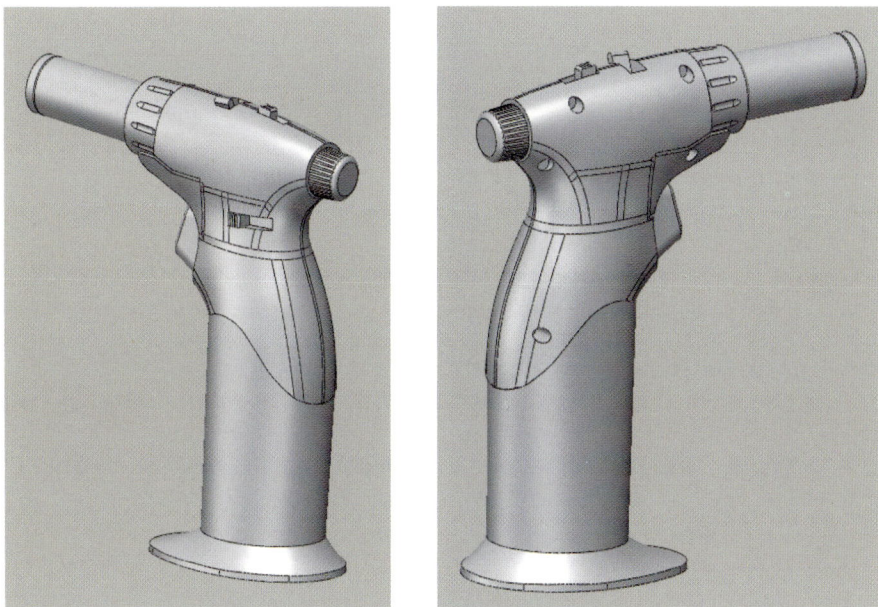

图 4-188　完成后的产品效果

5. 检查控制

（1）检查重构后模型的体偏差是否控制在 0.05mm 以内。

（2）检查曲面的曲率是否光顺连接。

（3）检查在封闭和裁剪过程中是否对产品细节特征有影响，若在此过程中改变了产品的细节特征，则须重新建模。

6. 学习评价

点火枪模型重构学习评价如表 4-2 所示。

表 4-2　点火枪模型重构学习评价

序号	评价内容	评价标准	评价结果
1	理论知识	掌握 Geomagic Design X 软件中的面片拟合、放样、分割区域、面填补、曲面延伸、曲面修剪等命令的使用方法	是 □　　否□
2	操作技能	能够使用 Geomagic Design X 软件中的面片拟合、放样、面填补等命令绘制点火枪握把和腔体曲面部分	是 □　　否□
		能够应用 Geomagic Design X 软件完成点火枪的逆向造型	是 □　　否□
3	职业素养	具有精益求精的工匠精神	是 □　　否□

参 考 文 献

成思源，杨雪荣，2017. Geomagic Design X 逆向设计技术[M]. 北京：清华大学出版社.

杜志忠，陆军华，2014. 逆向工程项目实训[M]. 杭州：浙江大学出版社.

刘明俊，2021. 逆向造型综合实训教程[M]. 北京：机械工业出版社.

刘然慧，刘纪敏，等，2017. 3D 打印：Geomagic Design X 逆向建模设计实用教程[M]. 北京：化学工业出版社.

刘鑫，2013. 逆向工程技术应用教程[M]. 北京：清华大学出版社.

王嘉，田芳，2020. 逆向设计与 3D 打印案例教程[M]. 北京：机械工业出版社.

杨晓雪，闫学文，2016. Geomagic Design X 三维建模案例教程[M]. 北京：机械工业出版社.

杨雪荣，何佳乐，成思源，等，2013. 基于逆向工程技术的产品创新设计实验教学[J]. 实验技术与管理，30（10）：152-154，174.

张德海，李艳芹，谢贵重，等，2015. 三维光学扫描技术逆向工程应用研究[J]. 应用光学，36（4）：519-525.

周小东，成思源，杨雪荣，2015. 面向创新设计的逆向工程技术研究[J]. 机床与液压，43（19）：25-28.